国家自然科学基金项目资助
项目名称：资本驱动视角下的乡村空间变化及规划应对研究
项目批准号：51878143

乡村振兴中的资本与空间

王海卉　等　著

东南大学出版社
SOUTHEAST UNIVERSITY PRESS
·南京·

摘　要

21世纪以来，随着乡村的价值被重新定位和国家持续调整乡村相关政策，资本投入成为乡村发展的重要引擎。资本在给乡村带来发展机会的同时，也改变了乡村的空间形态、利益格局和社会结构。原本较为内敛的乡村，在面对资本潮流时，可触摸到短期利益，却对长久的未来难以辨清，规划实践也因之进退失据。本书以南京乡村地区为主要研究对象，立足于“资本”和“乡村空间”的关联性分析，着意在理论上厘清资本驱动乡村空间变化的内在机制，在实践上指导乡村空间政策的制定和规划建设。本书总体上分上部的综合性内容和下部的专题性内容。上部循着以下线索展开：在背景的研究中，解释资本何以进入乡村；在资本分类的研究中，探讨资本如何进入乡村；在资本进入效果的研究中，突出其带来怎样的空间影响；其后对资本投入的反思和应对探索是为了寻求乡村规划实践的策略与手段。下部的专题研究分别指向资本的跨尺度流动及其空间影响，乡村土地资本化，资本介入下的乡村公共空间和闲置空间，并收入了一个独特的古雷案例。最终期待为资本与乡村转型的有机融合探寻多元化的思路，以推动乡村的包容性发展。

图书在版编目(CIP)数据

乡村振兴中的资本与空间 / 王海卉等著. — 南京 ：东南大学出版社，2023. 11

ISBN 978－7－5766－0887－8

Ⅰ. ①乡…　Ⅱ. ①王…　Ⅲ. ①乡村规划-研究-中国
Ⅳ. ①TU982. 29

中国国家版本馆 CIP 数据核字(2023)第 185484 号

责任编辑:丁　丁　　责任校对:张万莹　　封面设计:叶柯葳　　责任印制:周荣虎

乡村振兴中的资本与空间

XIANGCUN ZHENXING ZHONG DE ZIBEN YU KONGJIAN

著　　者: 王海卉 等
出版发行: 东南大学出版社
社　　址: 南京市四牌楼 2 号　　邮编: 210096　　电话: 025-83793330
出 版 人: 白云飞
网　　址: http://www. seupress. com
电子邮箱: press@ seupress. com
经　　销: 全国各地新华书店
印　　刷: 广东虎彩云印刷有限公司
开　　本: 787 mm×1 092 mm　1/16
印　　张: 18. 5
字　　数: 392 千
版　　次: 2023 年 11 月第 1 版
印　　次: 2023 年 11 月第 1 次印刷
书　　号: ISBN 978－7－5766－0887－8
定　　价: 78. 00 元

本社图书若有印装质量问题,请直接与营销部调换。电话(传真):025-83791830

序言：
跨越一个项目周期的师生合作

2018 年，我主持申请的课题《资本驱动视角下的乡村空间变化及规划应对研究》顺利拿下国家自然科学基金。从课题开始准备的 2018 年始，之后 2019 至 2022 年是项目的正式周期，2023 年上半年研究成果经过系统整理和书稿打磨，同年下半年付诸出版，前后有六年之久。

共有六位研究生在其硕士阶段的学习过程中，与我一起，全身心地投入此项研究。各位同学多次带着阶段性成果参加全国规划学会年会的论文交流，并完成各自的学位论文。课题成果凝聚着他们的辛劳，书稿的出版也算是对大家有个交代。

在以南京乡村地区为对象的研究主线上，王璇首先对三个案例点进行深入调查，开始了资本改变乡村空间的典型个案研究。其后张江萍对数十个案例点开展调研，铺陈开资本改变乡村空间的综合分类研究。之后林筠茹进行了资本作用下的乡村闲置空间的专题研究。再后是李文艳开展了资本作用下的乡村公共空间的专题研究。超越对南京乡村地区的观察，苏奕宇发现自己家乡漳州古雷的转变正是资本改变乡村的极端演绎，遂以此为题完成了独特的古雷叙事。课题结束之际，相关研究仍在继续，围绕农户空间资产处置行为与乡村空间、乡村居业空间行为与就地城镇化等的主题研究仍在探索之中。

本书分上部的综合篇和下部的专题篇，对应师生的分工，综合篇的第一章“资本是什么”和第二章“资本转向乡村的逻辑”由王海卉撰写；第三章至第六章包括“进入乡村的资本特征”“资本引发的乡村空间转变”“空间利益格局转变及其他效应”“资本下乡的隐忧和预防”，由张江萍、王璇和王海卉共同撰写；专题篇的第七章“资本的跨尺度流动及其空间影响”由王海卉和管驰明合作完成；第八章“乡村土地资本化”由王海卉撰写；第九章“资本介入下的乡村公共空间”由李文艳和王海卉共同撰写；第十章“资本介入下的乡村闲置空间”由林筠茹和王海卉共同撰写；第十一章“资本收编乡村的古雷案例”由苏奕宇和王海卉共同撰写。

因为本研究的时间跨度大，而乡村振兴潮流中的现实却在急速变化，同学们获取信息又并非通过正式的官方途径，很多是以访谈、实地踏勘和网上检索完成的，并且各人有采集和使用信息的独特方式，以同一个乡村案例做不同角度的观察时，涉及的资本主体名称、建设项目进展、政策措施、空间格局等未必能完全一致。同时，课题组虽然有连续的内部交流和碰撞，对研究内容和方法做了大量的磨合，但在对现实进行分析和判断时，各人的观念仍会有差异，提供的观点也可能会因此错位甚至矛盾。我们的研究远远不是成熟的，但相信其自有价值。

书中所有图表未标注时均为自制或自拍。南京乡村的主要案例已按行政区进行编号，形式为行政区的拼音首字母加号码，如江宁区的苏家村属于 JN1 苏家龙山文创小镇里的空间板块，在附录Ⅱ中可查询案例点基本情况，在第三至六章的综合性章节中，案例在各节首次出现时带编号标记。而在第九、十章的专题性章节中，仅在全章前面简要介绍案例时带编号标记，之后不再标识。

整理书稿时，欣慰发现，曾经一位位青涩的学生，从拙朴的探索和稚嫩的思考起步，慢慢积累，毕竟对研究主题也形成了一些积淀。在这个过程中，所有人的付出有目共睹，而各人的或踏实，或执着，或聪慧，或灵动，给了我在教学相长经历中最大的感动。

感谢丁丁编辑的精心编排和校核，叶柯葳同学在图纸的后期制作中也付出了辛劳。书中所有的错漏与不足，责任由作者承担。

目　录

上部

下部

上部

第一章
资本是什么

基本理解

就资本的静态属性为其下定义非常困难，譬如讨论其形式是不是货币，而必须与资本被使用的目的和方式相关联，包括追求什么、谁使用和如何使用等。亚当·斯密（Adam Smith）将资本定义为：为了生产的目的而积累的资产储备[1]。但是，生产出来的产品是仅对应到商品，还是也包括自用或指定用途的范畴？所以加一些限定，如为了进行商品生产目的而积累的资产储备似乎更合适。如果将产品的商品属性锚定在其中，一种通俗的讲法——“用来赚钱的钱”——倒更简单明了。通过商品售卖，又有可以再投入的“钱”的生成，就能够与一种持续的过程相联系。

是用来赚钱的钱

在还原了货币的本质并考虑了价值、交换价值和使用价值的基本内涵之后，马克思（Marx）认为资本是运动中的价值，其中价值对应社会必要劳动，资本的形态包含了商品、货币、劳动等，它们在资本的动态过程中有规律地出现[2]。这种解释关注的是资本的价值本体和多变的形态。

是运动中的价值

将资本拟人化没有任何意义，描述它的超级力量、雄心勃勃、自我膨胀，其实都是在代入人的欲望。资本有没有收益的权利？资本有没有原罪？资本不是无限的，作为必需的生产要素，其投入可以有不同选择，如果没有与收益对应的资本价格，由什么来决定有限的资本与其他土地、人力资源的结合方式？如何形成要素组合的均衡？如果没有收益，将潜在的资本装在口袋里，随时备消费，岂不是更好？只要进行投资就有风险，没有收益只靠个体牺牲或者奉献社会的热情，只怕诸多投资行为都不会出现。

收益的权利

资本曾经属于少数群体，在金融、信用越来越泛化的今天，资本自身的面目却日渐模糊。每个人都可以将自己的积蓄或闲散资金直接投资，或者通过银行、基金、股票等融资渠道间接投资。最基本的银行存款，也是为了获取利

资本和资本家的泛化

息，存款人在资本增值的利润分成中也有份额。如果有资本家的明确定义，其范畴必然越来越宽泛。这使得传统马克思主义的阶级批判对象难以被识别，原本对立的事物已经你中有我我中有你。大资本家利用其操控力实现对小资本所有者的掠夺，或许成为更加现实的过程。

灵活组合

在经济发展及空间演化的现实中，既有国有资本和社会工商资本的合作，有国内和国际资本的灵活组合，也有可以穿透若干层相互嵌套的企业资本，公募或私募资本的源头还延伸到众多普通民众。在一个高度金融化的环境中，资本决策存在多重代理和中介，背后的利益关联错综复杂。面对资本进驻可能带来的多重影响，政府对资本的合作与管制、地方对资本的拥抱或抗拒常常难以取舍、进退失据。

无法跨越

西方古典经济学对市场大力推崇，而在市场中资本是核心要素。马克思将资本的发生发展界定为一个必经的过程，认为其能带来极大丰富的商品和满足人们的需求。如果去解读人性和社会，几千年来，这个地球上的人均财富不知道增加了多少，却并没有因此产生一个全民富裕或至少保证每个人生存底线的世界。目前也没有理由认为，在物质极大丰富后就能跨越资本，从而实现一种更佳的资源配置方式。

资本的高流动性

一切都在流动中

当下社会中，还有什么是不能流动的？作为个体的人和作为劳动力的人可以选择迁移，企业可以改变区位，技术和思想可以传播，财富能以电子货币的方式快速转移，任何地方都处于世界性的网络中。流动性代表着财富，代表着力量，代表着一种现代性，流动的速度与运动的范围代表着财富与力量的多寡和楔入世界的深度。相对的，静止成为一种“逝去”，一种“过时”，一种映照着流动性的多数现实，一种流动性获得运动的基面，一种卡斯特尔（Castells）认为的“出局”，“土气是因为不流动而发生的”[3]。虽然“土气”偶尔被发掘出来作为现代消费的对象，但其本身毕竟不合时宜，只是在夹缝中生存。卡斯特尔认为，信息网络社会的崛起产生了一种新型的社会结构和空间逻辑，使得全球化的流动空间支配了地方性的空间[3]。从辩证的意义上，根本不存在静止的空间，毕竟完全的静止等同于死亡。

强流动性

土地、资本和劳动一般被视为西方古典经济学的三个基本要素，其中资本的选择性和流动性最强，其通过与土地和劳动的结合，努力扩大再生产和保持利润率。当一个地方的投资机会减少或利润率降低，资本就有可能通过流动寻求其他适宜区位，从而保障自身的持续积累。跨越不同尺度空间的资本流动因此对各地产生了广泛、深远和不均等的影响。从资本自身而言，天下熙熙皆为利来，天下攘攘皆为利往，资本的天性就是逐利而居。资本的力量势必将一切裹挟入强化要素联系和流动的大潮中。资本有明确的目的，有行为的规则，面对可以不断开疆拓土的宽广领域，不断克服各种领土的、文化的、制度的障碍，有着超强的穿透力，最终能到达全球各地。在实践过程中，资本迁移的能力取决于它所占据的状态属于哪一种。资本的地理转移过程不会是一个简单的、线性的转移过程，而是与资本自身复杂的构成，与资本和权力连接的疏密关系，与地方的劳动力素质与成本，同时也与地方的建成环境质量，特别是公共基础设施的水平等，共同构成一个复杂的、动态的关联网络[3]。

全部被卷入

资本自身能演化为多种形态，它也能促发各种金融和信用工具升级创新，从而更加方便资本的运作和流动。资本并不是消极地对市场供需关系做出反应，它不仅迎合既有的消费欲望，也在创新地引导和创造消费需求。在利用地域自然风光和地方文化特质方面，资本能有效地细分市场、更新业态、打造新产品和突破营销模式，能在供给方面持续变革和激发潜在消费，体现了一种自觉的能动性。伴随着资本积累、价值创造和贬损，似乎一切都会被资本主义的活力卷进去。

对环境的利用与塑造

资本是生产性财富的流动。寻找到“水草丰茂”的地方，资本就能定居，哪怕只是暂时的。资本利用着各种地理差异，包括自然条件、社会关系、文化、宗教等。同时，资本也在塑造着新的差异。劳动力个人及其家庭能够被资本驱动而迁移，以满足自身生存的需要，或者回应自己对富裕生活的向往和对丰富生活的渴望。

本书中所涉“资本流动”，不关注传统意义上资本在货币、生产设备和原材料、商品之间的形式转化，也不关注通俗意义上从本钱到产生利润的资本增值过程，而特别关注资本在空间中游移、与特定区位的其他生产要素结合并改变空间的行为。

从固定资本到建成环境

固定资本

固定资本与不变资本

传统经济学中区分固定资本和流动资本，马克思则尝试区分不变资本和可变资本[2]，几个概念间有对应关系（表 1-1）。在资本流动成为讨论的大前提之后，再提出固定资本看起来自相矛盾。实际上落定为固定资本的资本往往也经历了流动过程，一旦成为固定资本，其或者彻底丧失了流动性，或者再流动的代价极其高昂。一定比例的社会总资本必须变成不动的资本，以便让余下的资本在迁移时获得更大的灵活性[2]。

表 1-1　资本的几种类型[2]

<table>
<tr><th rowspan="2">物质形式</th><th colspan="2">生产内部的范畴</th></tr>
<tr><th>剩余价值的生产</th><th>资本的运动</th></tr>
<tr><td>厂房和设备、生产的物质基础设施</td><td rowspan="2">不变资本</td><td>固定资本</td></tr>
<tr><td>硬原材料、辅助材料、手头的材料</td><td rowspan="2">流动资本</td></tr>
<tr><td>劳动力</td><td>可变资本</td></tr>
</table>

指示器作用

固定资本可能对应着生产工具，其作为商品被生产出来，作为商品被交换，在后续的生产过程中被生产性地消费掉，并在它们的使用寿命结束时被新的商品取代[2]。随着生产技术的发展和生产率的革新，对生产工具的需求越来越高。固定资本的发育程度往往是资本主义生产方式发展程度的指示器[3]。固定资本的使用者要支出大量货币，在生产中回收这些货币则要花很长的时间，个别资本家也许会试图把这些工程的“开支转嫁到国家肩上”[2]。

积极和消极作用

一方面，固定资本为资本积累提供了一根有力的杠杆，其能推动和加速其他资本的周转。对固定资本的进一步投资还为过度积累的问题带来了暂时的缓解。另一方面，生产和消费越来越被监禁在固定的行事模式中，越来越被束缚在特定的生产线上。资本主义失去了灵活性，创新的能力也受到了抑制[2]。固定资本独有的生产方式、流通方式和价值实现方式会引发大量运用固定资本的产业无法轻易搬迁，也容易导致区位上的停滞。

一种特定的形式

固定资本中一种阔大的形式是建成环境，包括建构筑物、交通运输系统等。在特定的建成环境中，固定资本沉淀，流动资本凭借前者塑造的便利得以流通。空间区位对于建成环境是根本而非附带的属性。一旦和特定区位捆绑，不仅是固定资本自身，也包括依赖固定资本的流动资本，会具备一定的空间惯性，造成资本再次流动的障碍。同时，个别的投资决定在特定的场所中不仅是对建成环境的利用，也具有“溢出”效应，与其他资本形成密切的关联。

建成环境

重要性以及风险

建成环境由一大堆不同的要素所组成，包括建构筑物、交通运输系统等，它是一种巨大的、人工创造的资源体系，其提供了生产和消费的场所，是资本再生产的基本条件。嵌在物理景观当中的使用价值可以在生产、交换和消费中得到利用。大卫·哈维（David Harvey）指出：“资本主义越来越依靠固定资本

（包括内嵌在特定的生产景观当中的固定资本）来使劳动的价值生产率革命化。”[2] 这也意味着随着生产的升级换代，需要更高水平的建成环境与其匹配，相应的在生产性消费过程中需要转移价值的压力也日益增加。

利益格局

资本在建成环境中的流通造成这样的利益格局：土地所有者收取土地租金，开发商在改良的基础上获取租金的增量，建筑商赚取企业利润，金融家提供货币资本，以便换取利息，同时还可以对建成环境在使用中产生的任何形式的收益进行资本化，把它变成虚拟资本。国家则可以将当前的或者预期的税收用作一些投资的后盾——这些投资尽管是资本不能或不愿从事的，却可以扩大本地资本流通的基础[2]。

维护与更新

建成环境必须被看作一种具有地理秩序的、复杂的、复合的商品。这样一种商品的生产，它的秩序的建立，它的维护、更新和转化都带来了严峻的两难困境。由个别（要素）的更新、置换或转化行为所发动的贬值和增值具有复杂的模式。建成环境的生产和维护往往具体表现为一种高度专业化的体系[2]。是否进行要素更新，与旧要素经过折算的租金和新要素的生产价格等相关联。

自然垄断

因为特定区位用地的有限性，一旦资本内嵌到土地当中，竞争的各方就成了亚当·斯密所说的空间中的“自然垄断者”。相应地，会引发自然垄断的建设权力和利益分配就成为敏感的话题。这意味着需要限制竞争，还需要创造由国家调节的乃至国有的垄断[2]。

利益与风险博弈

建成环境中固定资本的价值需要在较长的时段内缓慢释放并得以回收，而时间越长，不确定性和风险越大。建成环境是流动资本的图底，它是未来资本流动的地理格局的必要条件而非充分条件，却承担了远比流动资本高得多的风险，生产、劳动力和商业未必会追随对基础设施的投资所开辟的道路[2]。如果建成环境由政府承担越多，其他资本越能轻资产运行，也越容易在形势变化时进退自如。如果对使用建成环境提出较高的预付款的要求，则是对流动资本的捆绑，也是风险的转移过程，同时会降低对于流动资本的吸引力。所以内嵌于建成环境的固定资本提供者与生产资本家之间，存在着利益和风险的博弈[2]。多数时候由政府搞“七通一平”，企业来使用熟地。国家和政府叠加了财政的诉求后，愿意大量承担固定资本的投入，但这类开支的回报却无法保证。不少“鬼城”就是这么产生的。

资本与权力和社会的关系

今日的世界构成，大概可析分为三种不同力量的复杂关联：以权力为表征的民族国家，以资本为表征的利益集团，以文化认同为表征的社会族群[3]。与资本的逐利本性不同，政府和地方社会具有多方面的综合诉求，资本与权力、资本与地方社会之间呈现出多样化的动态关系。说到底，资本不是来源于权力，如国家资本，就是来源于社会，如市场中的资本。资本既有独立存在的特征，也与权力和社会有千丝万缕的联系。

资本与权力

互相合作

杨宇振对资本和权力的关系有深刻的洞察，提供了很多有价值的观点。他认为，从权力的角度，权力首先必须借助资本在空间的增量（“把经济搞好了”），通过提供有利于资本运行的空间管理与管制，才能获得具有现代性的合法性基础，增加国家财富和改善民生，同时面对国际竞争能保证国家在经济与政治上的安全[3]。而从资本的角度讲，作为一种地方现实，权力的边界与范围成为资本必须应对的对象。理论上，资本无疑将致力于铲除一切可能的限制，加速其流动性，获取剩余价值。然而，资本需要空间的稳定性，而这又要依靠权力来保证[3]。所以权力与资本的对接成为一种必然，常常有着一拍即合的缘分，权力与资本的联盟往往对空间进行选择性和排他性占用。那种极端地排斥资本的权力，多半是政权的牢固性不够，靠强制力和巨大的经济牺牲而勉强维持。

共生与竞争

政府可以实行“权力化”的国有资本配置，也会放开管制准许甚至鼓励资本参与某些类型的投资建设，资本方则可以通过收买获得权力，所以存在着角色的双面性。“权力作为一种资本”和“向权力寻租”成为特殊的却可能或也可以是高效的推进空间生产的力量。从长远来看，资本为了获得长足稳定的利润回报，也将寻求权力的空间，从而进入“资本作为一种权力”的时期[3]。因此，权力和资本在政治经济领域存在密切合作乃至相互转化的可能。

政府作为

拥有权力的国家政府和各级地方政府不仅是监管者，也是空间生产的主动者——一方面作为建成环境和政府项目的投资者，另一方面积极出击，招徕及遴选资本并给予不同资本以不同待遇。在此过程中，政府不仅追求经济增长，还必须面对因资本流动带来的空间不平衡发展。如果社会空间不平等的程度没有保持在政治上可接受的范围内，就有可能引发社会冲突，从而对权力合法性形成冲击。二战后至1970年代，空间凯恩斯主义曾一度成为欧洲国家缓解空间不平衡发展的指导思想，其后遭遇新自由主义才逐渐式微[4]。结合中国国情，杨宇振提出：“权力能否制衡资本和信息的流动，成为中国城市化能否有一条不同于世界其他国家和地区道路的关键，并由此决定着国家与社会的属性和特点。”[3]

因为诉求不同，不论在什么情况下，国家都不能被看作产业资本和银行资本在统治性的权力集团内部一个不成问题的同伙，国家的作用始终是神秘而矛盾的[2]。与此同时，还存在这样一种可能性，即资本对国家的规训[2]！财政危机其实是资本对任何国家——只要它还处在资本主义生产关系的轨道之内——实行规训的最终手段[2]，这里如果不是强力资本操控者的故意，那么就是资本运行的不良结果。

相互制约

资本与社会

卡斯特尔在《千年终结》一书中，对信息时代的全球社会做出了大胆的判断：未来将只存在资本高度流动的空间（尽管充满风险）和被资本抛弃的空间[3]。资本总是在寻找差异性的空间，资源禀赋、文化认同等存在巨大悬殊的地区共同成为其全球流动的空间载体。通过对地方特色的挖掘，将地方性符号化、商品化是资本最擅长的手段之一。对于地方而言，连接上全球网络，则能够与资本互动，其后发展有成有败，如果未连接上，则可能会失去发展的机会。从根本上而言，资本世界的内和外、入局和出局往往成为对立的两端。

彼此互动

虽然空间的均质化与资本积累是矛盾的，价值规律却倾向于同质性，而这种同质性过程在越来越大的区域差异中包含了自身的否定[2]。地方能否凭借自身强大的文化渊源和共识形成组织化的有效力量，以资展开积极的经济互动，在资本面前进行自我推广或与资本抗衡和博弈，以及促进资本的在地化，是保存地方性的关键。否则，地方一方面可能遭受利益的侵害，另一方面当被资本改造而在很多方面与其他地方趋同后，该地区随时面临被资本放弃的危险。在摆脱依赖性的内生型发展与保留开放性的外向型发展之间，地方会努力寻求一种动态的平衡。

地方的反应

国家的逻辑与资本的逻辑并不是对立的，资本的扩展往往要依赖国家力量的实现；另一方面，在全球化的网络空间逻辑中，权力的权威性和合法性持续受到质疑和挑战，而文化的认同正日趋显示出其重要的力量和意义。比较而言，“民族国家”作为代表机构与高效组织者的合法性正在消失[3]。所以说，资本既在现有的国家格局中游弋，也在更深远和持久的文化网络中探寻适合其落脚的地方。

文化认同的力量

本章小结

电视剧《权力的游戏》中，君临城（King's Landing）常常一边被诟病为臭气熏天——雪伊（Shae）、奥莲娜（Olenna）等人都有类似评价——一边因为资本密集，给了人糊口饭吃的机会，而成为众向所趋。2020年新冠疫情在全球肆虐期间，印度那些当日只能赚取一两天口粮的劳动力，在经济活动停滞之后，第一时间大量返乡，是低端劳动力强烈依赖资本流动的证明。中国的纪录片中，曾有新疆姑娘招工记的非典型故事。前段是姑娘和父母黏在一起，过着朴素、松散、贫弱而略显枯燥的边疆生活，后段是通过政府扶贫部门铺设的道路，姑娘顺利来到内地工厂流水线上做工的经历。赞颂的主题是脱贫致富，也力图佐证个人眼界能同步打开。

在对资本对应的价值、高流动性、塑造建成环境的能力有了初步了解，并对资本与权力和社会的关系有了进一步分析之后，需要思考：作为个体的人和作为特定的地方，通过和资本的紧密连接，得到了什么又失去了什么，谁能轻言得失？

第二章
资本转向乡村的逻辑

本章尝试回答下列问题，包括为何会出现资本从城市向乡村的流动？城乡关系的演变如何影响乡村的资本吸聚能力？资本与乡村空间的结合有何规律？对上述问题的解答可以从理论和现实角度展开。

在中国的历史背景中，乡村大体作为一个封闭、内向的存在，压抑着自身的发展潜能和欲望，乡村内部的资本积累非常局限。在农产品和农村剩余劳动力流出乡村的历史主流中，到了近代才零星出现资本反向流入乡村的痕迹，如近代工业在乡村的落脚。真正意义上的资本进入乡村在改革开放后才日益显著，典型代表是珠三角地区的“三来一补”。20 世纪 80 年代，“苏南模式”中乡村的资本自我积累也异军突起。21 世纪以来，随着环境和政策的转向，资本进入乡村的潮流兴起。需要探求在所有表象背后，是怎样的经济和政治逻辑在支撑，据此可以对未来的趋势有大体的判断。

相关的理论和实践

列斐伏尔的“空间生产”

20 世纪 70 年代，法国哲学家列斐伏尔（Lefebvre）在《空间的生产》一书中首次将“空间”引入经典马克思主义的生产理论之中，创造性地提出了“空间生产”理论。列斐伏尔同时关注具体空间与抽象空间，认为“空间生产”是空间被占有、利用、交换和消费的过程，是资本增值的手段。空间不仅是社会的产物，还反映和反作用于社会。他在“空间三元论”中，区分了“感知”的空间、“构想”的空间和“生活”的空间，注重背后的利益集团和阶级的作用。他演绎了一条系统的空间政治学路径，从承载着历史认识论至本体论的“空间生产”，走向对资本通过空间生产导致空间后果的“空间批判”，最终提出实现“空间权利”的主张[5]。

被动与能动

列斐伏尔认为，传统意义上在空间中进行的生产，其重点在被动地选择一个地点，后来转变为对空间的生产，重点在能动地创造一个地方。依此而言，赌城拉斯维加斯（Las Vegas）的建立过程中，后者比前者的意味更浓。资本主义正通过空间关系不断生产和再生产来重新获得新的生存空间，空间的生产就如任何商品的生产一般[3]。这样一来，在分析的语境中，空间从适宜进行静态区位分析的基本生产条件，转变为有着极强生命力的、可再造的生产要素。

工具性空间

列斐伏尔认为，资本主义是通过对空间加以征服和整合来维持的，空间不再是被动的地理学的中心，或者是一个空洞的几何学的中心，它变成工具性的[6]。被工具化的空间趋向进一步导致了割裂和标签化。空间在一个巨大的规模上，作为一个包括地球以致整个太阳系的总体，被人所了解、认识、探索、标记和规划。占据它、布置它、填充它、生产它的可能性在增加。为了让其“价值”更高，空间被人为地稀有化了，被片段化、碎片化了，以便整体地和部分地用来出售[6]。

生产关系的维持

既然空间能同时作为商品、权力表征和日常生活的场所[3]，空间的再造过程改变了物质形态、权力关系和生活氛围。列斐伏尔直接点出，资本主义的生产关系，也就是剥削和统治的关系，是通过整个的空间并在整个的空间中，通过工具性的空间并在工具性的空间中得到维持的[6]。

卡斯特尔的“集体消费”

概论

不同于马克思从生产领域出发，卡斯特尔（Castells）从消费领域出发探讨城市社会的问题。其关于“集体消费”（collective consumption）的论述，对于认知地方政府与资本的空间生产之间的关系有理论价值[3]。政府介入进来——通常是以社会福利的名义——把消费集体化，以便政府有可能以符合积累的方式来管理消费（通过财政政策和政府开支）[2]。城市被视为组织起来提供每日生活所需的各种服务（住宅、教育、交通运输、医疗卫生、社会服务、文化设施，以及美好舒适的都市环境）的系统，并且直接或间接地受到国家的调节与控制。集体消费（就是国家中介的资本主义劳动力再生产所需的消费过程）同时成为都市基础建设的基本项目，并结构为人民与国家的主要关系[7]。空间作为集体消费的核心场所，集体消费品的供给会对空间结构产生重大影响，权力随之被纳入空间形态演进的逻辑当中。

资本至上

集体消费中的重点是政府作为。如果是资本至上，则一切围绕着捍卫资本的利益。欧洲战后福利国家公共干预的目的是缓和阶级冲突，使得资本主义得以平顺运转。除了回应工人阶级争取生活必需的都市服务的压力，其技术官僚管理主义的政策设定与城乡规划的功能运作也是为了促成资本主义都市功能运转顺畅，以支配性价值确保权力集团阶级利益的实现[7]。

规划对资本的服务

城乡规划往往成为地方发展的制度性工具，是引领资本、激励积累的机制设计[7]。改革开放以来，中国大陆可以说是全球化年代“企业型”的地方政府发展的极致[7]。以深圳为例，地方当局一度降低了包括富士康劳工在内的劳动力集体消费的公共供给责任，还有效地将原来提供社会公共利益与公共服务的城市规划转作激励资本的正当化治理工具[7]。

设施对资本的服务

伴随一定程度的公共服务商品化和基础设施私有化，基础设施的发展重心偏向高价值在地空间和全球网络的无缝隙连接，目的是要确保这些高价值空间与使用者和复杂的全球分工得以连锁互动。至于较无获利性，或位居边陲的空间及使用者，自然成为都市基础设施绕道而行的对象[7]。

熊彼特的“创造性破坏”

概论

在熊彼特（Schumpeter）的创新理论体系中，“创造性破坏”有宏观和微观双重含义。在宏观上，熊彼特认为创新是资本主义社会发展的根本动力，企业家是创新的引领者，“创造性毁灭”则是创新的内涵和结果。创新一方面带来新的产品与服务，开创新的市场和产生新的价值；另一方面又在取代旧有产品与服务，占领旧有市场和毁灭旧有价值。新旧交战引发经济的周期性变化、金融危机和生产要素的重新分配。这种既创造又毁灭的现象，被熊彼特称为“创造性破坏”。在微观上，一个产业，一个企业，以及产业之间和企业之间，同样可能存在具备创造性破坏特征的创新活动[8]。

宿命或选择

从经济的整体利益而言，创造性破坏有正面效应，如生产力提高，资源得到更高效的利用；而如果其与空间结合，资本又发生了空间转移，却可能造成不均匀的受益和受损，如税收和就业的动态迁移，会引发一系列问题。随着技术发展和生产创新，创造性破坏成为一种宿命，本书中后续研究的空间闲置问题即与此相关。在选择主动的、结构性的、系统性的升级时，政府可能主动推进“创造性破坏”，主要目的是对经济空间进行再造，但也无意识地重新建构着地方的意义。对地方而言，逃脱被动的命运，减少自己的损失，需要应时而动的策略。

哈维的资本“三级循环”

概论

大卫·哈维（David Harvey）受列斐伏尔启发，在资本和地理空间的关系分析方面有重大突破。其拓展了资本的时空维度，对资本的阶段性和流动性做出的解释有独特的说服力。在资本“三级循环”理念中，哈维提出在属于初级循环的直接的生产和消费领域之外，还有形成固定资本和消费基金的二级循环，以及包括社会支出和科技研发行为的三级循环[9]。其中，他将空间利用与建成环境等概念相对应。

时空修复

与资本循环的理念对接，“时空修复”是哈维发现的资本存续之路，即要实现价值的增值，资本必须在时间和空间两个维度开疆拓土，以缓解资本过度积累的危机。也因此，大卫·哈维同时关注资本积累的金融方面（时间性）与地理方面（全球性和空间性）[2]。“时空修复”理念就是在描述这样一种场景，其中找不到增值机会的资本为过度积累的资本，面临着价值丧失的风险。过剩资本在时间中转移（通过信用体系和债务融资的国家开支）和在空间中转移（通过地理扩张和地理重组，其不仅包括创造世界市场、外商直接投资和外商组合投资、资本输出和商品出口，而且包括一些更残忍的形式，即殖民主义、帝国主义和新帝国主义的深化和拓展）[2]。空间流动的过程让剩余价值在地理上的生产得以背离它在地理上的分配，造成生产与分配的脱节。

永不满足的饥渴

资本有持续扩张的本质。资本的动态过程就像资本通过一个复制机不断复制着自己，持续增加着资本的数量。如果有一天，资本不能再创造出新的资本，资本自身也就趋于灭亡了。这样一种饥渴在时空的转化中能得到暂时的缓解，但是又似饮鸩止渴，因为被推迟的饥渴只会变得更加剧烈，如果得不到满足，会带来更大的灾难。受空间的限制，无论如何，可以在长期对资本主义的矛盾加以抑制的“空间修复”并不存在[2]。

企业主义/新自由主义

概论

20世纪70年代以来，西方国家从城市管理主义向某种形式的企业主义转变[3]。英美等国受新自由主义价值理念引导，大力推行财产的“私有化”，最大程度去除国家部门的“管制化”以及最大程度清除限制资本流动的、国内与国家之间的阻碍，促进一切的金融化（意味着牺牲小股资本以对所有者资本积累的权力中心和金融机构进行再配置）[3]。

影响

新自由主义的影响广泛而深远，其不仅改变了西方国家的治理格局，也对我国的政治经济变革有所触动。新自由主义包含非常宽泛的范畴，在不同的语境中，与本土文化和制度的对接呈现各种姿态且时时变化。伴随着文化的融合和排斥、政治的转型与探索，其影响不均匀地反映在政府提升地区竞争力与改善民生的价值取向上和具体的政策措施中。观察中国乡村的变化，对比新自由主义的常用手段和结果，能够引起联想的至少包括以下内容：手段方面如土地的准私有化，也包括其他集体等财产权利日益转化为排他性的私人产权；公私合营的日益普及；专家和精英的统治占据主导地位；各种融资等。结果方面如乡村中的贫富分化；政府承担更多的财政和债务风险；金融化等。但是和优化市场环境同步，中国政府也进行了大量的扶贫等福利性工作，从而使得新自由主义的色彩又被弱化。这也证明仅简单套用一些概念，或者直接移植西方语境下的判断，会造成对中国现实的误读。

从“生产主义”向“后生产主义”的转型

“生产主义”向“后生产主义”的转型源于西方国家二战后乡村的实践。受二战灾难的影响，西方国家出台一系列政策确保粮食安全，乡村发展追求集约化、集中化、专业化的农业生产，但长期在这种以粮为纲的理念指导下，乡村日渐出现环境衰败、粮食生产过剩、劳动力减少等现象。随着时代背景的变化，生产主义发展方式遭遇越来越多的批判，各地实践逐渐转向强调消费发展导向、重视环境与文化、乡村与农业脱离等，但是这种去农业化的发展也随着发展备受质疑，越来越多的国家开始兼顾不同方式之间的平衡。在乡村功能转变的背后，乡村的运行机制在发生变化，并与资本产生了密切的关联。

西方实践

对实践的抽象提炼形成了概念和理论。在20世纪90年代，被乡村地理学家们普遍使用的“后生产主义”理念认为生态系统服务与文化景观保护成为农业的重要功能。它挑战了原来的“生产主义”，因为生产主义对应高投入、高产量的集约型农业，而后生产主义对应一种对环境更友好的农业生产方法，它不以高产量为前提，强调多功能的、生产和消费为一体的乡村发展，农民则可能会寻求土地、资源的非农使用以弥补其收入的损失。二者在价值观念、政策导向、实践效果上有明显的差异。国外相关研究格外注重空间消费转向、乡村重构、乡村绅士化、第二家园、城乡移民等主题。

理论

处在快速城镇化过程中的国内较发达地区虽然有着与西方国家不同的背景，但是也都曾面临粮食种植缺乏吸引力、环境衰败、劳动力流失等问题。而随着国家对乡村的重新定位以及乡村政策的调整，这些地区的乡村逐渐具备后生产主义特征。乡村发展在价值理念、政策导向上更加明确，产生的成效也非常明显，乡村功能多元化趋势显现，分工日益精细化，运行机制持续创新转变。

中国实践

城市作为构成性中心的地位变化

城乡的中心—边缘论和一体化论

列斐伏尔曾预言，城市作为“构成性中心”，是聚集和共时化的形式，这

构成性中心

些构成性中心的地位可能会发生变化，可能因为过度发展，可能因为匮乏，或是因为向郊区排除、转嫁的打击[6]。

都市时代

另一方面，列斐伏尔认为人类社会已经进入都市时代，这意味着传统城邑与乡村对立的关系已经转化为资本主义空间生产的延续与拓展，使之均呈现出现代都市社会的特征[6]。从这个角度而言，发生的不是城市的衰退，而是城市相对优势地位的弱化。

中心—边缘

保留城乡分异的观点则认为，城市与乡村的“中心—边缘”关系一直存在，乡村被嵌入以城市为核心的全球资本主义体系之中，一方面在精神和文化层面作为城市的对立面要被抛弃，另一方面，乡村精神和文化被挪用和占有，城市对乡村进行了理想化和景观化的处理[10]。循着此种逻辑，摆脱不了此类担忧：资本造成的选择性吸纳，会否带来城乡间、乡村间的不公平加剧？乡村建设（简称乡建）表面上提高了乡村的主体地位，但实质上可能使乡村的独立性降低，乡村越来越成为城市的附庸。在消费主义的背景下，城乡关系演变成为一种消费关系。城市资本只是提供了乡村建设所需的新的理念和技术，并未改变权力关系，过去乡村为城市提供粮食和劳动力，如今改变为提供生态旅游产品。

两种观点的表里

面对未来的发展，在一体化的城乡范围内，一定会存在着次区域的分工。强调城乡分异的观点描述的是一种现象，而以“都市时代”一以概之，表达的是空间的整体逻辑，即乡村被纳入以城市为中心的资本逻辑之中。讨论城乡之间的平等问题或许逐渐丧失意义。城乡之间的强弱关系究竟指向什么？是不是居于城乡不同地域的居民之间的权力的差异？展望未来，如果没有必然滞留在乡村的人群，伴随着全体居民的选择和流动，城乡将只剩下地域分工的不同。

城市受到的价值冲击

城市是否受到损害

有时候，同过去的技术搭配和空间格局告别往往会导致严重的价值丧失。在危机的进程中发生惨重的价值丧失“解放”了资本，使它可以同时确立新技术和新的空间结构。空间竞争的本质恰好确保了资本家在一个地点获取的超额利润是以其他地方的价值丧失为代价的[2]。所以，或许可以问，乡村发展有没有以城市中的价值丧失为代价？存在另一种可能，在不对城市造成直接冲击的前提下，原来倾向于高强度集中在城市的资本向乡村溢出，这也意味着城市中增值机会弱化后，资本向原先的洼地流入。

城市之后

城市是伴随着资本主义的兴盛而兴起的，城市及其空间是资本主义加速其流动性的据点[3]。在具有现代意义的社会中，权力需要通过城市作为生产、交换、消费等与乡村不同的功能，一种高效能的积累财富的空间，来获得合法性的基础。在多大程度上从基于以小农经济为主的社会的合法性转向基于以现代产业为主的社会的合法性，代表着权力现代性的深度[3]。到了特定阶段，是否会出现资本城市化向资本乡村化的转向？资本在城市中大展宏图之后，调转头，可能实现对乡村社会的改造。

还可能存在城乡间资本的价值连接。复杂的现代生产过程常常跨地域、跨行业，凭借信贷、金融等手段完成，投入城乡地域的资本常常处于一个生产过程的不同环节，在本质上成为一个整体，这时候，再去生硬地进行城乡资本区分，或许并没有实质意义。

同一过程

乡村的价值及其对资本的潜力

乡村的独特价值

乡村有什么？埃比尼泽·霍华德（Ebenezer Howard）早在城乡对比中给出了答案[11]。乡村有田园风光，有良好品质的空气，有还未被现代文明侵蚀的传统文化，也有居于一隅并具独特魅力的农耕和手工技艺。乡村提供了农业生产和生态支持的功能，对城市居民而言，乡村还可能成为区别于城市的消费空间。城市空间具备生产集中和消费集中的特点，乡村空间自带分散气质，其提供的消费功能较城市而言只是附属的，也成为社会功能的有机构成。消费主义最大的特征就是猎奇和喜新厌旧，只要将乡村包装成商品，找到迎合上述需求的卖点，就可以进行售卖。乡村的山水田园，也可以成为其他商品的外包装。历史村落则可以诱发对历史空间的消费，这同样与资本的空间生产相适应[6]。

乡村价值

环境与生态问题有时会成为某种借口。哈维总结西方经验是："在建筑学、城市规划和城市理论领域中，太多充作生态上敏感的东西实际上都与时髦和资产阶级美学没有太大区别，那种资产阶级美学喜欢一点绿色、少许的水，以及一抹天空来提升城市。"[3]

资产阶级的美学

乡村对资本来说，有农业资本化改造和土地资本化的潜力（详见第八章），与乡村剩余劳动力结合的潜力，以及将乡村环境塑造为商品的 IP（intellectual property，知识产权）的潜力。这需要评估其是否具有新价值创造和利益生成的机会。在资本进入乡村空间后，会制造出新的供给，并引领对这种供给的需求。

可能性

除了存在城市里工商资本积累过剩的前提，对资本而言，乡村相对于城市的优势可能在于：国家专项资金支持的力度大；反城市的价值理念支持；空间建设的弹性大；乡村决策分散与集中统一；劳动力供给充足，因为劳动力回流

现实中存在的利好

潜力大。这些因素促使乡村成为空间利用与经营方式的创新实验场。在现实中可以看到，诸如农业产业链的延伸扩充了利润空间；各种补贴和保障收购价格等政策扶持下，农业生产风险被降低；工商资本进入的门槛降低；专项金融等服务不断完善，如一些土地信托中心针对土地流转提供专门服务等。

资本向乡村分流的作用

21 世纪以来的中国乡村变革中，农民凭借其对于土地资产的权利能强化其契约主体身份，并获得实实在在的利益，这种转变很大程度上依赖乡村与资本的结合。资本行为主要基于自身增值诉求，政府积极推动资本下乡则包含了多重诉求。

政治意味

从政权合法性角度，国家主导推动资本下乡的直接目的是救济乡村，同时与一系列综合目标有关，如保证经济增长，提升生活水平，消除贫困，减少社会对立，消除不安定要素等。和城市相比，乡村的贫弱久被诟病，积重难返的乡村势必给整个社会经济的发展带来负面影响。在世纪之交，问题显得格外突出。乡村无法带来充足的内需，降低了经济发展的动力；乡村资源难以和城市资源整合使用，降低了经济发展的效率；城乡差距增大，社会问题愈积愈难消解带来了危机。国家层面的价值理念和政策的转型有其必然性。城乡统筹发展、新农村建设、新型城镇化、美丽乡村建设等都包含了对乡村的重视和救济。

经济意味

从经济发展角度，将资本引进乡村融入了提升国家整体经济实力的期待，也属于全球化竞争影响下外部压力内化解决的方案内容。为了维持与增强中国的竞争力，中国的城市必须持续扩张与加速发展，必须加大中国城乡之间商品的流动，必须进入大卫·哈维所提出的新一轮“时空压缩”。中国乡村建设也是过剩资本寻求释放的路径之一。虽然经济全球化已经发育到一定的水平，但当遭遇世界经济不景气或受到政治干扰时，当外向型生产出现市场危机时，国家内部成为缓解危机的重要空间。国家在扩大内需上双管齐下，一方面对城市内部存量空间进行产业升级、功能置换，另一方面积极拓展市场，引导资本投入中西部和乡村等经济欠发达的地区。中国版图上星星点点的城市建成区之外还有大量的镇、乡和农村，还有很不发达的地区。这就是“中国城市化”向“城镇化”转变的根本原因[3]。

时空修复

乡村提供了资本进行“时空修复”的场域。从发展的阶段而言，中国经济处在消费不足、有效投资渠道狭窄的尴尬境地，增长乏力成为最大的担忧。资本从城市向乡村的流动，实现着资本的空间修复；通过聚焦建成环境，又在时间维度上缓冲资本积累的危机。国家在乡村的投入能对应大卫·哈维的二次资本循环中“固定资本”和“消费基金”均有所指涉的建成环境的内容。社会基础设施的建设可以促进商品消费和劳动力的再生产，其他生产资本也可能会因之被吸引到这些区域。而乡村旅游的发展对应着二次资本循环中消费环境的创造过程。

资本向乡村分流的条件

虽然已经陈述了资本力量的客观性，以及作为政府主动选择的现实性，但并不意味着资本进入乡村就一定会发生，还需要一定的条件。

共赢机制

首先需要动力机制方面的条件。现实中绝大多数事情都可以简化为什么样的主体，为了什么目的，做了什么事情三个分析要素，要素的组合可以对动力机制提供解释。政府有政治、经济和社会的诉求，其中经济和社会诉求根植于政治诉求之上。社会工商资本有盈利的诉求，也不会放弃投机获利的机会。国有企业有盈利的诉求，但叠加了政府角色的担当。乡村居民和集体有自利的诉求，期待能兑现资源价值，同时也期待有自我发展的机会。最终，能形成共赢的合作行为才具有合理性和可持续性。

三重力量

资本进入乡村主要受三方面力量的影响：国家的推动力、工商资本的扩张力以及乡村的自发行动力。国家通过“新型城镇化”和“美丽乡村”建设，实施乡村振兴战略，进行大量的基础设施建设和公共物品投入，还出台众多鼓励资本下乡的政策，变革农村土地制度，加大对乡村地区的财政转移支付，进而有力推动资本进入乡村地区。在此过程中国家通过再分配的方式实现了城乡发展资源的重新配置，影响城乡经济发展模式转变。社会工商资本主要是为解决资本在城市的过度积累危机从而向乡村转移投资。政策激励则强化了乡村投资的潜力，为企业带来利好。乡村的自发行动力来源于村民和乡村集体。土地制度和乡村集体资产制度变革准备了条件，市场的冲击和信息的流动为村民打开了视野，使未来具备更多可能性。乡村主体的主动创新行为或对外来力量的响应丰富多样，形成现实中的不同格局。

集聚经济

还需要破解集聚经济效应的难题。比较资本积累在城乡建设中的时空差异，空间上，城市和乡村中资本投入的强度和密度不同；时间上，农业和乡村旅游业较一般的工商业需要更长时间周期才能获取收益。在乡村地域中要得到集聚效应，或者说获得其他资本投入的溢出效应，也较城市更为不易。资本下乡如果是市场的自发过程，市场机制能形成指挥棒，风险也由市场自身去消解。如果是由政府着力推动，且与市场有显著的隔阂，就会面临矛盾和埋下隐患。在实践中有可能依赖乡村地方生产综合体优势的发挥，期待资本与土地、劳动力、地方文化等的有效结合能缓解矛盾、增加稳定性和保障。

反面角度

存在反对的或值得引起警醒的观点。譬如针对如何处理高效能的城市化与低效能且规模庞大的农村（独有的中国现实）之间的矛盾[3]，赵燕菁曾经提出通过加快城市化进程，吸纳农村的劳动力和生产资料，由此可以创造有效需求和扩大再生产[3]，而不应通过国家向农村的巨额投资。雅各布也提出警醒，“为了维持相对公平，缓解地区不平衡发展带来的政治压力，往往需要通过向城市汲取资源投向不发达地区”[3]，结果是破坏了财富的有效创造和导致整个国家的退步[3]。当然，可以批评上述论述忽视了公平的责任，只保留了经济的维度，是顾此失彼，更不要提雅各布给出的“分裂多元化”的不可能的解答。但是，即便仅在经济维度内，向乡村进行净资本投入而完全不讲究产出，恐怕也是不合理的，完全无视经济性的资本乡村投入会沦为纯粹政治行为。

与资本关联的可能分析框架

政治维度

当乡村与资本发生紧密的关联，对其的观察和分析可以从具象的物质空间维度延伸至政治、经济和社会等维度里展开。政治维度里，可重点考察三个层次，一是国家的执政诉求，特别是在改善大空间格局的城乡关系上，通过资本投入维持社会稳定、塑造社会关注焦点、争取获得广泛的认同等；二是资本对应的空间权利所体现的国家和地方的关系；三是资本如何与文化合力，改变乡村中与空间相关的地方治理结构。

经济维度

经济维度里，资本的进入给乡村地方经济带来直接刺激，可以具体分析其如何改变地方经济的资源投入和空间组织模式。在整体经济结构中，考察资本在不同产业部门间的转移和结构变化。特别关注其对农业的提升，以及加强农业与旅游、农产品加工、物流等其他产业的结合效果，对应在空间总体格局中有怎样的表现，以及一些新型业态的空间定位及空间关系等。

社会维度

社会维度里，首先考察资本对不同利益主体的影响，进而明晰其对整体社会结构的影响。对乡村社会进行结构化的解析，区分政府、乡村集体、农户、企业等不同主体类型。基于各种主体的利益趋向，分析其在资本活动过程中的行为方式，揭示出不同利益主体围绕空间的合作与博弈如何改造乡村社会架构，及其引发的社会融合或社会分化的过程。

从空间拓展到与之关联的政治社会经济维度，目的是形成对现实的全景式认识。结果不会是简单的是非判断，或许是找寻到有附加条件的多种可能性，也为未来的行为提供依据。

本章小结

约翰·斯坦贝克的《愤怒的葡萄》的故事主线为：大量土地被银行和公司没收、兼并，转为规模化、机械化经营；而农民，只能被迫离开故土去艰难地讨生活。其中饱含了农民和非人格化的资本之间的抗衡。作者言："乐土的梦想之所以破灭，并不是因为土地自身的先天不足，而是因为人的贪婪和暴力。"

曾经的故事成为警醒，在中国特色的现实中，乡村与资本的结合蕴含了诸多的乐观期待。究竟发生了什么，缘何发生，未来会怎样，需要持续的关注和思考。

第三章
进入乡村的资本特征

对投入乡村的资本特征有若干维度可以进行分类研究。一是资本来源。除了来源于本地积累或本地融资，其他政府的、企业的、社会团体的或者通过金融手段的投入都可以笼统地划到乡村外部资本范畴。二是资本的具体投入途径。对应乡村基础设施的完善和提升、村容环境整治、农业经营、乡村工业、商业地产、乡村旅游、商贸物流等不同项目类型，资本的投入强度和长短时限不同。在投入方式上，是直接投入还是间接投入也有差异。如“公司+农户”的模式，可能以资金、技术、产品等的供需合同将企业和农户联系起来。又如以建立平台的方式，通过提供产供销服务收取佣金等。三是资本增值的实现路径。一般多关注商业资本通过满足城市消费而套取获利空间，但涉及农业的和固定资本等的投资，会有更多的解释。本章由大量案例支撑的多维度的分类研究将对投入乡村的资本进行细致描摹，为其产生的影响分析做铺垫。

南京的乡村建设脉络

美丽乡村与环境整治

高淳示例

在2012年十八大正式提出美丽乡村建设之前，江苏就已经率先开展了以乡村环境整治和农村土地整治为主的相关工作。如2010年前后高淳区对区内乡村的道路、桥梁、污水处理设施、路灯以及垃圾处理中心等农村基础设施进行改造与建设，实施“动迁拆违、治乱整破”专项行动，优化城乡环境面貌。同年10月，高淳桠溪镇被授予“国际慢城”称号，乡村旅游先行先试，有较高的起点。

江宁示例

与此同时，江宁区在经历快速工业化发展之后，原本由工业园区主导的空间生产模式进入瓶颈期，城镇发展速率逐渐缓和下来，社会经济也从出口增长向内需拉动转型，南京近郊地区乡村旅游悄然兴起。江宁区凭借优越的发展区位、良好的自然条件及丰厚的工业资本积累，开展了以休闲旅游为抓手的乡村建设探索，以整体建筑环境整治为主体，以农家乐服务为特色，快速打造了以“石塘人家”“东山香樟园”“朱门人家”“世凹桃源”及“汤山七坊”为代表的五朵“金花”品牌旅游型乡村，金花村实践迅速获得了良好的经济效应和社会反响，开创了江宁乡村发展的新思路。

制定美丽乡村行动规划

2013年南京市委、市政府制定了《南京市美丽乡村建设实施纲要》，成立了市美丽乡村建设工作领导小组，提供组织、政策和资金保障。由市政府制定统一的建设标准，分层推进示范村、特色村、宜居村建设，并由点上示范向全域整体展开。至2018年，已基本建成五大示范区，布点村覆盖率达到24%，完成7992个村庄环境整治任务，累计建成美丽乡村示范村494个，南京市美丽乡村已成为彰显城市竞争力的重要品牌。在具体工作中，南京全市和各区整合规划范围内镇街总体规划、重要生态功能区保护规划、土地综合整治规划、旅游规划等主要规划成果，确定了南京市2013年至2017年建成1743 km^2 美丽乡村示范区的建设蓝图。各区纷纷发力，借助区内美丽乡村重点示范区的打造推进了南京乡村整体发展。

专项资金

2018年，南京市还明确了美丽乡村专项资金的使用办法，用于支持美丽乡村示范村、市级田园综合体建设，内容包括规划布点村改造，基础设施、公共服务设施和产业发展配套设施建设，区域内旅游线路及周边环境整治提升、农村绿化美化、山体修复、水体治理、房屋整理等项目。

全域旅游与产业拓展

发展实况

在旅游供给侧改革和消费需求升级的机遇下，南京的乡村旅游发展向全域旅游升级转型。乡村旅游发展类型不断扩展，依托田园风光、山水特色、民俗风情等，建设了一系列国家级特色农业旅游示范点和乡村旅游景区、省级星级乡村旅游区、旅游度假区、自驾游基地、特色旅游村、旅游风情小镇等。乡村旅游品牌逐步形成江宁“金花”系列、六合“茉莉”系列、浦口“珍珠”系列、“溧水十景”、高淳“慢城”系列等，溧水“石山下”、江宁“乡伴苏家”、浦口“不老村”等一批特色民宿村也发展得如火如荼。形成了乡村特色民宿、特色餐饮、养生度假、房车露营、乡村研学、体育运动等新产品业态，创建了兼具乡土气息和都市品质的乡村旅游产品体系，推进南京乡村旅游从观光体验向度假、休闲、生活为一体的综合性旅游转型发展。

民间资本

全域旅游的发展已然成为促进乡村生态保护、经济发展、文化传播与脱贫致富的重要力量，各区和街道纷纷开始与国资平台和社会企业合作打造旅游品牌，乡村旅游经营运作模式也开始向多元化方向发展。南京市为鼓励民间资本的农业投资，对于民营资本牵头的PPP（政府和社会资本合作）试点项目提高奖补标准，并为前景好的休闲农业与乡村旅游重点项目优先安排新增建设用地计划。一批社会企业参与的乡村项目涌现出来，如江宁区谷里街道与江苏尔目文化旅游发展集团有限公司合作、依托乡村文化遗产共同打造乡村特色旅游；溧水文旅集团与南京青果文化发展有限公司合作改造闲置老宅做高端民宿等。

特色小镇与平台建设

特色小镇

以“非镇非区”的新理念，特色小镇选址主要是空间相对独立、交通条件好的城乡接合部或者乡村地区，以现有园区平台和存量资源为主要依托，通过产业集聚、创新和升级，搭建产业与旅游发展的综合发展平台，其建设范围一般控制在3 km^2 左右规划区域面积和1 km^2 左右核心区域面积。据相关资料统计，截至2017年6月，南京市共有30个特色小镇，其中高淳桠溪国际慢城在2016年入围中国特色小镇。江宁区规划13个特色小镇板块，包括以“美丽乡村+”为核心创建的黄龙岘茶文化小镇、苏家龙山文创小镇、大塘金香草小镇等多个乡村特色小镇，开创了以特色小镇建设推动美丽乡村由点向面转型发展的路径。特色小镇为乡村产业融合发展提供了新思路，也为以乡村农业生态为主的空间价值拓展提供了更多可能性。

田园综合体与综合开发

田园综合体

田园综合体是集现代农业、休闲旅游、田园社区于一体的乡村综合发展模式。2017年2月，“田园综合体”作为农业产业创新发展的亮点，被正式写进中央一号文件。田园综合体的开发，一种是以田园东方公司为代表的乡村地产导向的开发模式，其中企业为主要受益主体；二是以特色农业与休闲旅游为主导的“村庄组团+农业园区+星级旅游点”发展方式，更多关注村民利益。2017年8月，南京《关于进一步推进美丽乡村提档升级的实施意见》明确提出了“示范村+农业园+旅游点”三位一体的田园综合体建设要求。2018年南京市田园综合体建设奖补资金支持的项目共5个，建设期为3年（2018—2020年），分别为江宁区金谷、浦口区九峰山、六合区水韵原乡、溧水区石湫、高淳区小茅山田园综合体。此外由江宁交通建设集团、江宁旅游产业集团联合江宁区横溪街道共同打造的溪田田园综合体成功入选全国首批15个国家级田园综合体试点项目，也是南京唯一国家级田园综合体项目。

特色田园乡村与模式创新

江苏省特色田园乡村建设始于2017年6月，江苏省委印发《江苏省特色田园乡村建设行动计划》和《江苏省特色田园乡村建设试点方案》，并相继公布了若干批次特色田园乡村试点阵列。同时围绕“钱、地、产、建”等问题，探索推动特色田园乡村建设的政策制度，使得各类涉农项目资源向特色田园乡村建设试点聚集。截至2018年底，江苏省级特色田园乡村建设试点村庄数量共达136个，其中南京市共有19个乡村点列入。行动计划强调坚持“政府主导、村民主体、市场参与”的原则，采取“综合营建”的模式联动推进，农村集体建设用地可以通过入股、联营等方式投入特色田园乡村建设中，鼓励盘活利用农村存量集体建设用地和空闲农房，重点支持乡村休闲旅游养老等产业和农村三产融合发展等。

政府推动

随着乡村建设的不断发展，资金来源从单纯的财政资金、国资平台投入逐步转向更加市场化的社会企业投资。土地使用、融资形式等相关政策的放开，对更多的社会资本参与到田园乡村的建设中产生激励。

资金多元

资本主体分析

资本主体构成

在政府的支持和推动下，社会工商企业和金融资本在涉农行业、乡村旅游、电商等领域均有涉足。譬如由乌镇旅游股份有限公司成功经营的乌镇旅游，阿里公司推动的蓬勃兴起的淘宝村，多地分布的华润希望小镇等，不一而足。企业在乡村舞台上尽显活力。

活力尽显

从资本来源的角度，乡村发展可以分政府主导、内生力量推动、社会团体和志愿者介入、工商企业和金融资本投入等类型，很多时候是多重力量的综合。具体而言，既有政府的专项财政资金的投入，也有国有资产公司成立投资平台融资建设，有地产商、旅游企业的独立投资，也包括多方企业与政府合作共同投资，还有高校、科研机构等主体参与到乡村建设中来。社会团体和志愿者虽然不是乡村资本投入的主要力量，但显著扩大了乡村建设的吸引力。在乡村建设的浪潮中，以建筑师、规划师、艺术家为代表的乡建中的参与者，有意识或无意识地都成了城市资本外溢到乡村中的推手。

不同来源

各种鼓励和激发市场中的资本进入乡村的政策证明放开的趋势愈来愈明显。检索历年中央一号文件，在金融资本领域，2012年提出“鼓励民间资本进入农村金融服务领域”。在工商业资本领域，2013年提出“鼓励和引导城市工

一号文件

商资本到农村发展适合企业化经营的种养业”。在乡村旅游方面，2017 年提出“鼓励农村集体经济组织创办乡村旅游合作社，或与社会资本联办乡村旅游企业”。在设立农村发展基金方面，2017 年提出“鼓励地方政府和社会资本设立各类农业农村发展投资基金”。2018 年则明确了“加快制定鼓励引导工商资本参与乡村振兴的指导意见”“充分发挥财政资金的引导作用，撬动金融和社会资本更多投向乡村振兴”。在同一份文件中，敏感人士甚至嗅到了投资的具体风向，如“加快发展森林草原旅游、河湖湿地观光……打造绿色生态环保的乡村生态旅游产业链”。总体而言，政府的引领和支持态度显而易见。

中央与地方

中央政策有不同的层次，“新农村建设”“美丽乡村建设”和“田园综合体”等都是比较笼统的范畴，表明了政策的总体导向。而土地整治、村庄整治、乡村交通和水利建设等对应直接的资金投入。地方政府在符合中央政策的框架内发挥自主性，也会有诸多政策制定和资金投入。

乡村的内生力量

乡村内生力量源自既有经济实体的积累，也有如李昌平在多地实践的乡村“互助金融”和何慧丽在兰考实验中发动成立的“资金互助社”等。这些自发的融资方式利用集体内信息充分的条件，实现村民的财产权利，调动乡村居民的积极性，最终解决乡村融资的困难。

社会团体和志愿者

社会团体和志愿者也有行动。包括香港乐施会在贵州等多地的慈善项目，香港嘉道理基金会在陕西合阳县的传统民居援建项目，温铁军在翟城村的乡村建设学院，浙江大学乡村人居环境研究中心的“小美农业”平台，欧宁的“碧山计划”，渠岩的“许村国际艺术公社”，Studio TAO 在崇明岛上的“设计丰收”等，数不胜数。非政府组织的价值理念、学者的社会理想、建筑师艺术家的自我实现诉求都在其中。就南京而言，在相当长的时间内，政府投入占据着主导地位，市场合作也在逐渐增加，极少出现诸如 NGO（非政府组织）等社会团体进驻乡村发展的案例。

政府

多重角色

政府以执政者、公共服务提供者、社会管理者、经营者等多重角色身份参与乡村建设，以促进乡村经济发展、协调空间布局、提供公共服务、改善人居环境等为目标推动乡村的全面综合发展。作为执政者，政府对政策的不断调整为资本下乡提供了利好的环境氛围。作为公共服务提供者，政府积极推进乡村的公共和基础设施建设。作为社会管理者，政府通过土地供给、项目下乡、重点领域金融扶持、空间规划等手段调控资本参与的方式与路径。在土地供给上，政府通过集体建设用地转为国有、村民集中安置并盘活乡村存量建设用地等方式对乡村用地进行调整，同时对资本开发项目进行用地评估和审核，确保在符合规划及法规的要求下，乡村可建设用地充足且制约资本的掠夺式开发行为。在财政补贴及产业扶持上，政府引导资本向欠发达乡村、公益性服务设施和农业产业投入。作为经营者，政府通过成立专属国资平台，以财政资金投融资获得利润。

专项资金

财政性资金通常以专项资金奖补乡村项目、奖补乡建企业和通过国资平台投资等方式投入乡村。南京市涉及乡村发展的专项资金众多，包括美丽乡村、田园综合体、特色田园乡村、土地整治、乡村民宿村、旅游发展等各种主题的专项基金。2018 年度南京市《美丽乡村建设专项资金管理办法》规定此专项资金用于示范村、市级田园综合体等项目的奖补资金，采取以奖代补、先建后补方式，实行专账管理、单独核算，具体用于规划布点村改造，基础设施、公共服务设施和产业发展配套设施建设，区域内旅游线路及周边环境整治提升，农村绿化美化、山体修复、水体治理、房屋整理和农民住房户型方案推广等项目。南京市的美丽乡村专项资金对每个示范村奖补 400 万元，市级田园综合体项目每个奖补 2000 万元，其中对田园综合体连续奖补三年。2018 年南京市级田园综合体建设共安排资金 1 亿元，并在当年一季度由市财政一次性预拨。

民宿类奖补

为了促进全域旅游发展，市级民宿村建设资金依据《南京市乡村民宿建设专项资金管理办法》进行管理，同样采取以奖代补、先建后补方式，按照每张床位 6000 元标准测算，对符合要求的民宿创建村一次性给予奖补。奖补资金主要用于为民宿配套的消防安全、视频监控、民宿标识牌、厕所、停车场等基础设施和公共服务设施建设，南京智慧民宿服务平台维护与管理，民宿宣传营销及推广和民宿规范服务培训等。

资助企业

财政资金可通过专项资金以资本注入、投资奖励、融资补贴、投资补贴的方式，对参与乡村建设或投资的企业进行补助，也可以通过拨款资助、贷款贴息和资本金投入等方式扶持村集体成立企业或助力村民和村集体成立合作社等经济组织。财政资金还可通过国有独资或国有控股的方式投资国有企业，创建国资平台，以企业化运营方式投入乡村。以浦口国资平台参与的 PK1 水墨大埝①、PK3 楚韵花香等建设为例，追踪企业构成，发现其投资源头包括浦口区政府国有资产监督管理办公室和江苏省财政厅等。其中浦口区政府国有资产监督管理办公室以独资方式成立南京大江北国资投资集团，其下全资控股的浦口城乡建设集团（简称浦口城建集团）、浦口交通建设集团（简称浦口交建集团）、汤泉温泉旅游公司等子公司是参与浦口美丽乡村建设

① 此形式为案例编号+案例名称/涉及的板块名称，详见附录Ⅱ。

重要的国资平台。省财政厅联合南京大江北国资投资集团，以国有控股形式投资南京江北新区投资发展有限公司，该国资平台进一步与浦口城建集团合作投资（图3-1）。

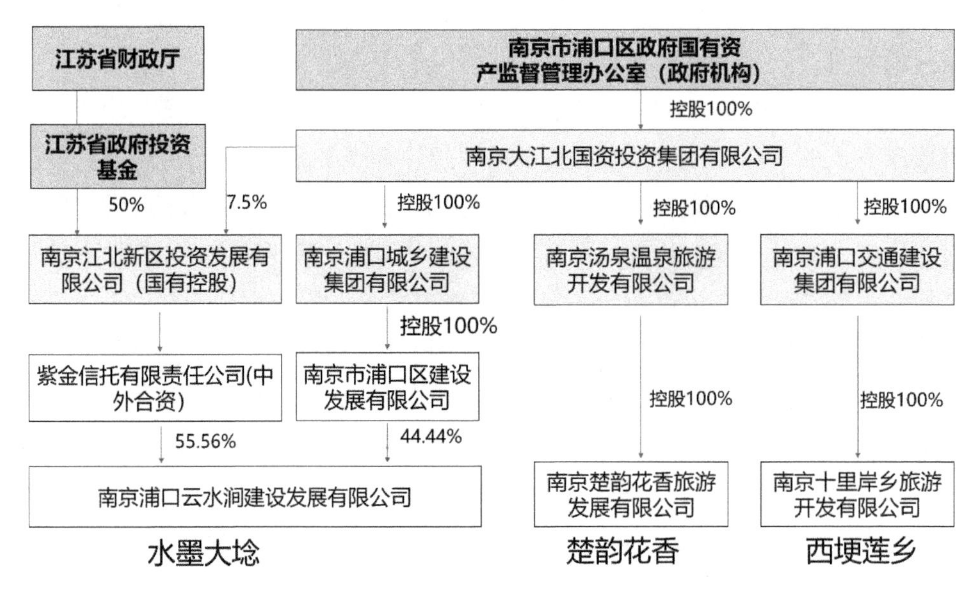

图3-1 政府资金依托国资平台进入乡村路径示意

总体特征

进驻乡村的政府财政资金由政府及其所属机构直接掌控，来源稳定、组织力强，其投资更多体现国家意志。财政资金关注公共利益，对乡村的基础设施、公共服务设施等提供了保障。但追寻政策指向的前提下，其投资项目可能会因市场性不足，造成资源浪费，特别是某些沦为“面子”工程的乡建项目。同时财政资金投资也受具体决策者影响，由于决策者实行任期制，可能会追逐短期成果而忽视长远效益，从而产生为追逐政绩的“时效”项目。

国有资产公司

基本属性

国有资产背景的公司可以通过市场化的方式运作，也可以通过子公司的形式分散对接合作。其中，国资平台一般指以投资运营、项目建设与融资、产业整合、资产管理等为目的所成立的国有投资公司，从投资公司的行业方向来看，可以分为综合型投资平台和专业型投资平台。按其运作特征可将国资平台分为三类：一是发展自然垄断性、保障性产业的国有独资型产业投资公司；二是强调投资功能的国有投资控股公司；三是侧重股权运作的国资运营公司。国资平台公司通常分布在省、市、区（县）等各行政层级，主要作为投资控股方，组织推动下属全资、控股及参股的企业开展经营活动。

国资平台的职责

乡村建设通常面临复杂的权属关系，涉农资金渠道众多、管理政策分散多头。在此情况下，国资平台统筹协调各类涉农资金与专项扶贫政策，将其融合运用于其所负责的乡村建设项目，同时也承担部分政府专项资金企业化投资的职责。在镇街层面，国资平台对资金进行分配和推进具体项目落地；在村庄层面，其负责做好社会保障，以及实施规划、建设、运营等一系列工作。在运营管理上，通常由国资平台成立专门的子公司负责，或建设完成后交由第三方负责。如LS2李巷是由国资平台商旅集团下设的子公司负责日常运营，并与专业旅游运营公司合作，进行旅游项目策划包装。GC1高淳国际慢城由国资平台江苏高淳国际慢城文化旅游产业投资集团有限公司（简称慢城集团）负责建设完成后，将景区交付第三方企业运营维护。

多元国资平台示例

南京参与乡村建设的国资平台多由区属大型国有独资或控股企业承担，如江宁交通建设集团（简称江宁交建集团）与江宁旅游产业集团、高淳慢城集团、浦口交建集团与浦口城建集团、溧水商贸旅游集团（简称溧水商旅集团）等。这些国资平台在政府支持下，凭借其强大的资金力量，投资建成了一系列乡村代表性项目，取得了良好的成效。

江宁交建集团示例

以江宁交建集团为例，其下设立多家全资或控股子公司，交建集团与其控股子公司（如江宁旅游产业集团等）深度参与了江宁美丽乡村西部片区建设。在基础设施建设方面，其投资建设旅游公路，新建标准化停车场、公共厕所等设施。在旅游开发方面，其投资建设晏湖驿站、JN1龙乡双范精品民宿酒店等；联合街道打造JN3黄龙岘、JN10钱家渡等特色旅游乡村，独立投资建设运营JN7云水涧；同时配套旅游开发，加强沿途村庄、农田环境整治和风貌优化，提供自驾车服务、旅游标识、道路安全、环卫等设施等；进一步完善旅游客服体系，在乡村建设旅游集散与咨询服务点，建成东山香樟园、汤山七坊、马场山、台湾农民创业园、JN11杨柳村、世凹桃源、黄龙岘、JN6石塘人家、JN8朱门等众多乡村旅游服务节点。在农业发展方面，其租赁黄龙岘的茶山建设规模化茶园，与横溪街道合作打造JN5溪田田园综合体的农业板块。

高淳慢城集团示例

高淳慢城集团是高淳区政府为打造长三角旅游目的地和国家级旅游度假区、整合全区旅游资源进行市场化运营而批准成立的国有控股集团公司，负责全区旅游资源的开发和运营，承担以“四大景区”为重点的文化商贸旅游项目的投融资、建设管理工作和经营性建设项目运营管理工作。高淳桠溪国际慢城作为四大景区和美丽乡村示范核心板块之一，慢城集团在此投资了蜗牛村小芮家精品民宿村、慢城小镇、瑶池山庄度假酒店等项目。

在慢城集团之前

在由高淳慢城集团操盘之前，甚至在建设“慢城”之前，一度由具有国有资产背景的高淳县瑶池生态农业开发有限公司（简称瑶池公司）管理区域内基础设施建设和生态农业项目的招商合作。获得“国际慢城”称号之后，桠溪镇政府利用原有瑶池公司，与高淳区国有资产管理平台合资成立“南京国际慢城建设发展有限公司”，直接负责桠溪镇内慢城部分的经营和管理。此后，高淳区政府又注资搭建“江苏高淳国际慢城文化旅游产业投资集团有限公司”等投融资平台，以期脱离以往的单一财政支持，通过更为灵活的融资形式筹措社会民间资金，慢城的建设也有了更充足的资金保障（图3-2）。

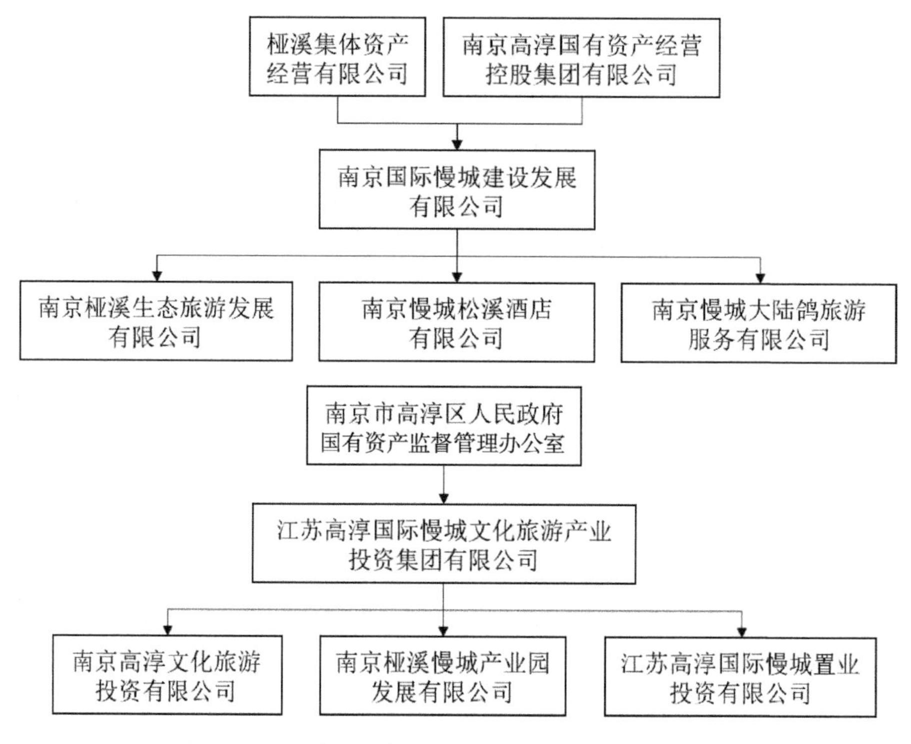

图3-2　慢城内两个国有公司的资金来源及子公司

更多示例

此外，还有浦口城建集团投资建设水墨大埝乡村景区，浦口交建集团打造以荷文化为主导特色的PK2西埂莲乡旅游区等，溧水商旅集团投资建设特色田园乡村李巷和LS3石山下乡村旅游民宿村等。

总体特征

国资平台在乡村的投资领域广泛。国资平台资本具有浓厚的行政背景，很大程度上受地方政府掌控，倾向政策性项目、重大基础设施项目、长周期高投入且效益低的农业基础产业等，在投资类别上偏向公共利益的投资。同时国资平台又以公司形式参与市场化运作，有追求收益的诉求。与其他政府财政性资金相比，国资平台在资金调控、人才与技术管理等方面具有更大的灵活性。依托国资平台又能撬动更多社会资本投入，加强了乡村建设的资金保障。

高校与科研院所

基本属性

高校或者科研院所是农业科技研究的重要场所，其资金来源主要有事业单位收入、国家或地方政府拨款的科研经费等。农业科学院（简称农科院）或涉农高校以科研或教学为主体，以满足自身科研需求为目的，立足服务社会，关注公共利益，不同于企业资本市场化的运作。

多个示例

中国科学院、江苏省农科院等科研院所和以南京农业大学（简称南农）、南京林业大学（简称南林）为主的涉农高校在南京乡村建设了多个农业科研基地。省农科院在溧水白马镇和六合竹镇镇发展了两大实验基地（江苏省农科院溧水植物科学基地、江苏省农科院实验基地农场），南农与六合区政府部门签订协议创办乡村振兴研究院，并在六合竹镇、江宁溪田、溧水白马等地创建多个农业研发基地。

白马园区

作为农业型科技园区，LS1 白马国家农业科技园区内集聚了南农、南林、农业农村部南京农业机械化研究所、农科院、中国科学院、现代农业装备科技示范中心、农业机械试验鉴定站 7 家省内外知名涉农高校与科研院所，此外还有与中国科学院合作建设的“光伏+农业”智能植物工厂（日昌公司）。科研机构以土地流转或租用的形式获取乡村土地，建设其科研基地或研发办公等场所，原住民则搬迁至镇区的集中安置区。科研基地的建设与高端人才的引进，促进了地方与龙头企业的合作，在先进技术转化及产业带动发展等方面有显著效应，也起到了园区创新资源对外的辐射带动作用。

总体特征

科研院所或高等院校类的投资主体在科技创新与产品研发方面能力突出，其在乡村建设研发实验基地，不仅保障了自身的科研空间，也通过新技术的运用改变了传统农业生产模式和农业空间利用方式，还吸引更多农业企业进驻乡村。基于大部分科研项目竞争性强，在研发期间需要保密，科研院所基地可能会仅以园区模式封闭独立发展，造成一定程度的空间和社会割裂。

社会工商资本

基本属性

非国有企业以社会资本参与乡村发展建设，其行为动机主要是资本逻辑下的增值与扩张，同时也体现决策者回馈社会的企业家精神、热爱乡村的乡愁情结等。受资本理性的驱动，企业在乡村的投资以消费型建成环境为主。一方面，利用乡村独特的生态、历史、文化资源进行品牌符号的空间产品生产，投资营利性基础设施，加大对消费空间周边的景观塑造与维护。另一方面，通过休闲农业、文化产业、旅游业等的策划营销，形成酒店、民宿、度假村、综合体等精品乡村旅游空间。社会资本投资能带动乡村当地产业发展，但同时也可能对村民自发的消费经营造成挤压和边缘化。

多个示例

六合区内，依托广阔的农业空间和山水资源，江苏永鸿集团和苏州枫彩集团打造了独具特色的两大乡村旅游度假景区。江宁区内，江苏金东城集团董事长情系家乡、回报桑梓，投资5亿元打造溪田大福文化村；乡伴旅游文化发展有限公司（简称乡伴）以七千万资金“盘下”江宁秣陵苏家村，建成苏家文创小镇核心板块乡伴苏家；南京科赛旅游投资发展有限公司与政府合作投资近亿元打造石塘竹海乡村旅游景区；客商杨先荣出资6亿元，由大塘金文化产业发展有限公司负责开发，建设以婚庆文化产业主导的JN4大塘金婚庆小镇等。万科集团作为房地产行业的龙头企业，实践着资本下乡探索，将养老产业引入特色田园乡村李巷。高淳国际慢城虽然是在政府主导、国资平台投资下建设完成的，但也吸引了部分社会企业参与一些具体项目、特色板块的投资建设及运营等。

乡伴

江宁区苏家小镇内的西毗苏村由秣陵街道先期完成村民搬迁，后被整体打包交给乡伴打造。乡伴是国内乡村文旅投资运营先行者，除去南京苏家外，公司还操盘了昆山计家墩、周庄绿乐园、苏州树山、宁波余姚、丽水松阳、云南阿者科等数十个精品民宿聚落和包含多种新消费休闲业态的田园综合体项目。其常见做法是由集团母子公司对乡村或城郊居民外迁的传统自然村落进行改造，植入精品民宿集群、儿童乐园、手工作坊、游艺体验等项目，配合周边的农田、山林、水系等环境要素，打造为城市服务的旅游度假地。同时发展部分度假屋、专业工作室、卫星办公（未来可能拓展至教育、养老）等半长居形态，平衡环境承载力和服务产能的波动性，并在不同地点的项目开发中不断升级换代。

苏家项目

在苏家项目中，由乡伴将农房和林地、农地进行整体投资开发建设运营。公司通过轻资产村舍租赁（20年）的形式完成42栋村舍的更新改建，并负责包括规划、建设、招商、运营等全系列工作。开发建设过程中，行政力量的渗透较弱，更多的体现社会企业在乡村空间开发上的方式和理念，在农业产业、乡村营建、文化服务、乡村旅游和教育研学等方面展现出多样化的路径。

总体特征

社会工商企业参与乡村建设大多涉及乡村旅游等相关业态，倾向于与当地政府合作，在空间的塑造和营销宣传等方面更具商业化的意味。与此同时，进驻乡村的社会资本通常良莠不齐，诸多乡村投资项目（尤其是以农业为主的相关项目）投资大、周期长、资本回流慢，若该企业没有雄厚的资本支撑，资金链一旦断裂，项目就会停滞不前甚至终止，可能带来土地产权纠纷、环境破坏和资源浪费，影响乡村后续发展，在社会资本投资乡村的项目中不乏此种情形，资本逃逸、资本圈地等恶性行为屡见不鲜。

社区或村集体

基本情况

注入乡村的外部资本能活化乡村内部资产。在资本推动乡村发展的浪潮中，社区或村集体借助外部资本力量积极投身其中。村集体资本主要来源于村集体资产的转化以及集体经营性收入，还可能来源于银行借贷或集体成员集资。村集体可通过组建集体所有制企业进行投资，或通过资产入股的方式与其他企业合作，或与其他方合作组建新的公司投资建设等。溪田项目中，西岗社区出资与溪田公司合作成立七仙建设开发公司，PK4 不老村开发过程中社区同样以出资形式与政府、村民成立的合作社组建新公司进行开发经营。

总体特征

相对政府资本、国资平台资本、社会企业资本等外部资本，当前村集体或社区投资的比重较小，资本力量相对比较薄弱。地方通常选择与外部资本合作的模式，以对农业产业和乡村旅游投资为主。

资本投入的对象和阶段

结合大卫·哈维（David Harvey）的资本循环理论，审视 21 世纪以来资本涌入乡村的浪潮，可以发现因市场和政策的双重推动，中国已经进入新一轮的资本积累大循环中，大规模乡建即是资本对消费性建成环境的主动营造。伴随着消费市场的迅猛发展，许多乡村成为第三产业范畴内的新消费空间。

资本投入的基本分类

作用方式

资本在乡村的作用方式包括：第一，对土地和劳动力进行替代，从而完成生产要素的重新组合；第二，对乡村的生产环境进行修补，包括对乡村基础设施的完善和对环境的综合整治；第三，进行乡村生产的技术创新、管理制度创新等，改变乡村生产方式和扩大乡村生产能力；第四，对乡村进行商品化改造，培养和诱导大众消费乡村，其中突出发展乡村独特的休闲性与娱乐性功能。

对象分类

资本的乡村投入通过乡村基础设施完善和提升、人居环境整治、农业发展经营、商业地产开发、乡村旅游、商贸物流等多条途径进行。结合资本循环的理论框架，对应三个回路的资本循环，资本在乡村的上述投资行为可归纳为：一是对产业的投资，包含对生产性产业（如农业种植、生产、加工）与消费性产业（如乡村旅游业）的投资；二是对建成环境的投资，包含对生产性建成环境与消费性建成环境的投资；三是对科研教育及社会公共福利的投资。在乡村地区资本投入的多元机制尚未形成前，绝大多数基础和服务设施的资本投入都由政府的财政资金负责，科研、社会福利主要由国家与地方政府投入，而特色产品的开发营销和空间营造易获得社会企业资本的青睐。

乡村基础设施的完善和提升

基本特征

按照服务性质划分，乡村基础设施可以分为生产性基础设施、生活性基础设施、人文基础设施以及流通性基础设施四大类，具体内容涵盖乡村内的道路、水利、通信等多方面。基于乡村基础设施功能的公共性、价值的公益性、投资的规模性和收益的长期性等特征，政府在乡村基础设施的建设上担负主要职责。政府财政对基础设施的投资一度偏重于大江大河的治理、交通干道建设等，直接用于改善农业生产和农民生活条件的比重偏低。进入乡村振兴阶段后，情况才有所改观。

实践分类

不论是对历史欠账的弥补还是出于公平的考虑，为使乡村居民能够享受大体公平的公共服务，作为集体消费品主要供应方的政府承担起包括社区性基础设施在内的农村基础设施供给，政府也积极倡导 PPP 模式在乡村基础设施领域的应用。实践中，财政资金重点投入农村道路、文化广场、农村环境整治、农田水利等非收益性的基础设施；财政资金与企业资本合作建设农村供水、污水和垃圾处理等有一定收益的基础设施；以财政补助资金为辅、以企业资本为主投资农村供电、电信、广电网络等以经营性为主的基础设施。

案例中的多样性

对应不同的项目类型，基于投资主体及其合作模式的差异，具体的资本投入途径灵活多变。JN5 溪田田园综合体项目中，与基础设施建设相关的项目主要源自区财政投资和企业自筹资金投入，医疗卫生、道路市政管网、供电、水利等主要由政府财政资金投入。旅游配套服务设施、广电网络、农业展览等经营性设施由企业投资。JN1 特色田园乡村观音殿由街道出资打造，其基础设施投资完全由政府财政资金承担，政府相关部门（区建设所、苏家文创小镇管理办公室）和社区负责实施。同时，一些由社会企业资本主导建设的项目，譬如 LH2 巴布洛生态谷和 LH3 枫彩漫城项目，其基础设施的投入（如园区道路、污水处理等）则是基本由企业自行承担。

乡村人居环境的整治

政策要求

从美丽乡村初期以“三化五美”为主旨的乡村建设实践，到十九大明确提出开展乡村人居环境整治行动，乡村整治行动持续数年。2018 年《中共中央国务院关于实施乡村振兴战略的意见》提出实施农村人居环境整治三年行动计划，并指出以农村垃圾、污水治理和村容村貌提升为主攻方向。

示例

GC1 高淳国际慢城内实施过一系列的村容村貌工程项目，其资本的来源主要是地方政府的财政资金。JN1 乡伴苏家和龙乡双范相对来说规模较小，其环境整治统一划给企业运作，其中乡伴苏家通过自己旗下的设计机构打造符合自己商业定位的景观环境。总体上，村容村貌的整治效果根据不同乡村的定位和主题，显现出不同的景观风貌。

综合整治

扩展到乡村综合整治的范畴，资本投入会涉及更多方面。一是对上文所述的乡村基础设施优化提升及公共服务完善的投资，以政府财政资金为主，鼓励社会资本与乡村自身投资，主要通过完善道路交通、水利设施、供水供电、信息化服务，实现城乡基础设施一体化，同时加强乡村教育、文化、卫生、社会保障等公共服务，推进基本公共服务在乡村地域的网络化覆盖。二是乡村生态环境改善的投入，针对自然生态环境保护、村庄环境整治、村容村貌提升、河流水域生态治理等，乡村环境改善的投入同样主要由政府财政资金承担，社会企业资本会在具体的项目中有所涉猎。三是土地综合整治的投入，主要针对基本农田建设、土地整理、耕地开发、耕地质量保护与提升等，目的是促进土地资源整合，实现土地集约与高效利用，一定程度上提升土地利用价值和为社会资本进入提供良好载体空间。土地综合整治原则上由政府专项资金投资。四是乡村治理与党建引领投入，涵盖乡村或农村社区的安全管理、党建组织建设、经济组织建设、精神文明建设与乡土文化发展。

农业的创新生产和销售

资本能建设完善农业生产设施和交易设施，提高农业生产力，强化农产品的市场流通能力，从而提高农业的整体效益。具体体现在：第一，促进农业产业升级与产业结构调整；第二，趋向品牌化发展；第三，规模化发展；第四，管理方式信息化；第五，销售模式转变创新。其中，通过与文化、教育、休闲娱乐、旅游等结合，农业发展具备更大潜能。

产业升级

一是农业产业升级。主要体现在促进传统农业向现代高效农业转型升级，加快农业与第二产业和第三产业结合，延伸产业链，以及促进农业向第三产业转型，促进产业结构调整。随着资本进驻农业领域，尤其是农业科研院所与高校资本的进驻，科技、人才也源源不断流入农业生产过程，农业逐渐向高新技术农业转型。如江苏省农科院、南京农业大学、南京林业大学以及农业农村部南京农业机械化研究所进驻 LS1 白马国家农业科技园区，初步形成了生物种业、生物食品、生物农用品、生物能源与环保、生物信息五大新型农业主导产业。

品牌培育

二是培育生态农产品品牌，这与产业升级密切相关。传统农业产业链条较短，基本上是以初级农产品的销售和粗加工为主，产业利润较低。资本投资农业发展，在进行农业产业拓展创新的同时，注重品牌产品的全产业链发展，以更加高效地发挥农业产品的价值，依托特色农业品牌影响力以获取更大收益。如溪田雨花茶品牌的建立，使得产品获得更多市场认同及溢价可能，其连续两年获得“南京市雨花茶暨名特茶金奖”，也将原本因缺乏质量认证和品牌支撑的茶叶的销售价格从每斤三四百元提升至每斤上千元。从农业与休闲旅游、文化等结合的角度，则形成了一系列以农业为基底的特色节庆文化品牌，如高淳固城湖“螃蟹节”、溧水“草莓节”、江宁湖熟“稻花节”、六合“茉莉花节”等。

白马园区

借助于高校、科研机构等创新主体的不断投入，南粳46、蓝莓都已成为白马园区的优势产业品牌。溧水当地涌现出一批在南京地区知名度很高的稻米品牌，“公正稻米”正是其中翘楚。白马园区同时建成黑莓、蓝莓、有机农产品等特色产业基地，通过调整布局、优化品种、规模发展和品牌示范，白马镇先后引进了白龙、中亮、富禾等蓝莓种植加工企业。自2017年白马园区发布区域农产品公用品牌“无想田园”以来，相继授权包括优质稻米、经济林果、畜禽养殖等十几家龙头企业，纳入品牌计划的产品有蓝莓黑莓果汁、杨梅、草莓、鸡蛋、碧螺春茶、青梅制品等50多种，企业发展势头迅猛，品牌效应凸显。

慢城

高淳慢城境内没有任何工业企业，并坚决抵制有污染、附加值低、高能耗的项目，同时大力发展绿色、有机生态农业。得益于乡村慢生活的品牌营销，慢城区域先后获得无公害生产认证基地12个、有机认证农产品6个，胥池大米、胥峰茶叶、紫苑葡萄等农产品获得有机身份后，市场价格也得以大大提升。

规模化演变

三是农业生产经营方式由分散的小农生产转向集中的规模化种植。资本进驻后，农业产业园成为发展的重要模式，龙头企业、专业化合作社、家庭农场成为重要的经营主体。自2007年南京开展市级现代农业园区创建工作以来，至2019年底，南京已经有41个市级以上现代农业园区，其中溧水白马国家农业科技园区升级为国家高新技术产业示范区。新型经营主体数量持续增加。以溧水区为例，据统计，2017年全区有区级以上农业龙头企业71家，其中省级12家，市级27家；专业合作社总数达1038家，培育了家庭农场394家，其中市级示范家庭农场30家，省级示范家庭农场18家，出现了以地利、熊正武、嘉丰、香瑞等为代表的一批省市级家庭农场。以农业园区为依托，多主体合作，创新出“品牌+企业+基地+农户”“龙头企业+合作社+基地”“公司+基地+农户”等发展模式。

管理方式的升级

四是农业生产管理方式的信息化和科技化转变。巴布洛生态谷通过信息化管理，利用信息流引导商流、物流及优化种植结构。其运用可视化技术对园区进行远程控制管理，运用互联网发展直销直供、电子商务、移动互联网营销、第三方电子交易平台等新型流通业态，创新了农产品流通体系。

销售模式的转变

五是农业销售模式转变创新。依托龙头企业的市场销售网、品牌知名度，向大型商业机构、景区提供农副产品，同时依托互联网、物联网等建立完整的区域销售网络，与各大电商平台合作进行线上销售。白马园区的“无想田园”品牌特色产品实现线上线下销售渠道的拓展，线上平台入驻淘宝、苏宁等电子商城，线下进驻德基、金鹰、大润发等大型商场以及景区和五星酒店。溪田农业园区板块与江宁赶超网合作，通过网络销售，拓宽了农产品的展示和销售渠道，并且创新导入社区支持农业模式（Community supported agriculture，CSA），直接在农民与消费者之间架起交易桥梁，节省了流通成本，使农民获取更多利益。巴布洛生态谷主动适应网络购物的新兴商业模式，自主开发打造出线上线下销售平台“云厨 1 站”，整合农产品生产、加工和销售等各个环节，创新“生产基地+中央厨房+社区门店”的销售模式；同时整合多家电商平台，借助苏宁易购、京东等网络平台进行线上农副产品的销售。生态谷一度拥有 1.2 万亩生态基地、1500 亩润康蔬菜基地、6 座超级工厂、240 家社区生鲜店，服务南京及周边城市 30 万个家庭超 100 万消费者。结合旅游的发展，也能同步实现产品营销与旅游地推广的结合。

三个资本循环回路

对应大卫·哈维的三级资本循环理念，农业生产经营方式转变使农业生产具备了第一级循环中工业生产的特征；对农业生产性设施的投资属于二级循环中对生产性建成环境的投资；对农业消费性景观与设施的投资属于二级循环中对消费性建成环境的投资；由国家支持的农业科研教育投资则具有三级循环的特征。因此在农业领域同时出现了三个资本循环回路。

机制解析

农业投资具有周期长、投入高的特点，资本投入农业可使部分剩余资本得以吸收，并可延缓资本进入流通的领域，因此在时间上缓解了城市资本过度积累危机。农业中资本三级循环回路同时存在的原因有多重：一是在农业内部，受土地生产力限制，农业生产收益相对较低，单纯依靠农业生产不能满足资本追求的利益最大化，进而资本向其他途径寻求出路，进行产业升级（提高生产效率），投资旅游发展（培养大众消费，扩大市场），投资科技创新（提高生产效率或降低成本），进行农业培训（提高劳动力素质），以获取更大的利润。二是基于农业在保障国家粮食安全、乡村稳定发展等方面的重要性，国家对农业发展极为重视，大力促进农业发展模式转型及产业升级，提倡农业向多功能发展。政府加大对农业生产的转移支付、政策扶持等，从国家层面以再分配方式向农业倾斜，并鼓励社会资本投资农业发展。而与农业相关的建成环境和科研的投资，将在下文专门议题中阐述。

乡村旅游的开发和运营

旅游兴起

资本在乡村寻求投资机会，在向生产主导的领域（如保障和促进生产的基础设施、农业生产）投资的同时，也向消费主导的领域（如商业开发、地产开发、旅游建设）投资，尤其是对乡村旅游投资。资本投入乡村旅游，是对大众消费需求的满足与实现，也是对大众消费的培养与诱导。在政府、国资平台、社会企业、村集体等多元资本投入下，乡村旅游迅速崛起，成为带动乡村发展的重要产业。

旅游概况

乡村旅游发展过程中，改变了原有的乡村空间结构，提升了乡村景观品质，丰富了乡村的经营业态，为乡村增添了浓厚的商业氛围。从经营模式看，既有以政府专项资金扶持、村民为主体经营的农家乐集群模式，也有以企业、国资平台为主体投资运营的民宿集群、主题型度假区、乡村旅游集聚区等形式。从产业角度，乡村旅游业与农业、文化、互联网等各产业、各行业深度融合，形成多层次的乡村旅游产品。乡村旅游的开发运作重构了乡村生产的业态结构、人力结构、成本结构和收益结构，激活了乡村社会开发和运营的综合效益，并有可能打造出原住民、新乡民共享的田园生活场景。

（1）旅游集聚区模式

基本特征

资本依托优质的乡村景观、文化和农业资源，将城市型消费方式引入乡村，运用市场化经营方式，综合旅游、地产、商业、娱乐、体育、养老等多个行业产品，投资开发大型乡村旅游度假区。在企业专门化的营销管理下，相比农家乐的开发，旅游度假区的市场影响力更广、品牌形象更加突出，提供的产品面向城市消费人群的多层次需求。大型度假景区占据的乡村载体空间广阔，不局限于自然村落，也青睐广阔的农业与生态空间。在开发过程中，涉及大规模的土地流转，更是牵动着政府、乡村集体、村民等多个主体的利益。景区运营也能带动周边乡村就业和周边村落以农家乐为主的旅游服务业的发展。

多个案例

国资平台、社会企业凭借其背后强大的资本支持与市场影响力，在南京周边开发建设了众多大型乡村旅游度假景区。譬如以高淳慢城为代表的依托乡村田园空间打造的慢文化体验、生态之旅主题景区；巴布罗生态谷打造的综合旅游观光、休闲娱乐、绿色生态食品于一体的智慧农业综合体；PK1 水墨大埝景区在 2014 年南京青奥会自行车比赛场地的基础上，以体育运动产业为特色，打造集自行车文化体验、户外休闲运动、乡村旅游度假于一体的美丽乡村生态旅游区；JN4 大塘金植入婚庆文化打造承载婚庆摄影、婚庆旅游、婚庆休闲度假的特色产业型景区；JN7云水涧打造集不同主题民宿业态、餐饮、会议、休闲、文化展示于一体的大型近郊休闲旅游度假景区等。

慢城

高淳慢城所在地所包括的6个行政村，2010年的人均收入约在9900元，这些收入中，60%来自当地的有机特色产业。当地居民生活节奏较为缓慢，但这种慢生活是由年轻人外出打工、老人孩子留守家园、土地承包给他人经营等经济欠发展原因导致的。2014年后，国际慢城的运营权先后委托给景域旅游管理公司和南京呀慢旅游管理有限公司。在两任运营公司的操持下，慢城内逐渐形成半开放式的游览体系，区内设置停车场、观光游览车、大型集会的活动广场、运动场所、亲水平台等设施，还开展户外骑行、真人CS、影视拍摄等娱乐活动，乡村景观也由原本的生态郊野逐步转变为户外休闲娱乐场所空间，并与城市型消费娱乐相匹配。地方政府与运营公司为慢城旅游的后续宣传做了大量的工作，将慢城理念和慢城产品进行形象输出，加密乡村地区与城市社会的联系。伴随“中国消费经济高层论坛·慢城峰会”“国际慢城有机产业高层论坛”“国际慢城中国桠溪振兴发展大会”等活动的开展，慢城的知名度和影响力在不断扩大。“国际慢城”的成功申办更是让本地发展如虎添翼，高淳政府借机持续推动旅游集聚区的投入和建设，加强区域产业协同发展，慢城的旅游接待人数和居民收入都呈现稳步增长的趋势。

（2）农家乐集群模式

发展历程

南京乡村农家乐的发展，始于美丽乡村建设初期政府的重点投资，如2012年前后成型的江宁“五朵金花村”。南京市各级政府以扶持农宅改造、奖励经营户等方式推动农家乐发展。在良好收益的带动下，更多村民自发加入农家乐经营行业，也出现了颇具市场号召力的农家乐集聚村落，如慢城大山村、JN3黄龙岘、JN6石塘人家等。

运作经营

这些农家乐集聚村落的经营者除当地村民外，也有部分外来个体商户和企业。江宁交建集团参与打造的黄龙岘茶文化村，长长的街道两侧，餐饮民宿、特色农产品售卖等经营户鳞次栉比。风格较为统一的门头与房屋立面，由政府出资统一改造，街道上的休闲长廊、旅游服务中心停车设施、公共厕所等旅游服务设施由集团出资建设，集团还投资建设并且自营岘里人家、西部客栈、茶香人家等乡村民宿。部分原本村民自营的餐饮住宿也出现转租给外来个体商户经营的情况。同时农家乐经营者还成立了专门的农家乐合作社，合作社负责提供农家乐从业人员技能培训，统一农家乐服务标准、价格、质量，统一组织农家乐的对外宣传、营销、推广及统一旅游团队的接待等。之后通过经营整顿，又将农家乐的住宿纳入统一的新平台进行管理。石塘人家同是典型的农家乐集群经营模式，建筑立面整治与环境美化等由政府负责，农家乐基本由村民自营。

大山村

桠溪镇从2010年开始扶持建立大山村首批农家乐，政府根据农户意愿、经营能力、房屋区位等因素选取六户人家进行先期试点，由桠溪镇政府出资完成统一装修、经营培训等，高淳县（2013年后改为“区”）政府则做了大量的对口帮扶工作（表3-1），为农家乐经营提供客源保障。一年多的帮扶下，第一批农家乐的经营逐渐步入正轨，大山村的农家乐开始走入市场，商业氛围也日渐浓郁。政府通过宣传逐渐提升慢城农家乐的影响力，并为农家客栈提供每床位2000元的补贴，村民能通过多种经营方式获得可观的收入。农家乐的盈利吸引着大山村的劳动力回流，村民纷纷开始自发经营。截至2017年，全村经营性农家乐发展到71户，农家客栈48户，经营特色经济作物栽种20户，农产品销售13户，传统手工业7户。通过产业融合及经济转型，全村农家乐经营户人均收入6.8万元，农民人均纯收入2.97万元，带动农民就业586人，村集体经营性收入达220万元。政府进一步将大山村邻近的小芮家居民全部搬迁至大山村，将其原址建设为风格独特的精品民宿村，与大山村的传统农家乐互补发展。

表3-1 大山村第一批6家农家乐定向接待帮扶情况[12]

农家乐	农户	镇对接单位	县接待帮扶
建峰农家乐	芮建峰	国税、供电、地税、工商、土管、派出所	宣教口（约12家单位）
春牛农家乐	芮春牛	农服中心、水利站	计生口（约18家单位）
金财农家乐	芮金财	企管中心、经管站	党群口（约18家单位）
长青农家乐	芮长青	计生办、开发办	财贸口（约15家单位）
建福农家乐	芮建福	建管所、集镇办	政法口（约8家单位）
红星农家乐	芮红星	财政所、民政办	农水口（约8家单位）

资料来源：赵晨. 超越线性转型的乡村复兴：高淳武家嘴村和大山村的比较研究［D］. 南京：南京大学，2014.

慢城内的持续拓展

在前期政府扶持与乡村旅游服务市场扩展需求下，慢城区域内逐渐形成各具特色的旅游村，包括大山民俗村、吕家美食村、石墻围影视村、高村艺术家村、荆山长寿村等，各村村民自发开办农家乐、特色产品销售、旅游纪念品销售等商业服务，以大山村为首的农家乐村已经成为高淳慢城的特色招牌之一，影响力在不断扩散。政府逐渐撤销定点帮扶性政策后，开始转向对农家乐经营市场的秩序监管。慢城主管部门促进成立国际慢城蓝溪农家乐协会，其制定经营管理规范条例并定期进行星级经营户评比，实行统一管理、规范经营。从帮扶到监管，可以说政府一直把握着慢城内经营开发的节奏，并通过行业协会等组织形式试图建立及完善一种长效持续的生产保障机制。

整体而言，南京乡村地区农家乐集群在政府扶持下起步，经过村民自身经营形成规模，逐渐产生一定的品牌效应，受众面也越来越广。在运营过程中，其经营主体逐渐多元，社会资本不同程度参与进来，政府逐渐从帮扶者向监督管控者的角色转换，农家乐的管理运作模式在不断创新。

小结

(3) 酒店民宿集群模式

随着乡村旅游的不断深入发展，乡村旅游逐渐向品质化升级。区别于农家乐集群经营，由社会企业或国资平台主导建设的精品民宿村成为乡村旅游品质化发展的标志之一。精品民宿村的兴起带动了休闲娱乐、会议、养生度假、健康理疗等新业态进驻乡村，使乡村空间转变为集乡村风情与城市型消费服务于一体的特殊服务空间、交往空间与集会空间。

兴起

精品民宿集群的建设，第一种是通过将村民全部或大部分搬迁后拆除重建的方式，如苏家村、JN9 公塘头、小芮家等。其中，苏家村由乡伴企业全权负责，对传统自然村落进行改造，从规划建设到投资运作均由企业独立进行，以精品民宿集群为开发主体，以儿童乐园、咖啡店、餐厅、手工作坊、游艺体验项目、特色零售店等作为辅助，依托周边的山林水体等环境要素，形成主要为城市居民服务的旅游度假地，同时发展部分度假屋、专业工作室、卫星办公、教育、养老等半长居形态，平衡环境承载力和服务产能的波动性。除乡伴旗下拥有的原舍、圃舍、树蛙等独立品牌外，还通过房屋租赁的形式吸引其他民宿品牌和经营者入驻，共同推动文创小镇的民宿集群发展。

开发方式一

第二种是在保留原有村庄基础上进行开发。如 PK4 不老村，部分村民自愿搬离后，政府回收宅基地所有权，由街道、社区与村民合作社成立新的公司，负责对空置的民宅进行改建或重建，而后与一德公司合作，由其负责运营，引入企业或商户进行民宿经营，形成了集精品民宿、特色餐饮、休闲娱乐与酒店会议于一体的山峪乡村。

开发方式二

苏家龙山文创小镇内的龙乡双范精品民宿村是上范村、兴范村两个民宿文化村的统称。民俗村的投资主体为江宁交通建设集团和江宁旅游产业集团，其租用当地村民的民宅予以修缮改造，对村内环境进行整治，新建旅游服务中心。集团引入社会资本和专业团队进驻合作，先后引进了心宿、大缘文化、茑舍等民宿、餐饮品牌。村内业态丰富，是一个集生态旅游、特色文化民宿、中医健康养生、传统文化体验、乡野农趣体验、文创休闲体验等为一体的金陵精品民宿文化集群。

龙乡双范

第三种是依托景区模式运营。江宁交建集团投资建设的云水涧，是一个集旅游、酒店、餐饮、会议、休闲、文化展示于一体的多元化休闲度假胜地。景区内的精品民宿板块以风格独特的木质结构建筑为主，坐落于水岸边，可满足

开发方式三

家庭集会、同学聚会、公司团建、商务会议等需求。

小结

精品民宿集群的建设投入较高，一般由专门的管理运作机构负责，国资平台、社会企业中拥有大型资本的投资主体打造的产品往往更加具有竞争力和影响力。

（4）主题旅游区经营模式

多主题

乡村文化是发展乡村旅游的特色基因，主题型文化旅游区依托特色乡村传统文化、植入型文化或农耕文化等，着重突出某一独特的文化主题，以文化创意产业为主进行发展。PK2 西埂莲乡以荷文化为主题，依托莲藕种植，发展休闲旅游与科普研学；LS2 李巷突出“苏南小延安”红色文化属性，支撑文旅服务产业发展；观音殿以非遗文化为核心理念，引导非遗特色产业进驻；JN2 徐家院以耕读文化为主题；黄龙岘发展茶文化产业链；JN11 杨柳村凸显明清建筑文化特色等。

李巷

白马镇李巷村作为省级特色田园乡村的试点村，依托保留的多处红色遗址和革命领袖的旧居，由国资平台打造红色主题旅游。村内增设红色文化主题的纪念馆、体验游线和消费空间，开展党性教育专题培训班。红色李巷的品牌效应逐渐显现，逐步成为南京市重要的红色教育基地。

观音殿

同为特色田园乡村试点，文创小镇内的观音殿以文创为主题营造乡村。观音殿原本是一个空心化较为严重的村庄，由于山林地较多，村里主要以粗放的小农经济为主，农户种植一些茶树、果林，经济收入较为单薄。转型发展后，观音殿整合现有的农业资源与文化创意产业，帮助村民创办体验式文创商店、特色民宿等业态，推动了三产融合发展。

对科研教育及社会福利的投资

概况

国家的社会性支出以国有企业、事业单位和政府财政投资为主，涵盖政府在乡村对教育、医疗、养老等公共服务设施的投资。其中农业科研单位与高校通过在乡村建立分校或科研基地对农业相关科技创新研发进行投资。一些以农业产业项目为主的社会企业，也出现了主动投资农业科研教育领域的趋势，如在农业方面加强产品研发、技术研发、生产工具的创新以及对企业人员的教育培训。政府财政加大对乡村公共产品与公共福利的供给，是为了提升乡村公共服务水平，弥补城乡二元结构时期的历史欠账，稳定乡村社会发展。国家加强对乡村科研的投资，是为了提升国家的科技创新实力和在全球的竞争力。企业重视科研投资，当然是因为科研技术的提升能够提升产品的竞争力。

案例

在南京地区的实践中，白马园区依托其强大科研实力入选国家级农业科技园区，其农业发展相对一般的农业园区而言，科技研发带来的竞争优势显而易见。枫彩漫城因其投资集团自身拥有实力强大的企业研发团队，科技优势在其旅游发展过程中也强势体现，其在景观塑造上采用企业自行研发的景观植物品种，在南京乡村旅游市场上独树一帜。

投入阶段的差异

一般规律

一般来说，在发展前期，大量政府财政资金投入进行乡村基础设施建设、土地整治、环境提升，为企业资本进驻乡村提供了良好环境和公共基础保障，而后国资平台与社会企业广泛介入，在乡村空间营建和产业发展方面带来了显著成效。政府、国资平台、社会企业等不同主体在乡村投资、建设、管理、运营等环节展开了模式多元的合作。

主要原因

与城市类似，公共设施等集体消费品的投资周期长且风险高，国家倡导的PPP模式（政府与社会资本合作模式）在乡村基础设施部分的运用尚不成熟，社会企业碍于风险不愿投入，更愿意轻资产运营。政府为了政绩及社会效应会率先完成投资，且大多是包裹在水美乡村、特色田园乡村等项目中。政府或是通过营造良好的投资环境吸引企业入驻，或是在与企业签订协议之初就承诺由政府来负责完成基础部分的建设，一定程度上为企业投资免去一部分风险。在乡村振兴探索初期，由政府的财政资金先期投入也是为了先行承担风险，起到良好示范作用，吸引企业参与合作共建。

主体间的互动

乡村空间功能、结构、景观的改变，以及空间治理体系与利益分配的转变，是涵盖资本、政府、村民与村集体等多种力量在乡村空间共同角逐的结果。参与乡建的各行为主体的主要诉求与资本逻辑叠加，共同造成了乡村空间转型。其中权力—资本联盟是当前乡村空间转型的主导力量。

主体间的合作

政府主导的合作

政府主导的合作项目中，既有政府直接成立国有资产企业投资运行乡村项目，也有镇街政府与区级国有资产公司的合作，更有市场背景的工商企业与政府或国有企业的合作。有的项目依赖各部门财政资金的专项整合；有的项目采用国资平台主导及镇街配合的形式；也有国资平台与镇街合作共建的机制，由国资平台和镇街共同出资成立合资公司，并将美丽乡村周边及其他一些待开发地块划入合资公司并实施土地一级开发以平衡资金，为乡村持续发展提供资金保障。

政企合作

乡村振兴背景下，PPP模式被更多地运用到乡村地域的发展当中，其中政府负责建立健全保障机制，加强引导和服务，在政策支持、规划编制、基础设施配套、资源要素保障、生态环境保护等方面发挥作用。而在资金投入和设施建设的全过程中，企业资本掌握一定的话语权，在农业生产、乡村营建、乡村文化与服务等方面展示成效。与政府行政力量广泛渗透的国资平台相比，社会企业的投资相对更加独立灵活。其投资过程中需要政府合作时，主要涉及土地资源调控，宅基地、集体建设用地产权变更调节，项目准入门槛设定等方面。

社会企业与政府的合作

地方政府为了提升其休闲旅游品牌的知名度，吸引更多的专业化企业，也为企业入驻提供一定的政策性奖励。社会企业的资本注入则打开了多种投资渠道，为乡村建设带来新的活力，同时也能缓解政府本身的财政压力。譬如高淳区政府为吸引企业印发了一系列投资奖励政策，江宁区秣陵街道采取"政府主导、企业参与、市场运作、社会协同"的方式完善乡村建设并探索新的合作模式和路径。

政府与国资平台合作

政府与国资平台的合作中，区县级政府通常直接出资成立国资公司，或以国企控股形式参与投资打造区县属国资平台。国资平台一般下设多家全资或控股子公司，其子公司再与下一级政府（通常是镇街层面）进行合作。在项目投资方面，有的是以国资平台投资为主，镇街政府配合负责项目建设过程中的协调、监督、验收等事宜，有的是镇街政府出资与国资平台或其所属子公司成立新的建设公司，负责具体项目的开发建设或运营等事项。江宁区政府全资成立江宁交建集团，作为区属国资平台；2017年，交建集团控股联合区内10多家园区企业单位挂牌成立新的国资平台江宁旅游产业集团。交建集团和旅游产业集团两大国资平台主体基本参与了江宁美丽乡村建设的全过程。溧水区政府引入南京溧水商贸旅游集团有限公司参与乡村投资建设与产业运营。溧水商旅集团是区政府独立出资的区管国有企业，项目涉及重大商贸、物流等基础设施建设和文化、旅游及体育产业的开发与运营等。集团旗下的昱达文旅发展有限公司在LS2李巷成立李巷分公司，全权负责李巷红色主题的乡村旅游发展。

社会企业与国资平台合作

国资平台的搭建为社会企业进入乡村提供了便利。GC1高淳国际慢城的资金投入除了国有资产的不断注资外，还通过慢城集团等平台吸引了社会资金的参与，枫彩、归来兮等涉农企业通过租赁土地、缴纳管理费等方式参与慢城的建设。国资平台为企业投资乡村建设建立了管理标准和规范，以政府信誉担保弱化了企业投资运营的风险。同时，政府背景的融资公司能够对农村土地的产权争议起到高效的协调作用。

多方合作

PK4 不老村的开发过程中，政府以直接出资的方式与社区和村民按 7：2：1 的股权结构成立南京不老村旅游开发有限公司，由公司直接负责不老村的整体建设。凭借黑莓、蓝莓的产业发展与红色主题的乡村旅游优势，李巷村进行了多种探索。一方面主动对接白马国家级农业科技园区的省农科院等单位，推广应用新品种、新技术，以科技助推产业发展。另一方面，引入万科参与乡村建设与运营，嫁接万科优质业务模块，积极探索社会资本参与乡村产业振兴可持续、可复制、可推广的发展机制和模式。通过万科的资源平台，打造“两莓”的产业品牌，将生产、销售、运营和消费等产业链环节融合，通过订单式的生产，保障农民收入稳定，提升产品溢价。

主体间的博弈

权资联盟的影响

资本在乡村投资及资本对乡村空间重塑的过程中，权力—资本联盟是乡村空间转型的核心力量。权资联盟对乡村经济的提升、产业发展、环境改善等起到了重要的作用，但是也极易引发乡村社会发展危机。譬如乡村社会的主体会逐渐被权资联盟置换，进而发生社会自主性转移，致使普通村民沦为乡村建设中的边缘人士。空间使用上基于权资联盟的强势垄断，易造成村民失业失地。空间利益分配上鉴于权资联盟占据强势话语权，易造成村民在利益分享上欠缺公平正义等。

权力与资本的竞争

资本与权力之间也存在竞争。资本具有强大的资源配置能力，能够在空间经营上产生重大影响，这会在较大程度上为资本争取到空间治理上的话语权，甚至会迫使政府将部分空间治理权力下放给资本。而权力既是空间的监督管理者，也是空间的投资经营者。作为监督者的权力会被政府促进乡村可持续发展的诉求支配。譬如政府会通过生态红线、耕地红线、建设用地发展边界等底线约束与用地指标控制等手段，去限制资本在空间上的无限扩张。而作为空间投资经营者的权力，会与资本在空间资源使用与空间利益获取上存在一定的利益竞争关系。权力与资本在空间上因为诉求不同而进行空间博弈，形成一定程度的对抗。权资联盟中权力与资本如若失衡发展，可能会出现权力占上风，资本在乡村发展的不可持续与效益低下现象；也可能出现资本势盛，乡村空间完全沦为资本增值工具的现象，从而伤害乡村社会中个体的发展。

村民与集体的姿态

村民及村集体作为乡村的原生主体，在外来力量主导的乡村建设中可能以合作、顺从、迎合或者抵抗的姿态被动地加入乡村的资本空间生产。随着国家意志及乡村市场利好信息的传达，村民也敏锐地察觉到家乡所附加的生态、文化“隐形价值”，为获取依附于政府、企业建设的乡村辐射收益，主动地改造自有资产形成消费空间以获取盈利收入，或以村集体形式入股政府及企业成立的公司以分享成员收益。在此过程中，村民及村集体仅有较弱的话语权，容易让渡其乡村主体地位，并逐渐沦为资本的附庸。

本章小结

结合南京地区资本参与乡村建设的大量实践，将资本按主体类别划分，其来源主要有政府、国有企业、社会企业、科研院所与高校、村集体等。因诉求不同，各资本主体有着差异性的投资行为。从美丽乡村建设到乡村振兴，南京地区乡村建设从政府投资主导逐渐向政府引导、市场和社会主体多元参与模式转变，也带来了资本之间合作模式的创新。资本在乡村的投资囊括乡村基础设施完善和提升、人居环境整治、农业发展经营、商业地产开发、乡村旅游、商贸物流等多条途径。政府与国有资本偏重于基础设施和公共利益相关的投入，企业倾向于营利性项目的出资。对应不同的项目类型，基于投资主体合作与博弈模式的差异，资本具体的投入途径灵活多变。

第四章 资本引发的乡村空间转变

本章聚焦资本进入乡村带来的空间功能、形态和景观转变。在功能转变方面，不仅关注传统的乡村生产和生活功能，也包含新植入的电商物流功能，还有面对城市消费者的民宿、农业观光体验、养老养生等功能。在景观形态转变方面，建筑的类型和外观、村落的整体风貌、农业用地的形态、镇村与农业空间的穿插构成都可能发生变化。

乡村空间功能的转变

乡村生产性功能的复合化

国际趋势

Holmes 曾指出乡村发展中人类对乡村地域生产、消费和生态等多元功能的需求是乡村转型的主要驱动力[13]。20 世纪末，在后生产主义思潮下，农业发展从原本生产主义所强调的生产价值最大化逐渐转变，人们重新思考农业除粮食生产以外的价值，农业多功能性（agricultural multifunctionality）的概念随之产生。此后，“多功能农业”“多功能土地利用”等研究逐渐兴起，成为乡村转型研究的新范式。

国内趋势

21 世纪以来，国内乡村转型发展过程中，资本的驱动使得农业多功能性趋势日益显著。资本推动着乡村土地使用和经济活动的多样化，包括乡村旅游的经营和企业在乡村地区的建设等，农产品也随之拥有了附加价值。乡村的功能得到拓展，传统的粮食生产功能逐步被高品质的食物生产、美好宁静的公共空间提供、环境保护等多样化的功能所取代，农业的生产功能逐渐被附加上景观、科研、体验等功能属性。同时，多功能农业中新增的功能都极具地域性，如地方特色的乡土形象、大地景观、农事节庆活动等，都需要某种集体尺度上的统一行动，对应着资本与农户及其他相关主体的互动合作。

《中国农业功能区划研究》将农业基本功能分为四类，即农产品生产功能、就业与生活保障功能、文化传承与休闲功能、生态调节功能[14]。结合乡村生态、生产、生活三大基本功能定义，这里将拓展后的乡村功能分为经济发展功能、农业生产功能、旅游休闲功能、文化传承功能、生态涵养功能和社会保障功能。资本的介入促使乡村地区转型发展，乡村空间功能的变化突出表现在前四方面。

经济发展功能的转变

总体变化

资本促使传统优势乡村产业转型升级，而在无优势产业的地区，资本利用乡村自然资源、传统文化或植入外来特色产业，塑造新型产业体系。乡村由单一的农业产业向多元产业融合发展，带来了更多的就业机遇，促进了人口就业结构的重构，也加强了与就业相关的城乡劳动力的双向流动。

六合产业园

在 LH1 六合现代农业产业园内，已形成以绿色蔬菜、应时鲜果为主导，农产品加工为提升，循环农业和休闲农业为特色的现代农业产业发展体系。园区内的 LH2 巴布洛生态谷规划布局了现代农业科技园、综合观光游览示范园、生态康养园等不同主题功能板块，先后建成经济林果、花卉苗木、蔬菜、水产及畜牧养殖等现代农业生产区 12 000 亩，开发运动体验、户外休闲、亲子互动、生态康养、科普教育、农产品采摘等 60 多项休闲旅游项目，探索出了农村第一、第二、第三产业融合的“南京巴布洛模式”。巴布洛生态谷以农业空间为基底，对乡村旅游的发展尤为重视，各类休闲娱乐型项目遍布整个生态谷之中，成为以农业生态为基底的消费性空间。

更多案例

在 JN5 溪田田园综合体内，延伸农业产业链，同时融入科技产业与文化创意产业，形成“农业+智造”“农业+互联网”“农业+科技”及“农业+旅游”等三次产业融合发展模式。其中第一产业包括水产养殖、有机蔬菜种植等，发展循环农业；第二产业包括农产品深加工；第三产业包括乡村旅游产业、文化休闲产业等，重点发展民宿服务、休闲旅游、农业教育、农业科研等。JN4 大塘金香草小镇则基本脱离了第一产业，形成以旅游服务、婚庆服务等第三产业为主导的产业发展体系。除此以外，众多的乡村旅游型村庄、特色小镇内，乡村产业多从农业向以旅游、地产、度假、休闲、商贸、文化等为主导的第三产业转型，原本的乡村生活空间基本上成为城市人群消费的场所，成为资本商业化运作的获利空间。

就业转变

乡村产业结构的调整及转型升级也为就业提供了多种可能性，带来乡村就业结构的转变与重组，也加强了城乡人口的双向流动。一方面，农业朝着现代化、规模化、园区化、企业化发展的过程中，释放了部分乡村劳动力，他们可以更加自由地在乡村与城市之间选择就业；另一方面，乡村多元产业发展，尤其是以旅游业为主的第三产业的发展带来诸多就业机遇，吸引乡村人口从城市回流，部分定居城区的人口甚至可以选择乡村工作、城市居住的工作生活模式，频繁往返于城乡之间。

六合巴布洛生态谷

巴布洛生态谷内，土地通过集中流转租赁给企业经营后，村民被集中安置在生态谷附近的新社区。社区内部分村民依傍生态谷自营农家乐，转型为乡村旅游产业经营者；周边村落的返乡青年人群或大学生进入公司成为企业正式员工；部分村民转变为雇佣工，负责生态谷农业生产、卫生管理、安全保卫等工作；还有部分村民根据需求灵活地处理在城市和乡村的工作时间。据统计，巴布洛生态谷常年用工约 500 人，季节性临时用工 600 多人，有效地带动了周边村民的就业与增收。

苏家龙山文创小镇

JN1 苏家龙山文创小镇内，民宿、餐饮、文创等休闲业态的植入将小镇完全变成一个都市消费场所。小镇吸引了包括二级开发商、城市工商企业、城市个体商户、返乡创业人群等进驻经营。原住民在小镇建设之前就已经基本被迁出，这部分异地安置的村民已经与小镇几乎不再产生关联。仍在小镇内生活的村民有少量参与到小镇的产业经营之中。实际上小镇内的就业人群大部分为城市人群，甚至有部分为城市中产阶级精英人群，小镇的产业功能转变带动了城市服务劳动人群向乡村就业的转移。

白马园区

溧水白马园区内入驻的科研院所和科技企业中，工作人员大多是城市内的精英人群，园区建设只提供了极少数的本地人群就业岗位。除了年过 60 岁的老年人能获得基本的劳动保障外，对于大多数迁居的村民来说，白马园区扩张建设带来的就业机会有限。

农业生产功能的转型

农业景观

农业多功能转型过程中，农业生产功能不断分化及细化，农业出现多种新形态，突出表现在两方面。一是农业与休闲旅游结合，农业生产功能拓展为农业景观功能、农事体验功能、农业休闲功能等，原有的生产功能则相对弱化。GC1 高淳国际慢城内结合原生种植空间，缩减大棚种植的范围，改变种植品种，配置主题各异的生态景观，拥有如瑶宕茶基地、康之源牡丹园等多个凸显农业景观特性的片区。传统的农业种植区向观赏型农田、苗木花卉展示区等景观区转变。在生态之旅的环线上，串接着各类花田、观赏性林地，形成优质农业景观游线，丰富的大地景观成为慢城旅游观光的主要卖点（图 4-1）。

农事体验

巴布洛生态谷、LH3 枫彩漫城、国际慢城等以农业空间为本底的休闲旅游度假景区内，依托农耕文化，将农业种植生产收获的劳动过程纳入休闲体验活动中。慢城内已有部分有机农场生产基地改为生态农业观光园，为游客提供农业观光、农事体验、农田租种、果蔬采摘等特色服务。生态草莓园、蓝莓园的采摘活动配合露营烧烤、农家乐餐饮等已经成为慢城游的经典搭配。运营管理公司还策划出有机农场、动物饲养等亲子教育类项目，为慢城的乡村旅游积聚人气。LS1 白马国家农业科技园区和 LS2 李巷，同样凭借草莓蓝莓的品牌优势吸引游客进行采摘观光等活动。此类功能对外部消费市场的依赖度很高，一般距离大都市不超过 2 个小时车程。

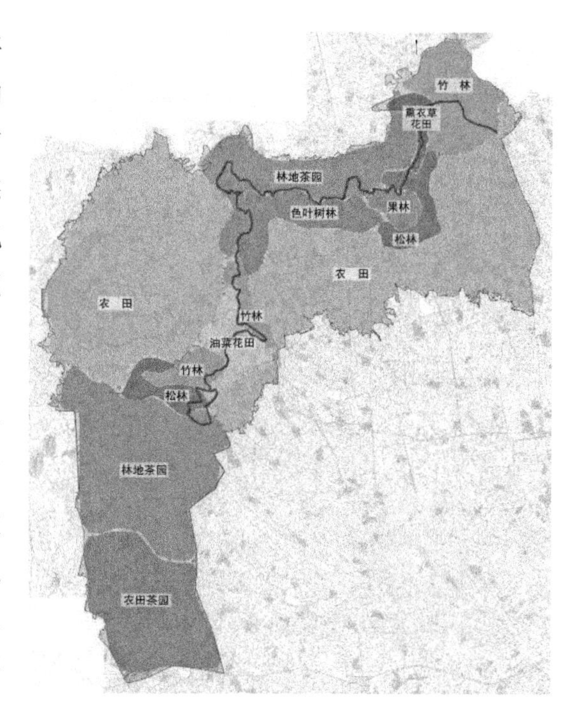

图 4-1　高淳国际慢城的景观农业布局

资料来源：高淳国际慢城旅游度假区管理委员会

巴布洛园区

巴布洛园区内传统农业体验区占地约 4000 亩，聚集了家庭农场、私家菜园、生态茶园、四季果园、生态藕园等形形色色的农事体验基地。园区策划了葡萄、莲藕、草莓等主题的从种植管理到采摘收获过程的一系列活动，创新出农田租种、果蔬植株认养、现实版“QQ 农场”等独特经营体验方式。除此以外，巴布洛生态谷建有约 3000 亩的生态牧场，在传统养殖业的基础上，建立多功能休闲放牧区，提供牛羊表演、牧区风光观赏、游客喂养体验、赛马等多种活动，消费娱乐功能显著。

农业研发与教育

二是农业与科技教育结合，衍生出农业科技研发、科普教育、科研展览、教学实验等具体功能形态。白马园区的江苏省农科院溧水植物科学基地已成为国内一流的具有科技创新、产业带动、示范培训、科普旅游等功能的综合性植物科技创新基地，是南京市、溧水区展示现代农业的主要窗口，承载了包括生物育种、生物饲料、生物农药等技术研发的任务。南京农业大学白马基地承载教学科研实验、农业科技成果孵化、农业高新技术产业化、现代农业科技示范推广、国际联合研发及技术转移、现代农业人才培训、农业科普教育、农业观光休闲等一系列功能。南京林业大学白马基地则成为学校推进自主创新、产学研结合和社会服务的重要平台以及学校科技成果转化的重要通道。六合现代农业产业园区注重与科研院所合作，建成省农科院“新技术、新产品、新模式”展示基地、南京农业大学“互联网+有机农业”研发基地、中山植物园油用牡丹推广示范基地等，同时与扬州大学签订园区产学研合作协议。

旅游休闲功能的植入

总体趋势

城市中产阶级对田园生态风光的向往助推消费主义向乡村地域蔓延，乡村地区作为消费旅游地的潜在能力被挖掘出来。资本通过空间改造植入相应的旅游休闲服务功能，同时配置完善的服务设施，乡村旅游业态在跟随市场需求或创造消费需求的过程中不断拓展细化。乡村内的消费空间不断增长，村民有可能寻求农业生产之外的收入来源，部分乡村居民为迎合消费文化自发开展农家乐、民宿等特色经营。在资本、村民和相关主体的共同作用下，“生产性乡村”向“消费性乡村”转变。

多元功能

资本进驻后充分挖掘乡土资源特色，拓展出农业休闲、度假养老、体育运动、商务休闲、酒店会议、科技体验、文化展示、特色商业等功能。南京地区的乡村旅游已经形成众多主题风格鲜明的休闲服务类型，如以溪田为代表的田园风光与农业观光休闲体验型，以 JN3 黄龙岘、大山村等为代表的乡土风情体验型，以 JN7 云水涧、巴布洛生态谷、枫彩漫城等为代表的度假养生服务型，以大塘金、PK2 西埂莲乡等为代表的特色文化产业型，以乡伴苏家、PK4 不老村、JN9 公塘头等为代表的精品民宿体验型，以李巷、PK3 楚韵花香为代表的传统文化展示型等。

业态细化

具体的业态则灵活多变。主要依托农业生态空间的旅游发展案例中，溪田田园综合体在现代农业、科普农业、生态农业的基础上，挖掘文化资源，打造科普教育与红色教育休闲路线，建设仙女布衣坊、七仙女小吃部等文化内涵丰富的配套服务设施，开发林中木屋、茶社、水上渔村、垂钓中心、戏沙池等游憩场所，衍生出农事体验、手工制作课堂、儿童娱乐、田园景观、科普教育课堂等一系列休闲旅游功能与相关业态。云水涧的打造同样依托生态农业空间，其更多运用现代景观塑造手法，引入城市型酒店会议商务等功能，将其建设成为集精品民宿、酒店会议、度假养生、商务休闲等于一体的现代化度假景区。主要依托乡村生活型空间的案例中，更多呈现乡土特色或现代风格的餐饮民宿服务、商业零售、文创产品制作销售、度假养老等业态。如乡伴苏家以民宿及配套服务业态为主，观音殿进驻一系列以非遗文化为主题的休闲服务业态。

产品体系

与此同时，在乡村逐渐形成多样化的旅游产品供应体系。其中苏家文创小镇打造以文创品牌为主的旅游产品体系：观音殿以“非遗系列产品”+“乡村文旅休闲”类业态为主，形成以民间工艺品、食品的制作、研发、体验、销售为主的非遗文化旅游产品体系；乡伴苏家以民宿集群为主，形成集品牌民宿及餐饮、市集、工坊、俱乐部等休闲服务产品体系。黄龙岘、大塘金等则是以单一产业体系为主导，引入或延伸与主体产业密切相关的休闲旅游产品。其中黄龙岘依托茶文化品牌，提供以健康饮食、旅游观光、休闲娱乐、主题民宿、旅游购物为主的特色休闲旅游产品体系。大塘金则是以婚庆产业为品牌，形成与婚礼、婚宴、婚纱摄影服务相关的休闲旅游产品体系。巴布洛生态谷、枫彩漫城、云水涧等依托农业空间构建的大型乡村度假景区，其内部的休闲旅游产品体系更加多元。其中巴布洛生态谷拥有观光、休闲、运动、娱乐、养生、探险等60余种体验项目，还有房车、民宿、亲子、乡村主题酒店及高端酒店五类主题民宿，满足各类人群的休闲体验。

苏家龙山文创小镇

苏家文创小镇主打文创品牌，因为村庄内部的原住民大多都已迁走，新功能业态的植入更为方便直接。原住民的生活空间经由资本方改造建设，再聘请公司管理，完完全全地促成乡村空间原本的生活生产功能向服务功能转变（图4–2）。乡伴文旅公司作为田园综合体的整合运营商，注重多元业态的融合发展，2016年4月开始的半年内，乡伴苏家片区就成功吸引包括原舍、圃舍、苏厢等6家品牌民宿和乡伴文创旗舰店、乡伴创客学院等12家文创业态项目入驻，截至2018年末，完成二十几家店铺和民宿的入驻。

观音殿

观音殿村作为特色田园乡村项目，对创业者给予政策优惠、资金扶持、人才培训、产品销售等保障，旨在通过文创项目实现村民返乡就业。政府对观音殿的打造方向一方面是因地制宜发展特色农业，另一方面为整合资源发展文创，具体包括梳理当地的非遗项目及具有地方特色的类非遗项目，聚集人才（手艺人或传承者），恢复观音殿村传统乡村市集，同时通过台湾薰衣草森林和青创种子村项目，扶持具有当地特色的香草铺子、餐饮、民宿、展览等业态。与乡伴苏家相似，虽然观音殿片区的空间肌理和景观环境仍然保持着乡村地域的风貌特征，但全新休闲业态的植入和商业管理模式的进驻，使其脱胎换骨成为位于乡村地域的都市消费空间，乡村的功能也由原本的生活生产转向为

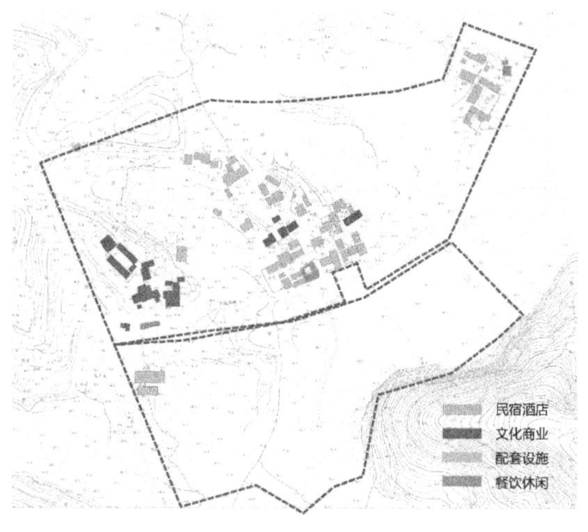

图4–2　乡伴苏家片区的业态空间分布示意

旅游服务功能（表 4-1）。

表 4-1　观音殿经营业态明细

序号	名称	性质
1	薰衣草森林香草铺子	文创
2	青莳餐厅	餐厅
3	歇角	甜品
4	里山时光火锅餐厅	餐饮
5	小甜心	亲子
6	老潘茶馆	茶馆
7	观音造	手作
8	苏太医的锦囊妙计	非遗
9	三吉沙画	文创
10	源斛特色小吃店	小吃
11	锦上花乡菜馆	餐饮
12	奇妙坊	微型蔬菜种植
13	解忧馄饨铺	小吃
14	观音集村民手工坊	手工市集
15	苏家小烧	酒坊
16	乡村振兴学习堂	学习堂
17	花溪谷	花卉
18	星空宿泡泡窝	住宿
19	喫茶趣	茶社
20	盛庄养生渔坊	餐饮

节庆活动

为了吸引更多城市客流，众多乡村旅游项目借助大众传媒进行营销宣传，在全年不同时段推广大型节日庆典活动、体育赛事活动、会展会议、公益活动等。一是依托特色产业策划的重大节庆活动，如苏家文创小镇策划岁时节庆、四季采摘等公共活动；巴布洛生态谷以游牧文化为主题，融合农耕文化、养生文化、南京地缘文化等，结合四季大地景观推出春季游牧节、夏季草原夏游节、秋季游牧丰收节、冬季年货节等；还有高淳水慢城螃蟹节，李巷蓝莓、黑莓节大型采摘活动等。二是依托规模化的景观花卉策划大型集会活动，如高淳慢城金花节、荷花节、红枫节等（表 4-2）。三是借助乡村场地举办大型体育赛事活动，如高淳慢城举办全程、半程马拉松比赛，PK1 水墨大埝依托青奥基地举办专业级的自行车赛事活动等。

表 4-2 慢城节庆活动一览表

季节	节庆活动	主要活动
春	金花节	慢城写生、“游子杯”两省十地自行比赛、“金花慢传情”相亲大会、“慢城夜色”帐篷舞会等
夏	大地艺术节	全民竞走、炫彩夜骑、田园小丑等 20 余项慢生活互动体验
秋	红枫节	大型文艺演出、枫彩绘画、户外婚礼秀、枫林摄影大赛等
	国际马拉松	全程马拉松、半程马拉松、迷你健身跑
冬	年货节	长街宴、民俗表演等

资料来源：网络信息汇总

文化传承功能的改变

总体特征

乡村拥有丰富的文化资源，从地区性的特色历史文化物质遗存到根植于乡村生产生活的传统风俗和日常生活习惯，从类别上囊括传统节庆文化、宗族文化、农耕文化、饮食文化、传统生产工艺文化等，都具有重要的文化价值。乡村空间在满足村民日常生产生活需要的过程中，也成了乡土文化传播的沃土，乡土文化巩固了传统乡土社会的发展统治。资本介入后，立足于对乡村价值的再发现，迫切地要把乡村文化资源中的经济价值变现。无论是慢城内舞狮、腰鼓、打莲香、唱大戏等地道的高淳地方特色的民俗表演被重新包装，并在年货节上为游客表演，还是李巷内的宗祠被重新修复后被改为村史陈列馆，或者是大山村的宗祠被冠以代表慢城形象的蜗牛标志等，都深刻体现着资本的意图。乡村文化传承通常面临两种境况，一是随着消费文化介入或外来文化植入，造成地方文化被重塑，乡土文化或面临一定衰退；二是资本对乡村文化进行特色凝练，增强其可识别性，让文化成为展示地方独特个性的表征符号，增强人们对乡村文化的认同感，能促进乡村文化复兴传承。因此资本对乡村文化传承具有双面效应。

（1）双面效应

正向效应

资本进驻乡村，对传统地方特色文化进行全面深刻的挖掘，借助乡村文化的抽象价值进行空间改造和产业发展。一些地区面临非物质文化遗产在自然传承中日渐式微的境况，如传统乡村节庆风俗日渐退化、乡村传统工艺逐渐失传、地方特色历史文化认同弱化等。资本的进驻重拾地方独特的乡土文化记忆，将文化基因、理念运用到空间景观的塑造之中，植入产业发展的体系之下。在利用文化因子对地方进行利益诱导和消费培育的过程中，也使传统乡土文化得以扩大传承。譬如资本深度挖掘黄龙岘传统茶乡文化，借助茶文化打造茶产业链，拓展生产多种茶文化主题产品。在资本促进茶产业发展的同时，传统制茶工艺被重新发掘，饮茶文化被扩大宣传，茶文化也被抽象为黄龙岘最具代表性的独特符号，乡村文化在资本作用下获得了有效的传承。

异向支配

硬币的另一面，由于资本逐利的本质行为，乡村文化的传承也不可避免被纳入资本逻辑的掌控之中。资本借助文化资源，迎合人们对文化格调的追逐，将乡村空间打造成为满足人们精神层面需求与幻想的消费空间，达到引诱大众消费的目的。而冠以各类文化名目发展的农业产业、创意产业、旅游产业等，更多的是以文化为噱头提升产品溢价和促进产品营销。

苏家村

典型如苏家村，以文创为品牌打造精品民宿产业集群。建设过程虽然试图尽最大可能地留住乡土文化特色，比如就地取材装饰以期望保持建筑本土特色等，但是重建后的苏家村无论是建筑风格还是景观，都努力迎合城市人群的审美，处处弥漫着城市精英文化的气息。村中生产经营主体是企业和非本土个体商户，使用人群主要为城市中产阶级，城市精英文化、消费文化等直接转嫁至乡村空间，迫使乡土文化被无限挤压，逐渐没落。资本逻辑掌控下苏家村打着“文创”的旗号，实质成为城市消费的后花园和资本逐利的工具。

李巷村

地方文化鲜明的李巷村，同样难以脱离资本逻辑掌控。李巷村是溧水抗日根据地的中心，被誉为苏南“小延安”，其拥有深厚的红色文化底蕴和丰富的红色文化资源。此外李巷村还拥有多样的民俗文化，传统曲艺“打五件”为南京市“非物质文化遗产”，客家民歌、打连响、划龙船、花鼓戏、黄梅调等多种民间传统舞蹈曲艺是地方文化中的瑰宝。围绕红色文化，资本方采取的手段是占据大量红色历史遗存空间，建设众多以红色文化为主题的培训、展览、体验、创意等文化空间。但在实际经营中，这些空间异化为以红色文化为噱头的各类消费空间。围绕传统舞蹈曲艺，资本培训打造专业表演团队，编排吸引游客的节目并开展商业化的批量表演。资本进驻后，传统非遗文化一定程度上沦为资本盈利的工具，乡村文化的传承可能面临价值观扭曲的风险。

（2）符号化与商品化

对于符号的消费

消费的本质是对符号的消费，消费者通过符号来认识乡村，乡村旅游中的物品必须成为可符号化的商品才能成为消费品。除了直观的物质性要素外，蕴含在文化、情感体验和环境氛围中的要素也同样能够成为消费品，视觉景观、声音、乡村美食都被赋予符号性的象征价值，满足城市人的消费需求。对乡村整体而言，城市居民消费的对象主要是乡村性，即在长期的潜移默化中游客在脑海中形成的乡村的心理图像，资本通过抽象化具有乡村性特征的实体和非实体，将其转化为“符号”，借助商品化形成可消费的要素[15]。由于乡村内任何可抽象为“符号”的要素都有成为商品的可能，以至于已经消失的民俗风情表演、传统的手工艺制品开始重现在城市消费者的视野中。

符号化的空间缺陷

设计师们将乡土元素经过符号化的加工和处理，试图将“乡愁”这种抽象的精神思绪演绎在乡村旅游空间这样的载体上，促进乡村原生空间向消费空间转型。大量符号化的空间和文化塑造不仅很难与乡村历史性实现有机对接，也极易造成空间发展的极大反差，往往在旅游服务的核心区呈现出较好的视觉和景观效果，而居民的生活区则保持着相对陈旧的状态，人居环境和服务设施的配置相较于消费核心区明显不足。符号化的元素拼贴不仅对于乡村风貌的展示具有片面性，并且雷同的元素提取和改造方式也极易促成乡村景观的同质化。

模板式打造

乡村在资本逻辑的运作下逐渐被编入城市的生产体系当中，作为生态农产品产出地和田园诗般的风景输出地，乡村迥异于城市景观的风貌被资本视为一种资源化、商品化的存在。一个休闲旅游乡村项目的打造流程几乎都遵循着类似的模板，首先要确定其形象定位，再通过主题式的空间营造来塑造品牌形象，最后配置相应的业态活动实现资本投入的利益回收等等。在乡村营建过程中，甚至出现很多异质性乡村景观的搬用，如处处可见的郁金香花海、薰衣草乐园，或是北方地区凭空建造的江南水乡风格的高端民宿等。许多乡建项目打着“让乡村更像乡村”之类的旗号，实践着建筑师们对于乡土符号的还原再表达，但本质上都是为迎合都市居民进行的主观意向性改造。

（3）进化还是退化

消费文化的规训

在消费文化的驱动下，乡村中的消费娱乐空间不断涌现，其直接导致乡村原本的生产生活空间被消费空间碾压。在初代乡村“农家乐”盛行之后，乡村开始寻找标新立异的定位与特色来提高竞争力，用舶来文化、影视、音乐、娱乐、生态景观等创意区别于原生态的景观和文化空间，打造品牌噱头，甚至出现许多简单粗放的异质性景观。资本以消费导向改变了乡村社会生活的价值观，传统的邻里生活演变为以消费为核心议题的形式表演，形在而神不在。消费文化语境下，乡村的空间建造方式、空间使用偏好、设施配置等行为都受到消费文化的隐性规训。这种忽视地方真实性和传统的虚假建构方式直接导致当地人文精神的湮灭和原有日常生活意象的消解，进而使空间丧失可持续发展的魅力。

失去的东西

消费文化驱动市场供需关系的转变，城市居民逐渐替代村民成了乡村空间使用的真正主体。像高淳国际慢城、苏家文创小镇的消费空间的生产过程中，设计师通过对乡土文化和乡村风貌进行最大程度的包装以满足城市居民对于乡村生活的想象，村集体和村民还根据游客的满意程度对农家乐和民宿进行等级评比。村民整日关心如何提升自家消费空间的品质，部分经营者甚至开始刻意压制其原本的生活方式，而其他非经营者也会不同程度地受到消费活动的干扰。资本的介入为乡村带来了发展和机遇的同时，也造成乡村自主性的转移和城市对乡村的剥夺，乡村原有的日常生活意象及人文精神极易丧失。

地方的选择

伴随资本带来的外来文化（如城市精英文化、绅士文化），资本介入可能使乡村空间发生颠覆性的重构，传统乡土生产生活方式改变，社会结构重组，乡村空间被不断地改造为满足城市人群的消费空间。在城市消费理念的冲击下，乡土文化的传承整体上呈现逐渐衰退趋势。现代主义大潮在资本的推波助澜下已然全面渗透到传统之中，随着观念和生活方式的改变，旧时的习俗和文化往往只能面临两种命运，要不就此湮没，要不接受资本的改造，为资本所用，保留其形改变其核。破局的关键在于，与特定地方文化关联的人群能否做出自主的选择，能否在地方未来发展路径选择过程中发出声音。

乡村空间结构的调整

资本占据空间的扩张与转移

资本追求利益最大化的本质使其不断地通过地理扩张与空间重组的方式占据并改造原生乡土空间。资本持续地将更广阔的乡村空间纳入其势力范围，导致资本占据空间范围的扩大，或因资本侵占原生乡土空间而导致空间上的转移。

（1）资本占据空间的扩张

广阔的农业生态空间与乡村聚落生活空间都可能成为资本扩张的载体，其中打着“农业园区”“特色小镇”名号进行的投资项目，空间扩张尤为显著。

农业园区的模式

LS1 白马国家农业科技园区建设开始后，政府将园区内的村庄实行易地搬迁安置，对建设用地指标进行整理，并对农田进行规模化整治与改造，为外部资本的进驻创造条件。随着高校、科研院所、社会企业等相继落户，获得大范围农用地使用经营权利，建立各类农业科研与生产基地，资本占据的空间短期内迅速扩张，形成各自的资本空间“势力圈”。如南京林业大学征用教学科研用地 3300 亩，建设集植物资源收集保护、生态建设、研发孵化、示范推广、积聚扩散、科普培训及观光于一体的现代林业与城乡可持续发展国际先进科研示范园区。南京农业大学建设规划用地面积 5050 亩的现代农业科技示范园区，基地陆续进驻一批重大科技项目、科研平台和教学基地，多个学院的实践教学基地也有序建设并逐步投入使用（图4-3）。同时，企业孵化器、农业技术服务等园区公共服务机构也在逐步建立。

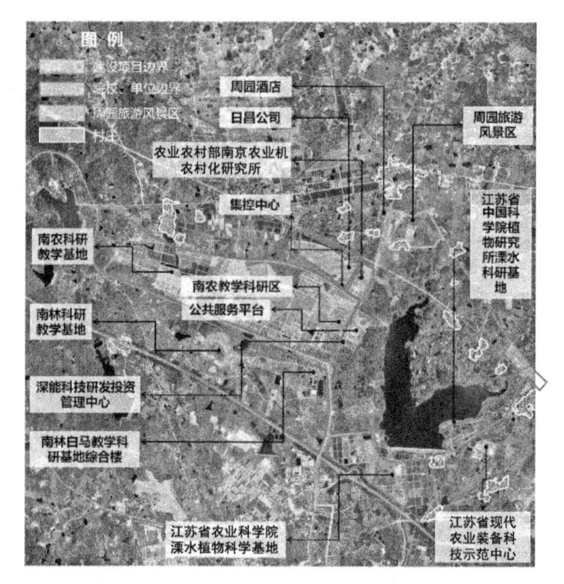

图4-3　白马园区内入驻的院校机构示意

特色小镇模式一

JN1苏家龙山文创小镇则是在原有乡村聚落空间的基础上进行改造利用，资本占据的空间嵌入式地进入乡村，并逐渐向乡村聚落空间的外围区域蔓延。在政府、社会企业及国资平台资本的参与下，在面积约7.56 km^2的小镇内，以原有村庄聚落为主体，先期打造了观音殿、乡伴苏家、龙乡双范等特色板块，其后漕塘、蔡塘、老茶场等板块处于投资规划中。文创小镇内建设项目众多，资本主要依托小镇内的存量建设用地进行空间扩张。随着建设用地需求增加，小镇内的部分一般农田及茶场等农业用地也转化为新增建设用地并调整为商业用途，成为资本占据的新空间。

资本的建造

其中观音殿由秣陵街道出资打造，政府租赁村民的空置民宅，对其进行改造并引入非遗主题文创产业，在村庄外围新建创意民宿和乡村旅游服务中心，同时将村庄内部及外围空间进行景观打造。乡伴苏家由田园东方集团投资规划建设，企业与秣陵街道签订协议，租赁苏家村宅基地使用权20年，将原有村落拆除重建为精品民宿集群，并借助村庄外围空间打造以儿童游玩为主的绿乐园品牌空间，建设水上游艇俱乐部等。龙乡双范由国资平台江宁交建集团投资建设，在原有村落的基础上，采取部分拆除重建的方式，将精品民宿嵌入原有乡村聚落之中，将其建设为江宁最大的民宿产业集群，在村落外围投资建设马场、景观廊道等娱乐休闲项目等。

特色小镇模式二

高淳慢城内的GC1高淳国际慢城是在原旧厂房的基础上，结合农用地的流转实现空间扩张的。2012年起开工建设，2016年下半年完工，项目总投资超3亿元，建筑面积约10万m^2，共有建筑约50栋。规划设计为小尺度模块化的商住综合体建筑群，演绎欧洲街巷的空间特点和现代化的建筑风格，项目以商业为主，包含旅游、艺术工作、学生创业、主题活动、社区活动等（图4-4）。

资本的建造

除慢城小镇外，慢城公司还在农家乐红火经营的大山村附近，拆除重建了原小芮家自然村，意图将其打造为民宿村。原小芮家的村民全部搬迁，慢城公

图 4-4　2011 和 2017 年慢城小镇建设前后的空间对比

司与桠溪镇政府合作，在大山村内建设一批民宅负责安置村民，至 2018 年，小芮家村民的生活空间已完全被转移至大山村内。此外，还有大山村北侧建设的半城房车营地，以文化影视为主题的亚博园、慢城游客中心等（图 4-5）。

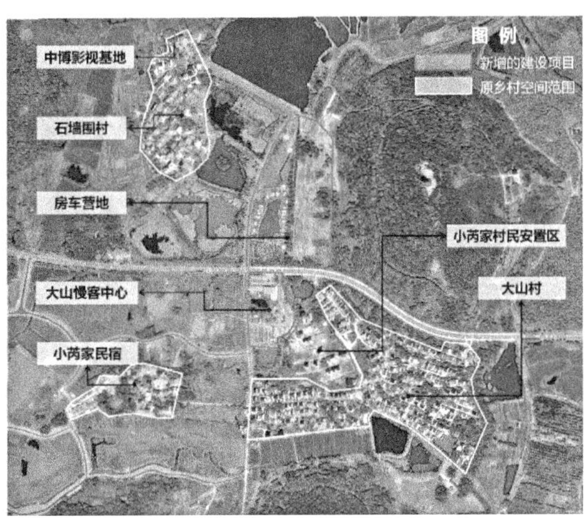

图 4-5　2011 和 2017 年慢城建设前后大山村周边的空间对比

其他示例

在六合竹镇镇内，江苏永鸿巴布洛生态农业公司借助万顷良田改造契机进驻乡村并斥资打造 LH2 巴布洛生态谷项目。通过土地流转的方式，公司租赁 12 000 亩以农地和林地为主的土地，打造大型乡村旅游度假景区，其后占地扩张至 15 000 亩。LH3 枫彩漫城乡村旅游度假景区的建设中，一期建设占地 1800 亩，二期规划扩展至 3000 亩，甚至意图将周边村落 LH4 大泉人家也纳入其发展之中。

（2）资本占据导致原有空间转移

白马园区

资本对乡村空间的占据，势必会挤压原生乡土空间，造成原生乡土空间的压缩或转移。在白马园区的建设过程中，政府将园区范围内的村庄进行拆迁，在集镇进行集中安置，形成以农民安置房为主体的“金谷佳苑”新社区。新社区建造了商业用房，配建了5000 m^2 景观广场、8000 m^2 社区教育中心和文体活动中心，引进了苏果社区直营店等。持续的村庄居住空间转移和金谷佳苑新社区的建设，成为白马镇园镇一体化建设的有效举措。

六合巴布洛生态谷

在巴布洛生态谷的建设过程中，空间转移也十分显著。生态谷项目占据了竹镇镇以金磁村为主的大量农业用地和村庄建设用地。在企业入驻之前，政府与村集体和村民签订协议，进行拆迁和生态谷外围的就近安置，日后形成金磁新社区。居民安置按统一标准执行，经过陆续的搬迁，至2019年，金磁社区安置了1200多户计约5000人，社区内建有商业服务街区、居家养老服务中心（老年食堂）、活动广场、建设广场、展馆等，社区的范围也随着安置人口的增加而不断扩大。

空间的重组与转型

资本占据的空间持续扩张，乡村空间功能形态的置换与重组也同步发生。随着公共性、共享性加强，乡村空间从较为单一的满足村民生产生活需求的功能向多方面服务功能转变，原本的生产生活生态空间不同程度地向消费性空间转型。

（1）农业生产空间的重组

总体特征

资本进驻之前，农业空间的利用方式与种植结构较为单一，大面积的农业空间以地方性经济作物和粮食种植为主，缺少规模化的种植生产。随着乡村劳动力外流，农业生产性用地出现大面积的撂荒废置，农业空间实际上不断缩减。资本进驻后，传统农业空间利用方式发生转变，农业种植结构发生调整，农业空间的经营主体发生置换，农业空间整体上发生转型重组。农业空间功能形态发生多种转变，出现规模化的景观花卉园区、钢化玻璃温室大棚、光伏农业基地、生物工厂、立体农业种植等。

几种可能性

农业生产空间转变存在几种可能性。第一，资本的进驻促使农业生产规模扩大，撂荒地复垦，农地整治，村庄集中搬迁安置等，拓展了原有农业生产性空间。以农业产业为主要依托的农业园区、田园综合体、大型农业综合体的发展过程中这一特征较为明显。第二，资本推动农业转型，促进农业与其他产业结合发展，一定程度上使单纯的粮食与经济作物种植空间被压缩，并衍生出新的空间使用方式。如农业与旅游结合衍生出依托农业的休闲娱乐性空间，农业与科研结合形成创新研发空间。第三，农业空间被景观空间侵占，如观音殿、

JN6 石塘人家等村落周边的部分农田被改造为生态景观带，占用农田空间形成丰富的水体景观等；或是农业空间与景观空间复合利用，如依托特色农作物的种植塑造独特的大地景观空间等。第四，资本推动下农业用地性质发生变化，农业用地可能转变为新增建设用地。

溪田

JN5 溪田在打造集现代农业、休闲旅游、田园社区为一体的国家级田园综合体的过程中，农业空间仍然是以农业生产为主导，适当嵌入休闲旅游服务空间。溪田地区先期在政府资本主导下，通过西岗社区万顷良田和土地综合整治两大项目，将区域内的大面积基本农田进行改造。后在江宁交建集团和旅游产业集团介入下，农田通过流转租赁的方式交由集团下设子公司南京溪田生态农业科技有限公司经营，发展规模化农业种植，构建了“大农园+精致微田园”的农业发展模式，形成多种经营、类型丰富的“大农园”农业生产本底空间，并以“微田园”理念为支撑，融合各种都市近郊优势基因（科技、文化、技术、资本、管理、服务等），发挥农业的景观性、休闲性和体验性，塑造一系列小而精、小而特、小而专的休闲农业空间载体。

白马园区

白马园区虽是以农业生产为主，但其空间的创新研发属性明显。作为国家级农业高新技术产业示范区，各科研院所与高校等研发主体建立起不同主题功能类型的农业科技园区，改变了农业空间的整体利用格局。各个农业科技园区内部空间特色鲜明。南京农业大学、南京林业大学在此建设产学研一体化空间，空间的肌理由原本不规则的农田转变为规整的网格化科研试验田。

六合巴布洛生态谷

资本进驻后，巴布洛生态谷所在区域整体上转变为依托农业景观的休闲娱乐性空间。企业通过土地流转租赁方式获取土地使用权，虽然受用地性质限制，空间仍然以农业种植为基底，但农业耕作的类型不再是粮食或经济作物，在种植选择上倾向于景观效应佳的景观植物和花卉苗木，或者可提供采摘等互动活动的林果苗木，因此生态谷内种植了多达上千亩的莲藕、葡萄、草莓等，形成大规模连片的薰衣草场与格桑花海等景观。部分农业空间和生态空间直接转变为娱乐性较强的空间，成为森林探险、漂移卡丁车、丛林寻宝、真人 CS 等近三十种娱乐项目的活动基地。更有大面积的农业空间划为牧场区，承载跑马、喂羊等娱乐活动。还有部分农业空间同时提供旅游服务功能，如打造房车营地、露天烧烤活动广场等。

大塘金

JN4 大塘金香草小镇内，一部分农用地调整为商业用地和旅游服务设施用地，大部分的农业空间则完全转变为景观空间，以各类景观植物种植为主，服务于小镇婚庆文化主导的特色产业及乡村旅游业。

慢城

GC1 高淳国际慢城在慢城集团介入运营后，乡村土地转向公司化集中经营。在桠溪镇政府和慢城公司的干预下，种植的农作物从大田作物转向经济作物和景观生态作物。其中位于慢城内主要干道两侧 300 m 的公共景观用地统一由慢城公司负责打理，其他用地经平台管理公司向外出租，经营特色苗木、花木或是新建旅游服务项目等。如在大山村内，除了满足每户的菜地需求外，绝大部分土地的经营权以水田 1000 元、旱地 500～600 元一年的价格被村集体集中租用，其使用和建设管理都由慢城集团统一负责。瑶宕村的葡萄园、茶基地和康之源牡丹园等的经营管理权都已交还给村集体，大山村东侧的红枫园也租用给青岛红枫农业科技有限公司，种植超过 1000 亩的美国红枫，同时实现经济和景观价值。慢城的旅游开发对乡村内的农业种植类型和空间带来了全新的置换和重组，大地景观的效果已经初步展现（图 4-6）。

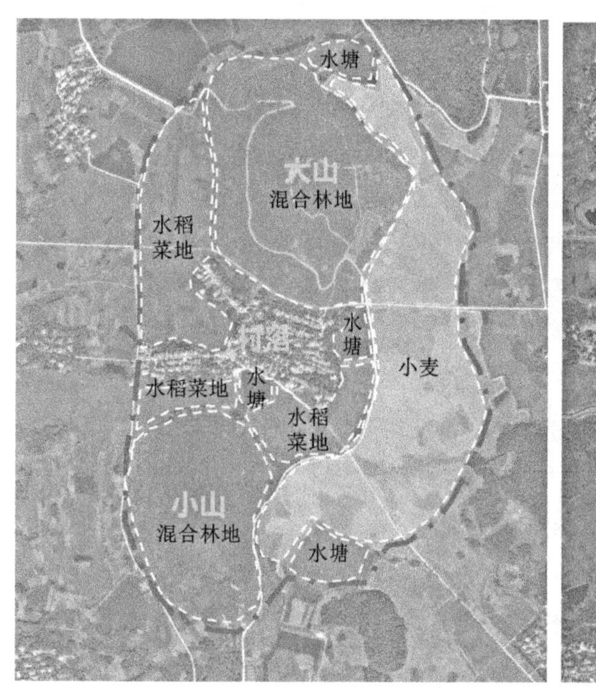

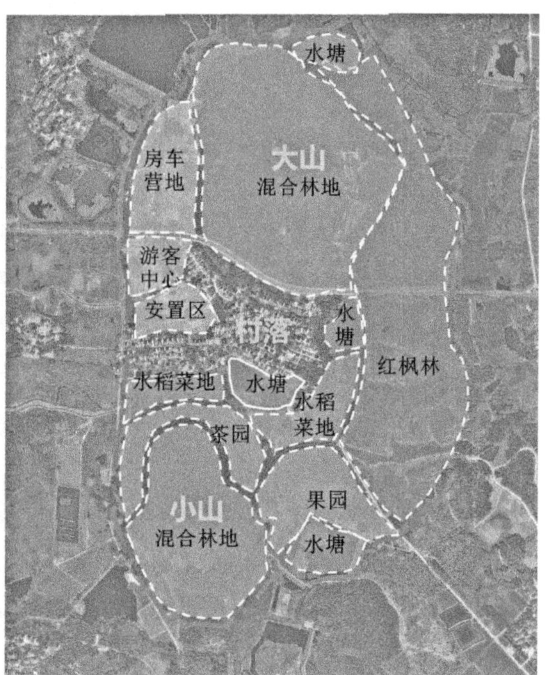

图 4-6　2011 和 2017 年大山村农业种植空间对比

观音殿

苏家文创小镇开发后，秣陵街道将大部分的宅基地和农田收为集体所有，整理生态生产空间，将原有的山林地和废弃的耕地恢复耕种，注重茶叶种植的品质化和规模化，两侧岗地恢复茶园和果园。同时将水田和茶田周边的水塘进行梳理，扩大水域面积，种植水生蔬菜和花卉，重新塑造村落景观格局（图 4-7），邻近城市道路的花田和水塘成为观音殿重要的景观标志，观音殿村庄“两岗一冲”的地貌优势也更加凸显。

（2）居住生活空间的转型重组

总体特征

资本进驻乡村时，受到影响的村庄村民可能面临着居住外迁，迁出后的村

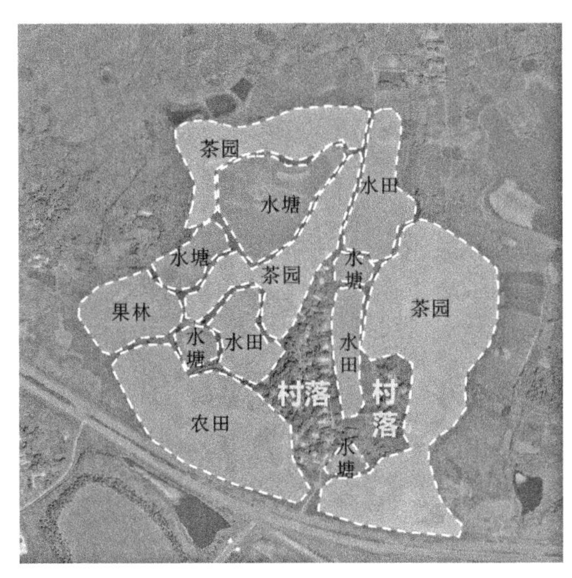

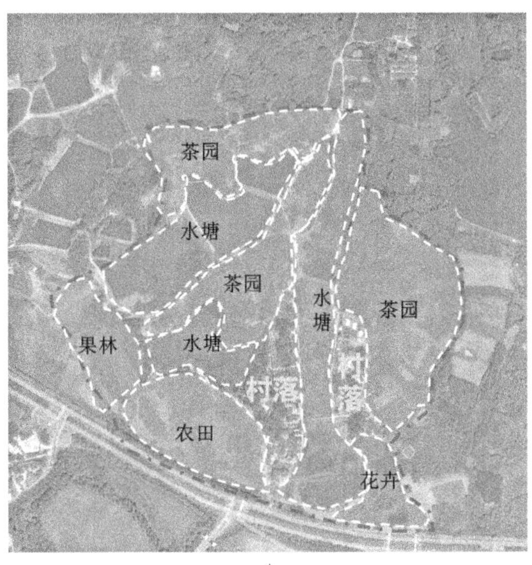

图 4-7　2011 和 2017 年观音殿农业种植空间对比

民自行分散寻求新的定居点，或者由政府组织集中在新社区安置，而由资本占据原有生活空间。一些村民仍然居留原址，此时资本占据的空间与村民生活空间共存。资本差异化的开发方式对应着乡村生活空间不同的转型重组模式。

资本动机

除了政府对城乡建设用地的综合调控，乡村地区大规模的居住外迁常常是基于资本对农地规模化流转和获取建设用地指标的诉求。资本进驻农业领域，需要以规模化的土地流转为支撑。传统分散化的乡村聚落与碎片化的农业用地空间，不利于资本发展。资本投资非农领域则需要一定的建设用地，在城乡建设用地指标紧张的情况下，对乡村存量建设用地的盘整成为获取建设用地指标的重要方式。政府为了在一定时期内吸引市场资本进入，可能对乡村土地利用进行一定的调整，包括农田规模化整治和村庄迁并，为大规模的资本进驻创造先行条件。

居住外迁的改变

在实行迁村并点集中安置的过程中，居住生活空间在整体上发生转移重组，由分散的乡土性聚落空间向集中的城镇化社区空间转变，如巴布洛生态谷附近的金磁社区、白马镇的金谷佳苑社区与溪田的吴峰新社区等。居住生活方式上，村民脱离了与土地的关系，农民失地上楼，居住条件发生改变，而失地农民或被企业返聘成为雇佣农民，或选择其他多样化的就业方式。随着时间的推移，新社区容纳更多的人群，新的社会关系也逐渐重构起来。

留居原址的改变

受资本影响，村民即便留居原址，乡村原有居住生活空间也可能被压缩与转型，功能形态发生转变。以发展文创产业、旅游产业为代表，资本投资形成乡村创客空间、精品民宿集群、特色零售商街等特色经营服务空间，同时配套建设乡村文化活动广场、休闲景观长廊等外部公共空间。原本的生活居住空间与消费性空间或是发生一定程度的叠加、融合，或是乡村生活空间被消费空间挤压而转移，导致传统乡村居住生活空间逐渐被稀释、压缩与置换重组。

大山村

慢城内的大山村已经成为农家乐品牌村，其居住和公共空间更多地开放为满足游客需求的综合空间。大山村内半数左右的民宅被改造为经营性的消费场所（图4-8），旅游服务空间和原住民的居住空间高度叠合。原住民的职业结构也由以传统农业劳动为主转为以农家乐、客栈、租售等服务业为主。经营性的民宅空间被持续改造，多数村民将住宅层数增高以拓展更多的经营空间，并为迎合游客亲近自然景观的喜好在室外搭建玻璃亭子、修缮庭院等，原本的室内生活空间则被极大压缩，改造为可供聚餐的包间或住宿房间。

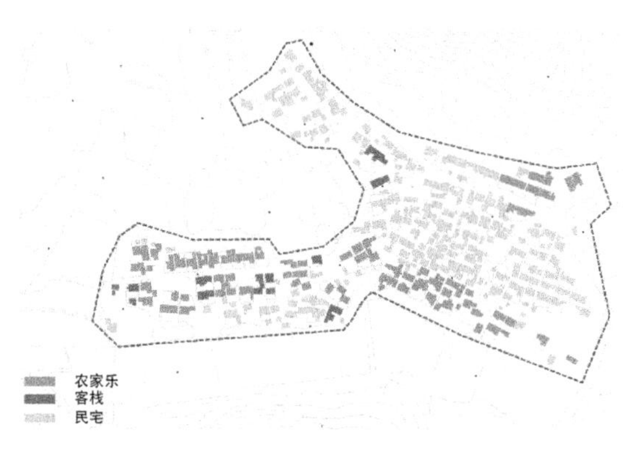

图4-8　大山村内的经营类空间布局

观音殿

观音殿内，政府出资对空置民宅进行改造或拆除重建，并引入多种以非遗文化为主题的业态进行经营。道路、水塘、空地等经过景观种植改造，形成良好的外部环境。由企业、个体商户、返乡创业人员、外来非遗手工艺人等为主体的经营性空间嵌入观音殿原有居住生活空间，为其增加了浓厚的商业氛围。但毕竟大多数村民未参与到乡村的商业性经营之中，资本改造的空间与保留的传统居住生活空间毗邻却不相融合。

苏家村

苏家村以整村搬迁安置的方式将村民居所外迁后，乡伴以全面拆除重建的方式对原址上的建筑、景观进行置换，将其原有居住生活空间商业化。苏家村原住村民已经与现在的苏家村在空间上完全脱离，苏家村原居住生活空间转变为全新的精品民宿与休闲旅游度假空间。

黄龙岘

由政府与国资平台合作打造的JN3黄龙岘，在其建设过程中，政府财政扶持村民进行民宅改造，后由村民自行经营或租赁给外来商户经营农家乐、民宿和商铺等，形成商业氛围浓厚的特色产业集聚空间，同时自有民宅仍然是村民日常居住生活的地方。村内新建了游客服务中心和企业管理办公室，商业运营的部分精品民宿、茶馆等分散嵌入乡村居住生活空间之中，返乡创业大学生也入驻创客空间。与观音殿和乡伴苏家相比，黄龙岘现有的原住居民、外来商户、创业青年人群、企业驻村办公与服务人员共同经营黄龙岘，原有居住生活空间与经营性空间完全融合成多功能一体化的综合型空间。

用地类型的转化和调适

伴随乡村功能的转变，具体的用地安排上也会做出相应调适，最为典型的是旅游相关用地的调整。随着丰富的旅游业态被引入乡村空间，旅游服务设施不断增加，旅游服务项目占据的空间不断扩张。

建设用地

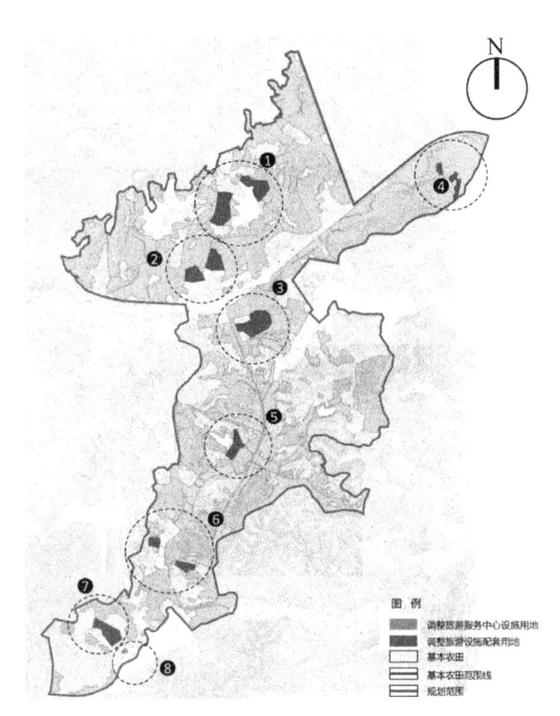

图 4-9　苏家文创小镇的服务类用地调整

资料来源：根据苏家文创小镇规划改绘

大塘金香草小镇的农地与林地等以观赏性种植为主，土地性质虽未改变，但其空间利用上已经几乎被全部置换为休闲旅游服务空间。而涉及建设用地，有几种不同形式的调整利用：一是租赁村民空置农房，将其置换为酒庄酒窖、婚恋文化展馆、创意婚庆工作室等；二是政府通过拆迁安置，征收部分村庄建设用地，并将其转为国有建设用地出让，进行旅游服务配套设施的建设；三是政府根据发展需求将部分农业用地征收调整为新增建设用地，用于旅游项目建设；四是对原有集体用地在空间上进行复合利用。在相关规划中，经过用地调整，村庄建设用地面积减少，与旅游服务相关的商业服务设施用地、交通设施用地则相对增加。从整体的空间使用情况来看，整个小镇基本被旅游服务空间占据，成为消费属性明显的商业化经营空间。苏家文创小镇在建设发展中，除直接利用村庄建设用地进行旅游服务配套设施改建外，还将部分农田、老茶场、烟花厂调整为旅游服务配套设施用地（图 4-9）。无论是大塘金香草小镇还是苏家文创小镇，资本驱动旅游服务功能植入乡村空间，都出现了旅游服务空间的增加及用地性质从非建设用地到建设用地的转换。

旅游服务设施增加

旅游服务设施增加是用地调整的重要内容之一。乡村空间中出现众多服务于乡村旅游的大型停车场、乡村文化活动广场、旅游服务中心、公共厕所等公共服务设施，还有众多承载餐饮、住宿、购物、娱乐等功能的产业发展服务设施。同时随着全域旅游的推进，在更大的乡村区域层面，出现专门服务乡村旅游的公共交通服务专线，串联不同的乡村旅游片区。在国际慢城、巴布洛生态谷、枫彩漫城、溪田田园综合体等大型乡村度假景区外部都设有多个公共交通站点，其中溪田还有直通江宁城区的专线公交。

农地变化

除了旅游用地，农地本身也发生了变化。白马园区内农业生产用地通过流转变为科研单位的试验田，其大部分农用地的性质并未改变，但为了配合工作管理，每个院所内都增设了少量的建设用地，用来建设实验、培训、仓贮、食宿等配套用房。其中以光伏农业为主导产业的日昌公司，采取的是光伏发电与农业结合的新型模式，即农光互补光伏电站，通过建设棚顶光伏发电与棚下现代物理农业的有机结合，发展现代高效农业。科研院校的进驻重新划分了用地的边界，原本单纯的农业生产被赋予了新的科研和教育属性，空间格局也由原生态的肌理形式变为被划分的单元矩阵（图 4-10）。

图 4-10　2013 和 2017 年科研院校进驻前后空间肌理对比

乡村空间景观的改造

资本的改造

乡村拥有丰富的景观资源，从充满乡土特色的人工聚落空间到由山水林田组成的农业生态空间，都具有丰富的景观生态价值。为了吸引大众消费，乡村的景观生态价值被充分挖掘，景观空间发生扩张，景观功能不断强化。景观形态从建筑的类型和外观、村落的整体风貌、农业用地的形态、镇村与农业空间的穿插等方面均发生一定程度的转变。经过资本的改造，乡村空间景观成为乡村空间消费的主要内容，乡村景观的辨识度提高，符号意义明显，而资本对其的选择性改造也加剧了乡村空间景观的分异和不平衡发展。

美学化和利益获取

乡村景观价值并没有量化标准，规划师和艺术家进入乡村建设后，乡村建设从过去的实用化转向了美学化。乡村景观的改造形式包括地方乡土元素的拼贴运用，也包括城市景观元素的融入。在消费文化的语境下，乡村地域的景观风貌开始朝着景区化、园林化的方向转化。资本通过将乡村空间符号化、抽象化来实现其对空间增值利益的获取，乡村中的原生空间被改造为经营性场所或被包装为可盈利的景观资源，本质上都是资本通过提升生产端的能力或对消费端进行美化来增加空间的产出回报。

景观空间的扩张与强化

缘由

资本进驻之前，乡土生态景观自由发展，景观生态空间在一定程度上与农业生产空间和乡村生活空间耦合。未加改造的景观生态空间虽然生态基底良好但景观效果粗犷，甚至景观效果不佳。而村庄内部的乡土建筑和周边环境虽具“乡土”气息但未形成连续性观赏景观，虽有乡土景观原生之特色，却未必达到消费者理想之审美。资本注重景观空间的扩张与强化，并且使其与生产生活空间共同承担了产业发展的功能，景观生态空间也在此过程中发生不同程度的转型、置换与重组。

整体的扩张强化

首先表现在乡村空间通过全域生态景观打造，将山水林田村处处塑为景。如JN1苏家龙山文创小镇、JN3黄龙岘及JN4大塘金打造不同主题的乡村生态景观片区，进行全域生态保护和景观种植改造，或根据需求将农田改造为连续的景观带。更有大型资本进行景区化建设，使景观生态空间占据成规模的农业生产空间。如JN7云水涧、LH2巴布洛生态谷和LH3枫彩漫城，均由原本以农田与山地、林地、水域等为主体的生态型空间，转变为由企业市场化经营的乡村休闲度假景区空间。

局部的调整重组

在乡村的特定地点，可能进行生态景观空间的局部建设调整。如扩大周边生态空间，复垦荒地种植观赏性植物花卉，或者建设休闲互动性强的生态景观型果园或茶园；扩大乡村周边水域，打造精致的水域生态景观；对村庄内部道路进行景观改造；将村庄内部景观空间连接，构建完整的景观生态体系；对乡土建筑景观进行重新塑造，或凝练乡土景观元素强化乡土风格，或植入城市景观基因塑造现代景观。观音殿、JN2徐家院等在资本进驻后，生态空间最大化恢复，撂荒农田、茶园等经过重新整治成为重要的农业景观展示区；水域空间建设成为核心景观区，与主要景观性通道共同形成村落景观主体骨架。经过调整后的乡村景观空间达到连续、强化、扩张的效果。

景观形态的转变与塑造

（1）农业生态景观的变化

农业生态景观转化

资本推动乡村农业生态景观有序转化，注重对农业消费性景观空间的塑造。通常一方面在特定的区域强化景观植物种植，以塑造规模化的大地景观为主要手段，大地景观与乡村聚落穿插交错，形成如诗如画的独特乡村景致。另一方面在农业生态空间内部，配合不同的业态形成差异化的空间景观。如巴布洛生态谷结合不同项目形成以花卉苗木为主的大地生态景观和各种房车营地、欧式风情别墅、草原牧场、生态湖区及丛林探险景观等。

（2）乡土元素的提取与再造

乡土 现代 异域

资本对乡村聚落景观的改造受城市美学与乡土美学价值观的双重影响。在乡村聚落空间内，主要采用乡土元素拼贴和现代景观移植的方式，形成差异化的景观形态，或者将其他地区特色建筑风格直接复制植入，形成异域风情景观。乡土元素拼贴是指提取本土或借鉴邻近地区的特色乡土景观元素，凝练成抽象化的符号，运用到景观塑造之中。现代景观移植主要是将现代景观塑造手法、城市美学观念嵌入乡土景观的改造，或者将现代景观完全植入乡土空间，使其与乡土元素产生明显对比，形成独特的空间景观分异效果。

多个案例

观音殿村尽可能保留了村庄原有的自然形态和乡土气息，村内增设木结构的景观小品、恢复粉墙黛瓦立面风格，重现乡村环境的建造材料，同时重点关注乡土建筑中一些特殊的建造方式，并在新建空间中进行推广运用，在空间营造上配合业态展现乡野风貌。在GC1大山村传统居所的外立面改造上，设计师将徽派建筑符号马头墙运用其中，将原本的石头院墙以竹篱代替，使民宅主立面面向村内扩大的荷塘和农田景观，意在塑造世外桃源式田园民居。苏家文创小镇在原舍项目中利用乡土元素拼贴方式，将地方特色材质应用于建筑立面及地面装饰，多有茅草覆顶、石板铺路和木质构筑。部分民宿项目则是以现代化风格的玻璃幕墙建设，与乡土建筑形成明显差异，形成景观空间内部分异。LS2李巷的建筑改造强调“在地性”，通过提取老建筑中的空斗砖墙、毛石、基石、夯土等建筑材料类型和立面形式，先后完成了李家祠堂、溧水人民抗日斗争纪念馆、游客服务中心等新建筑的建造，以及村内红色遗址和其他经营性空间的改造。同时也采用一些特色工具如石埝、石磨、石墩等装点空间，形成城市审美与乡土特色共存融合的空间景观形象。大塘金婚庆小镇板块则将欧美建筑风格融入其中，形成具有异域色彩的欧式风情小镇。

慢城的景观控制

高淳国际慢城旅游度假区管理委员会（简称慢城管委会）委托专业机构编制出一套景观体系规划，对水系、植物、建筑、道路等方面提出控制要求。水系景观规划对水库、湖泊、沟渠和湿地四类水系景观的岸线形态、乔木选择、植被种植与管理、配套设施等都规定了控制内容。建筑景观规划对建筑色彩、建筑和小品的景观样式、道路、照明等提出详细的控制要求。如建筑限高10 m，层数不得超过3层；屋顶形式一律采用坡屋顶；建筑色彩规定墙面以黄灰色系、白灰色系为主，屋顶色以黑褐色为主，点缀色以黑色、红色、黄色为主；建筑院落面积不小于建筑占地面积的两倍等。其后政府和企业在整个慢城内的综合整治几乎都是遵循此规划，开展徽派风格的改造和立面出新，内部的景观道路也实施青砖铺设等特色化处理。

（3）现代景观的移植

冲击和危机

城市功能的外溢带动着城市景观元素进入乡村视野，不论是慢城小镇的楔形模块建筑群、枕松酒店的湖畔民宿，还是乡伴苏家打造的平舍、原舍，建筑师们把乡村营造变成施展自己美学素养的平台。大量景区化、园林化、城市化的乡村营建不断出现，植入乡村物理空间的城市消费文化看起来很时尚，却使乡村失去了农民的主体性，乡村景观也会面临同质化的危机，进而造成对文化认同感和归属感的冲击。

景观发展不均衡与标签化

不均衡

乡村空间景观的转变体现了资本的作用，能部分回应对乡村进行人居环境提升、公共环境美化的社会诉求，但更多的是资本满足消费者在物质和精神层面的需求和想象，为消费者创造独特的消费体验，进一步诱导大众消费的努力。这也导致了资本对乡村空间景观的改造必然以乡村消费的核心区域为主体，乡村空间景观虽然得到一定程度的整体提升，但在地区间和区块内却呈现不均衡发展。不能为资本盈利的传统生产生活空间，常常成为景观空间改造的阴影区。比较明显的表征就是在诸多旅游型乡村内部，其用于居民生产生活的空间与旅游服务型空间有显著的景观差异，相对于旅游服务区域内打造精致、视觉冲击明显的特征，传统生活空间则景观较为平淡，甚至略显杂乱无序。而从区域层面看，在主要旅游节点及串联主要旅游节点的旅游线路上，消费者可视的空间内景观塑造较为精致。

标签化

资本对乡村景观空间的改造过程中，通过打造抽象化与符号化的乡村景观空间，赋予乡村景观特殊的象征含义，使其成为具有高度辨识性的空间符号与可消费商品。乡村景观可能成为政治权力的表征，如村内“乡村振兴”“美丽乡村”“为人民服务”等景观标语具有浓厚的政治色彩。对乡村景观的消费也可能区分出不同阶级和人群。苏家村打造的高端民宿产业集群成为城市小资群体、中产收入阶级钟爱的集会游玩空间。黄龙岘茶文化小镇内，企业投资经营的空间与村民经营的空间在景观上的差异对应消费人群的差异。企业在茶山塑造的茶缘阁、晏湖驿站、西部客栈等精品民宿，拥有精致的景观与外形，与村民经营的民宿相比，其消费水平可达其十倍以上。这些区域逐渐成为精英人士的首选，甚至有部分民宿仅对企业内部管理人员及其他特定人员开放使用，用于会议、办公、集会等。乡村景观此时成为意识形态、价值观念、地位象征的媒介标签。

本章小结

资本的流动会带来空间重组，资本的空间生产会带来差异化的空间效应。资本通过投入基础设施、环境整治、农业的创新生产、旅游的开发运营等多种生产过程实现乡村发展要素的重新配置。对不同区位的选择体现出资本对于空间资源的选择性占用，资本通过“培育”“诱导”和“引领”在乡村地区及对乡村的消费，最终会加剧乡村间、乡村内部空间的不均衡发展。在资本的培育和打造下，乡村逐渐具备了多重功能属性，并日益成为附属于城市的休闲消费空间。乡村文化也面对衰退和复兴的不同可能性，能否真正意义上促进乡村中人的发展成为关键命题。

第五章
空间利益格局转变及其他效应

随着资本在乡村发挥越来越大的作用，本章重点关注与空间相关的利益的实现方式及其在不同主体间的分配格局，并着眼于社会关系及乡村治理的变化。涉及价值判断的议题总是充满争议，需要从不同的角度进行思考。

不同观点

总体趋势

随着资本的进入，多数情况下，村民居住环境改变，村庄基础设施改善，民生得到改善。农业生产方面，小田变大田提高了规模化经营的程度，还有高附加值的农业产业类型进入。景观特质方面，符号化的、地域性的建造方式多被强化，同时有了精致的甚至都市化的建造品位。在统计数据上，就业和收入结构发生变化，总体趋势是乡村人口适度回流，非农就业比例升高，收入整体提升。在城乡连接上，城乡联系增强，为城市的精准定向服务和销售增多。整个过程中，农民是直接得益者，政府部门增加了农村工作的责任，企业和开发商怀揣资本为不算全新的“新大陆”而雀跃，建筑师、艺术家有了让梦想成真的机遇，欣欣向荣的气氛弥漫。

支持的观点

支持的观点中，认为城乡发展不平衡有历史经久的欠账，而今天是到了还欠账、城市反哺农村的时候了。同时，政府肩负对社会经济进行宏观调控的责任，在内需不足、经济增长乏力的时期，新农村建设与新型城镇化战略共同推进，构成在国家内部扩充内需的有效手段。同时，乡村振兴不仅是给了资本以机会，也带给农民更多选择，从经济和社会的角度来看也有诸多利好。

批判和担忧

担忧和批评也存在，部分是根本性的，部分是针对操作中的偏差。如认为乡村建设由政府主导强力推动，有运动式的节奏。其中，政府与社会和市场的边界不够清晰，政府有做多了的嫌疑。经济效率难以被考量，政府承担着债务及其他的无限责任，多数时候没有根本解决问题，或者解决方案不可持续。另外，乡村建设过程中不断地创造时髦新词，各种理念和手段或者是新瓶装陈酒，或者呈现出明显的偏向资本的特征，特别有利于营商环境的塑造，这里又有企业型政府和新自由主义的痕迹。农民的就业和生活转变的同时，却可能被隐性剥夺。

一般效应

经济利好效应

就业和收入

资本的参与促进了产业的升级和重组，农业资源的再开发、农产品深度加工、乡村旅游等都成为乡村地域的新兴产业。产业间的融合发展，提高了产出效率，新型的产业链促进了乡村产业结构的优化。伴随着乡村人口的适度回流，就业和收入都在一定程度上得到了提升。以江宁汤家家村为例，大量游客涌入村庄，带动了农民就业，如帮厨、配送货、打扫卫生等。2017 年，村里 108 户村民，平均每户年均增收 5 万~6 万元。在 JN3 黄龙岘，60%以上的农户受益于乡村旅游，2017 年农民人均年收入从 3 年前的 5000 元提高到 3.5 万元。溧水区实行“空屋计划”之后，LS3 石山下基于原本的村落格局进行改造，外形仍是普通村落，内里却是时尚现代乡居。截至 2017 年底，该村村民开店经营的民宿约 16 家，解决了 50~60 名本地村民的就业，工资收入每月 2000~3000 元，加上农产品销售收入，全村一年可增收 400 万~500 万元。

人居环境的改善

环境改善

政府推动下的垃圾分类处理、污水治理、村容村貌提升、厕所革命等环境整治，结合资本参与下的景观改造和房屋整治，使村民居住环境改变，村庄基础设施改善，生态环境也得到提升，人居环境得到了全面的改善。资本的介入使得村民和企业经营者通过对空间交换价值的追求实现收入的增长，同步提高了空间的使用价值。大都市周边的乡村更凭借其地理区位的优势，被纳入城市消费体系中，成为城市居民新的消费场所，提供的是高品质的环境，乡村原住民也能部分地从中获益。

景观同质化的问题

同质化效应

经济效益凸显的同时，激进的旅游开发也使得乡村景观单一雷同，经营的项目同质化严重，观赏、采摘、垂钓、游乐等体验性休闲活动在任何一个旅游型乡村中都可以看到。部分冒进的空间建设使得乡村空间平庸无味、千篇一律，缺少对于乡土特色和地方文化的深度挖掘，乡村原有风貌也未得到有效的保护和利用。长此以往会造成公众对于地域文化和地域景观的认识逐渐淡化，乡村丧失长效的吸引力而阻碍旅游产业的进一步发展。

管理机制不健全引发问题

在资本投入和空间建设过程中，多元投入机制不成熟、建设管理不到位以及长效管护机制不健全等会引发诸多问题。由于多数乡村建设任务要求急，而相关建设用地扶持政策并未落实到位，所以普遍存在未取得用地批准手续即开工建设的问题。同时建设投入巨大，资金和建设管理的不规范导致资金冒领、建设单位违规分包等现象频繁发生。管理服务规范性不足，硬件设施建设滞后，从业人员总体素质不高，文化深入挖掘和传承开发不够等问题仍不同程度存在。在建设试点的初期，乡村的资源性资产未能被充分估值定价，利益分配的机制也不完善，加之资本流动性强的特点，社会资本的介入能否为乡村建设带来持续的经济促动力还有待商榷。

管理的问题

资本介入下的利益分享

随着资本介入，新的经济发展模式在乡村产生，空间价值凸显，空间利益被重新分配。地方政府、资本方与村民三方在合作与竞争的互动过程中，不断进行空间利益的博弈。

村民利益的实现

资本的进驻增加了村民利益实现的途径，包括固定资产收益、土地被征用补偿收益、合作社经营收益、村民以雇佣身份获取的劳动工资收益、自主创业经营收益等。在乡村土地制度变革及外部资本作用的双重影响下，土地房屋等作为村民的固定资产，活化为资本，为村民带来一定收益。村民依靠固定资产获取收益的方式主要有两种：一是以农地流转、房屋出租的形式获取租金收益；二是以农地、林地或闲置房屋等作价入股乡村运营公司，获取运营收益分红。据统计，截至 2018 年 9 月，LH1 六合现代农业产业园区内以土地、林权等入股参与合作社或龙头企业经营的户数为 2730 户。为满足城乡综合发展需求或资本诉求，政府常常对乡村土地资源进行重新配置，征用部分农地或集体建设用地，并进行用地性质调整。对于农业生产用地的征用，村民可获取一定的资金补偿，或以“农地进保”的形式享受一定的生活保障；而对于宅基地的征收，村民可选择资金补偿或接受统一住房安置。

多重收益

土地房屋的出租

在乡村旅游发展中，村民可以拿出的发展要素无外乎就是土地、房屋，以及村内的自然资源和非物质文化资源等。在 JN1 乡伴苏家、龙乡双范的例子中，资本与政府合作，租用闲置民宅和村集体土地 20 年。这种模式中变相由政府来承担土地交易运营的风险，如资本运营不佳，政府需要兜底支付租金给农户，而资本方的买断行为却可以保证自己的收益最大化。

一次性补偿

传统的土地征收多以一次性补偿为主，如 LS1 白马国家农业科技园区内的村民失去土地和房屋后，得到安置区的城市型住宅，居民安置标准依据原住房面积和人口，最高限 220 m^2，多余的面积以货币方式补偿，供选择的户型包括 60 m^2、90 m^2、120 m^2 三种，对被补偿对象设有最低保护，最低可以补足到 45 m^2 的安置房份额。超过退休年龄的老人才有资格通过土地换保享受城市居民的最低生活保障，而其他集体成员则无法得到更多的保障。村民失去土地，又无法得到持续性的经济保障，园区本身以科技农业为主，工作岗位大多是农业研发相关的技术职位，也无法为失地农民提供就业机会。

集体经济组织的作用

以合作社为主的集体经济组织在外来企业的带动下，也成为村民获取收益的主要渠道。合作社通常以股份制合作或订单式生产的方式与龙头企业合作，借助企业品牌与市场力量，提高农产品溢价，获取产品收益或股份收益。截至 2018 年 9 月，六合现代农业园区农产品产值为 1.5 亿元，其中通过订单或保底分红销售农产品占比 78%，品牌化产品产值比例达 90%，合作社与龙头企业在带动村民增收上产生了良好成效。

工资与自主经营收益

此外，由于资本介入下人地关系的改变，部分劳动力从土地释放出来，被企业非正式雇佣，进行农业生产、物业管理等工作，成为职业农民；还有部分青年人转变为企业正式员工，可获取一定的工资收益；更有部分脱离了农业生产的村民，在政府扶持下进行自主创业经营，如开办农家乐、民宿等获取经营收益。

资本方利益的实现

资本方收益

资本方作为乡村经营性项目的主要投资者，其利益获取途径主要包括以下三方面：一是在乡村独立投资运营项目，从而获取直接的经营收益；二是由投资主体负责投资建设，将其租赁给第三方经营，获取租金收益；三是政府与资本方合作搭建乡村运营平台，平台再以招商或合作形式引入多种运营主体，各主体在平台内合作，共同获取空间利益。如区域旅游运营商与投资商可获取地租（包括土地增值收益）、经营性项目利润、其他垄断性资源增值等，二级开发商或运营企业可获取经营利润等。

政府利益的实现

政府因承担了不同的角色而获取不同形式的收益。一是作为地方管理者与社会经济结构调控者，可获取资本方缴纳的税收（如城镇土地使用税、耕地占用税、土地增值税、企业所得税等）；二是作为投资者参与乡村发展建设，政府可能以土地入股形式与企业合作，获取股份收益，或运营项目获取直接的经营性收益，或者通过国有平台投资获取投资收益等。

政府收益

空间利益实现中的合作与成效

政府、资本方、村民之间在利益实现上存在紧密联系。村民的收入方式多元，但是很大程度上对资本方具有强烈的依附性。村民的固定资产要依赖外部资本的投入才能获得租金，合作社要借助企业力量和品牌才能拥有更大市场及产品溢价，村民的工资性收益更是直接与企业挂钩，甚至其自主经营也会在初期依赖企业的市场宣传、消费性项目的营建、建成环境的投资运营维护等。村民在与资本的合作中力量薄弱，需要政府提供一定的保障机制甚至是财政兜底来抵抗可能的风险。

村民对资本的依赖

资本方利益的实现需要借助村民的生产生活空间，以及一定的农业生产劳动力，甚至是村民传统的生产生活方式及文化习俗等，即资本将乡村空间内一切可利用的人、地、景、文化等纳入其生产系统，为其产出更多利益。资本常常借助政府投资，自身采取轻资产运营的方式。政府则通过资本方获取地方经济收入的提升，后通过再分配的方式进行民生改善，实现执政诉求。有时政府直接与资本合作，借助资本方的运营能力获取一定的投资收益。

相互依赖

在政府与资本合作搭建乡村运营平台、鼓励村民参与的具体实践中，三方的合作关系尤为显著。在此运作模式下，村民获取一定的固定资产收益（租金）、工资、运营收益及合作社分成，投资商与企业获取投资与运营收益。这些收益可能包含地租收益、经营性基础设施项目收益、营利性公建配套项目收益、垄断性资源增值，及直接的项目经营性与生产性收益等，政府则获取税收及国资公司的股权收益。各主体都对实现共赢有较大的期待，后文的李巷案例即属于此类。

典型模式

六合现代农业园区建立起各种类型的利益联结机制。一是以“订单农业、农超对接”的方式实现企业、合作社与农户的利益联结。园区利用“云厨1站”20多家社区门店优势，与六合区6家农业企业、13个专业合作社、30个家庭农场、2个村集体经济组织签订了蔬菜、鲜果、粮油等优质农产品订单销售合同，按市场价托底保护收购。部分合作社与“苏果”订立购销合同，农产

六合园区

品直接进超市，合作社对社员、农户进行统一技术指导、统一品牌销售。合作社在按市场价收购社员、农户农产品的基础上，按交易量给予社员或农户一定的补贴，年终结算时，再拿出利润部分的60%按社员出资额比例进行二次分红。二是以“产业联盟、一体运营”的方式，引导建立农业产业化龙头企业、农民合作社和家庭农场等新型经营主体以分工协作为前提，以规模经营为依托，以利益联结为纽带的一体化农业经营组织联盟。三是实行“人才培育、流转聘用”。LH2 巴布洛生态谷将企业内一批农民培育为“职业农民工人”，还培育了若干管理中层和技术骨干。巴布洛生态谷在土地流转、公司承租、培育“职业农民工人”、生产经营的过程中，以“反租倒包”的方式，将流转的土地按功能、面积进行划分，再由“职业农民工人”进行管理承包，农民收入与企业效益直接挂钩，使其不仅得到工资还可以享受一定的效益分红。四是采取“财政资金、入股增收”的方式。如竹墩社区的蔬菜合作社试点项目中，将100万元财政资金以入股形式量化给合作社社员，合作社连续10年、每年拿出入股资金5%（约5万元）用于增加低收入农户收入。财政投资200万元入股扩建大泉村沁泉茶叶专业合作社基地，每年合作社拿出基地利润的10%给社员分红，以“土地入股保底租金+合作社分红”的方式带动农民持续增收。

空间利益实现中的竞争与风险

问题显现

各主体在乡村中也存在围绕空间利益的竞争。处于弱势地位的村民在竞争中可能会被资本剥削、挤压，甚至因为资本的运作失去生活保障及面临其他风险。譬如 GC1 高淳国际慢城内的部分村民要被动地接受资本对其生产空间和生活方式的改造，白马园区和苏家小镇内大量被迁居的村民因迁出后生活方式突变和就业不稳定等原因，其生活满意度不高产生了诸多问题和矛盾。

经营竞争

资本方基于经济实力，在乡村经营中通常占据主导及优势地位。以民宿为例，村民与企业的经营存在市场竞争，企业经营的民宿在环境、管理、服务上面投入大量资金而更加符合消费者需求，加之企业对市场需求具有更敏锐的眼光，产品类型更加多元。而村民自营的农家乐在竞争中明显处于弱势，在转型升级上也缺乏资金支持，逐渐会在竞争中失去市场。

隐性剥夺

资本在乡村空间中的一些运作模式，如政府征收村民的农地与宅基地，转租给企业投资建设，村民可能在异地集中安置或一次性的赔偿中彻底失去与乡村的联系，从乡村空间再生产的利益分配体系中退出（典型如苏家村）。村民也可能在资本的垄断性行为中失地失业，甚至难以获取生活保障。在村民失地的过程中，土地租金收益相对较低，土地换保障则对进保人有年龄资格要求及土地规模要求（如白马园区），企业就业的带动能力有限，部分村民为企业所雇佣却并非企业正式员工，不能享受正式员工的福利保障。还有部分如农业生产研发型企业，对人员技术要求相对较高，普通村民难以胜任，最终不能参与到空间利益分享当中。这些实则是资本方对村民空间利益的隐性剥夺与挤压。

干扰和损害

农业种植空间和居民生活空间都在不同程度地趋向于为消费服务，村民的生存空间受到了一定的挤压，原有单纯的农耕生产生活空间在资本逻辑作用下转变为休闲娱乐度假中心、农家乐、观光景区等（图 5-1、5-2）。外来经营者的经营类活动会对乡村居民造成一定程度的干扰。资本营造的以经营性为主的公共空间会与村民的居住空间分隔，主要是为外来游客服务的营利性设施而缺少为村民服务的基本服务设施，会导致一些乡村成为村民缺乏归属感的乏味空间。

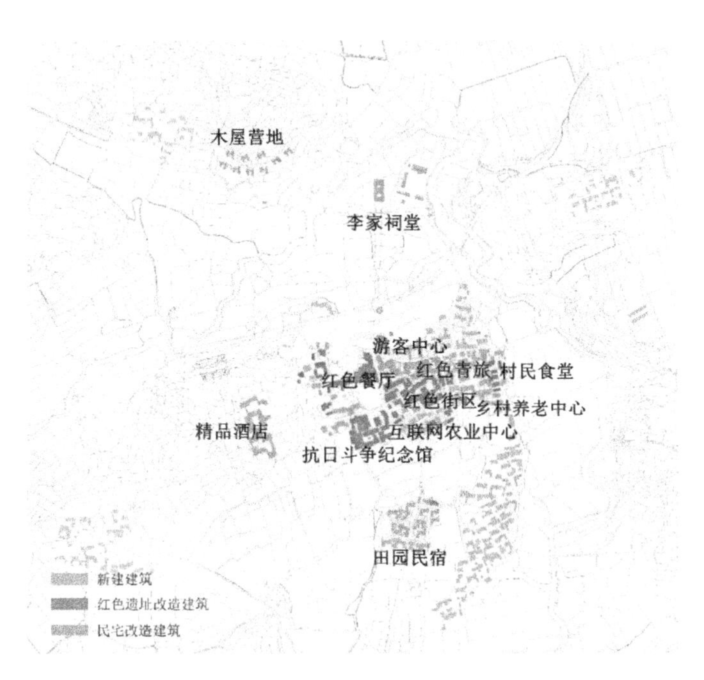

图 5-1　李巷的典型空间布局

资料来源：根据李巷村庄规划改绘

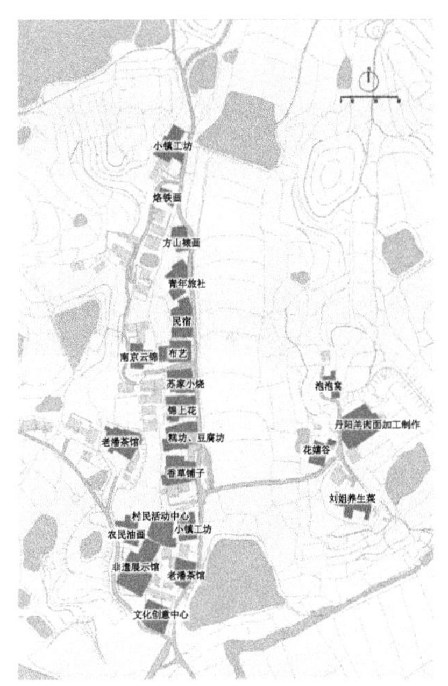

图 5-2　观音殿的经营类空间布局

资料来源：根据苏家文创小镇规划改绘

需要建立利益联结

以往的发展经验中，以发展特色小镇、乡村旅游、休闲农业等名义“跑马圈地”“圈而不种”，变相发展房地产开发，一旦经营不善就出现“毁约弃耕”、资本“跑路”等现象不胜枚举，既损害了农民利益，又给农村留下诸多后遗症。当资本无法在土地上创造边际价值时，土地在短期内无法恢复而带来的生产损害却无人担责。从本质上，资本是否具有在地性，是否能与村民和村集体产生有效的利益联结是持续发展的关键。

李巷示例

利益分享

LS2李巷内，溧水区政府和国有资产公司牵头成立投资平台商旅集团，负责开发建设，并与万科公司合作打造乡村运营平台，进行下一步的项目策划、运营与二次招商引资，试图通过大平台实现投资收益。后期重点展开招商引资和区域营销，利用多种方式，吸引社会专业运营机构或个性化运营者。平台以资源和建设入股，村民可以以土地、房屋入股成立合作社并与企业合作，按企业年利润取得收益分成，通过土地资本获取资本下乡的持续红利（图5-3）。当地政府积极推进村集体以闲置土地使用权和房屋作价入股平台公司，使村民获取资产性收益、劳动性收益和分红，实现村民稳定增收。

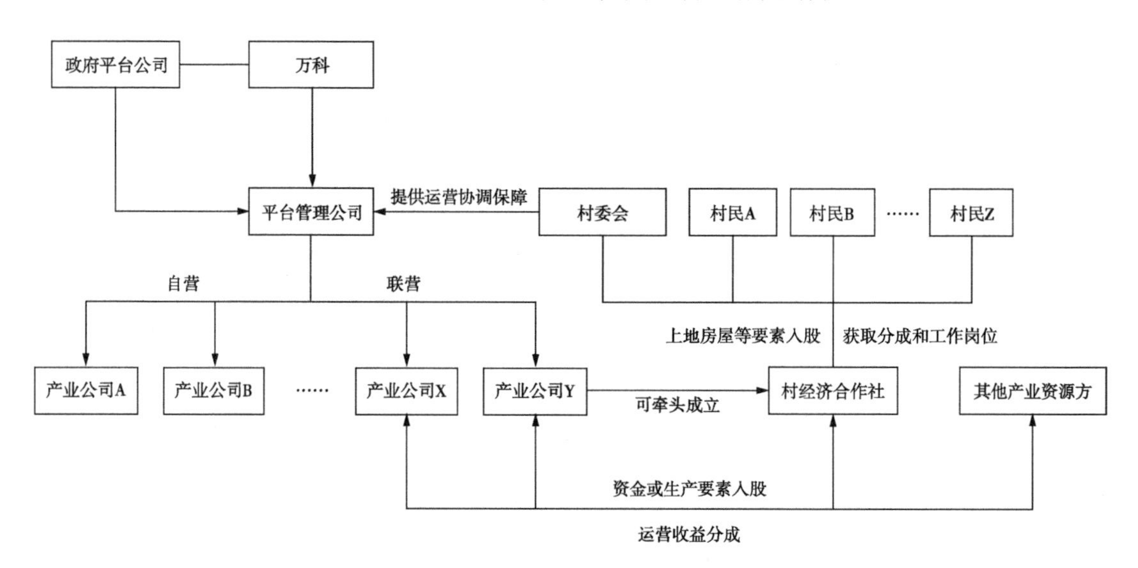

图5-3 李巷的资本合作运营模式

资料来源：溧水区白马镇李巷特色田园乡村建设规划

利益损害

随着一期、二期建设的完成，李巷村内大半的民居建筑都被改造为红色旅游的展示和经营场所，并且在北部组团和外围村落等新建民宿酒店等消费空间。因区位等原因未被选为经营开发空间的民宅依旧归属于原住民，这部分村民无法分享到乡村经济提升带来的收益，村内的消费经营却在每日打扰着乡村原本宁静的生活，村民在村庄改造中感受到的相对剥离感日渐加重。

高淳慢城示例

多方利益的实现

高淳国际慢城通过高淳国际慢城旅游度假区管委会和慢城集团对区域内乡村资源进行统筹规划、建设和招商引资，政府和国资平台实现其税收和股权收益，其余企业通过自身的经营实现增值利益。未迁居的乡村居民可以享受到旅游功能外溢带来的经营收益、薪金、租金、农产品出售收益等，实现了经济收入的提升（表 5-1）。

表 5-1 慢城内各主体的利益实现形式

参与主体	收益形式
国家政府/国有资产平台	税收、股权收益
企业	直接经济收益
集体	流转土地租金、农产品收益、经营收益
个人	薪金、租金、保障金、农产品收益、经营收益

资本带来的社会改变

空间重组的过程不仅仅是地理空间的迁移或置换过程，还是社会关系变迁的过程，包含着邻里关系的重构。资本在改变乡村空间利用方式与外部形态的同时，也改变了空间之上所承载的各类社会关系，乡村社会主体构成、人际关系、生产关系等发生不同程度的转变，乡村社会空间也发生转型重组。

社会空间转型重组

人群构成的变化

外来资本带来外来人群，外来经营者、企业驻村人员、返乡创业人员、周边村落居民、驻村艺术家、设计师、城市中产阶层以及城市游客等长期或间期地进入乡村的居住生活空间，和原住民一起成为空间的经营者或使用者，使得乡村社会构成发生转变，主体间的关系也在时时演化。与此同时，受资本影响，乡村的原住民之间因为不同的初始条件和后期选择，彼此之间也产生了显著的分化，并改变其传统交往模式。

黄龙岘

JN3 黄龙岘打造初期，村民借助国资平台企业建设的良好景观与服务环境发展农家乐，提升自身的经营收入。随着黄龙岘的知名度提升，客流量也逐年稳定增加，更多的外来经营者进入。随着市场化运作逐渐深入，企业对乡村建成环境的修补、公共产品的维护及对外的宣传营销等带来的利好显著且又不可替代。与此同时，村民自营户、外来商户、企业等拥有相似业态的经营者之间竞争关系逐渐显现。乡村的邻里关系、自营商户与企业之间的合作竞争关系，也在发展中变得越来越复杂微妙。

苏家村

而如同 JN1 乡伴苏家的“新乡村”由全新的群体构成。新的社会群体间因利益或消费集聚在一起，乡村空间传统的邻里关系被利益关系取代，已经不能用“村民”来形容这里居住生活与经营的人群。更为准确地说，苏家村在市场的包装下，已经成为一个为城市中产阶层、精英人士打造的集聚性交往空间，一个完全由竞争关系、利益关系、租赁关系架构起来的营利性空间，而由伦理关系、邻里关系构建的传统乡村社会生活空间已在资本冲击下土崩瓦解、不复存在。

观音殿

在经营性空间与原有乡村居住生活空间的分裂与并存之下，观音殿的社会构成发生明显重组。外来经营者与原住村民交往甚少，甚至极少存在竞争关系，但是外来经营者带来的喧嚣商业氛围对村民造成一定的干扰。

白马园区

为集中安置 LS1 白马国家农业科技园区等范围内的被拆迁户，白马镇在集镇区分期建设农民安置房“金谷佳苑”新社区，总建筑面积超过 30 万 m^2，入驻 1600 多户，共约 3500 人。其人群构成包括拆迁建设工程涉及的白马村、革新村、朱家边三个行政村和原县茶场范围内的村民，LS2 李巷为打造特色田园乡村项目迁居的村民，以及来自其他地区通过房屋交易入住的居民。由“金谷佳苑社区居委会”负责社区居民的公共事务，采取网格化管理模式，聘用楼栋长和社工参与管理和服务。原住民生活空间被转移至安置区，但由于户口和村集体资产等原因，其管理仍归属于原行政村，居委会只提供基本的社区服务。安置社区完全嵌套在城镇格局中，随着村民将安置得来的房屋卖出，外来人口不断迁入，原本紧凑的社会组织和亲密的邻里关系也逐渐被冲淡。面对这样一个外部空间景观和内部社会管理组织完全具备城市特征的空间，已经很难再以“乡村”来界定它。

原住民分化

乡村原住民之间的分化被资本激发。农户个人或家庭原本就掌握着不同的可交换的资源，又叠加上差异性的家庭构成、文化水平、认知方式等，即便面临相似机会也可能做出不同选择。随着乡村的转型发展，农户间经济收入的差距逐渐拉大，各人在乡村社会中的地位随之发生变化，彼此之间也因为是否有经济关联而靠近或远离，“人情味”在经济利益的冲击中易变得淡薄，对传统式公共交往空间的需求和实际使用也相对弱化。

不平等的被强化

资本是不断流动的，这一支配性的力量会促使传统的乡土空间逐渐屈从，被动地成为城乡发展网络中的一环。资本的再流动会加大不平等的“剥夺性积累”，会导致现有资产和劳动力的贬值，使得社会财富越来越向强势群体和上层阶级集中。在乡村地域的语境中，乡村中部分掌握资源话语权的群体或是通过土地流转和房屋租赁获取乡村空间使用权的城市精英们的利益会不断提升，而不具备竞争力的乡村居民则会面临被资本挤出的命运或是较原先更艰难的困境。这样将加剧乡村社会的两极分化，给保障乡村居民权益、实现乡村复兴带来巨大的负面影响。

生产关系转变

基本转变

资本在一定程度上改变了乡村的生产关系。资本进驻之前，村民作为乡村空间的所有者、生产者、经营者与使用者，以进行农业生产为主，围绕土地的农作使用构建起主要的生产关系，以聚落空间承载主要的生活需求。资本进驻后，空间生产经营权随着土地流转以租赁或征收等方式向政府、企业等资本方集中。政府与企业作为空间的生产者与经营者占据的比重越来越大，城市游客成为乡村空间的主要消费者。无论是农业生产空间还是居住生活空间，都在较大程度上向消费性空间转变，传统以村民为主体构建的农业生产经营关系逐渐被资本构建的生产消费关系取代。

人与土地关系改变

资本也改变了传统的人与土地的关系。其一，政府对部分土地实行征收，对村民进行一次性补偿或集中安置，使得农地与宅基地的所有权归政府所有。政府对其进行投资建设后再将空间租赁给企业或外来商户经营，也可能直接将农地与宅基地打包给企业进行后续开发建设，这一过程使村民脱离了原本的居住生活和农业生产的土地。譬如苏家村就是政府将居民全部搬迁后交给乡伴进行后续开发。其二，政府或企业通过租赁获得一定年限的宅基地或农用地使用权，而最终土地所有权仍然归村集体或村民所有。此过程村民虽未彻底与乡村脱离关系，但是村民已经不再是农地或宅基地的使用者，同样也造成村民与土地脱节。

新旧的替代

伴随乡村生产经营关系以及人与土地关系的变化，空间的生产经营逐渐由单一主体向多元主体转变，政府、企业、高校、科研院所、乡村集体甚至城市游客等共同参与到乡村生产经营过程之中，空间的经营权与使用权逐渐向政府或资本方集中，空间的利益分配也发生转变。传统的生产关系已然被逐渐解构，资本构建的新的生产关系则日渐强大。

资本介入下的乡村治理

资本的改造

中国自古就有“皇权不下县”的说法，乡村并不直接融入国家治理体系中，“乡村自治”是乡土社会的传统治理方式。不论是依赖传统时期的乡长里长，还是早期的宗族，乡村管理存在很大的自由度，人们根据儒家伦理、约定俗成的礼俗维持社会的稳定，造就了一个充满人情味以及高度灵活可变的“人治”社会。新中国成立以来，乡村政治已经经过彻底的改造，而21世纪以来资本的进驻带来新的改变。在原本单纯的镇村两级行政管理组织外，包括专门的经济管理、行业自治等相关主体都参与到乡村地域的治理体系中。在新的多元治理体系内，资本的话语权多数时候显得较为强势。

多元治理组织的创建

产生

因为地区发展模式的转变，传统的行政组织改建或成立新的管理部门，参与到乡村建设开发之中。如高淳区政府组建慢城管委会，负责高淳国际慢城在内的四大景区开发建设；浦口成立汤泉旅游度假区管委会，负责汤泉乡村旅游度假区的开发建设等。除原本的行政管理组织外，参与乡村治理的组织还涵盖企业入驻后形成的经济管理运营组织（如投资企业在乡村地区设立专门的驻村子公司、旅游服务管理中心等），以及专门的规划管理组织、行业协会组织。村民为维护自身权益也自发组织成立民间协会、合作社等集体组织。多元组织在乡村治理上各自承担不同的职能，形成共治的新格局。

农民合作社

农家乐的经营队伍不断壮大后，GC1高淳国际慢城内（包含大山村、石墙围、吕家、高村）的农家乐、农家客栈、农副产品销售店以及周边经济林果种植户共31户共同组建慢淳农家乐合作社（图5-4），村民共同制定合作社章程和餐饮管理制度，统一综合采购、统一服务标准，促进提档升级、带动客源、提升收益，全体成员共赢共享。此外，还有村集体带头组建的有机葡萄园、瑶宕茶基地等专业农产品合作社，村民个人成立的巴巴山农产品专业合作社等。

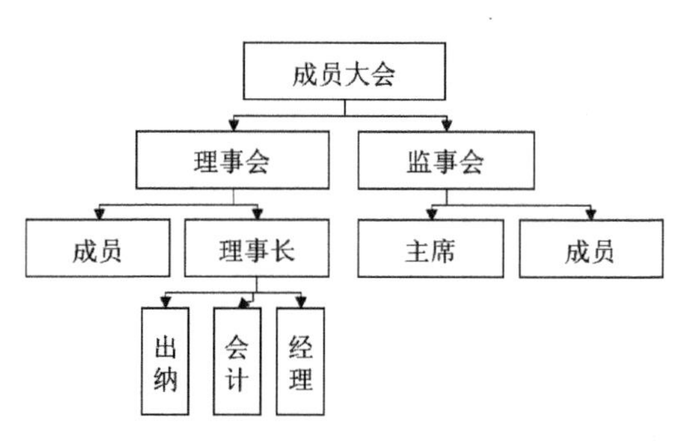

图5-4 “慢淳农家乐”合作社的组织架构

空间治理体系的重组

乡村空间治理体系的重组与资本在乡村的运作模式有着较为密切的联系。在具体的空间板块内，鉴于资本运作方式的不同，其治理体系的重建方式也具有一定差异，资本在新的治理体系中的主体地位却十分显著。

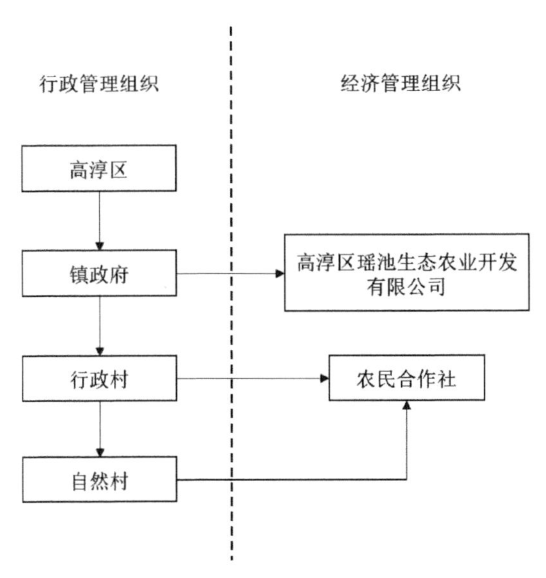

图 5-5 获得“慢城”称号前的管理组织体系

慢城

在获得“慢城”称号后，高淳先是成立了慢城管理中心，后将其撤销与高淳其他景区管理中心合并组建高淳国际慢城旅游度假区管委会，管委会内设综合处、规划建设与生态环境保护处、旅游产业发展处、招商处，另按规定设置纪检监察机构，承担全区旅游发展管理职责，镇村两级政府依旧负责慢城内的乡村日常管理事务。南京国际慢城建设发展有限公司和江苏高淳国际慢城文化旅游产业投资集团有限公司两大投资平台承担慢城内的投资建设事务。此外，国际慢城联盟中国总部、高淳旅游发展指导委员会等行业发展组织也对慢城的发展建设做出了高层次的部署和指导（图 5-5、5-6）。

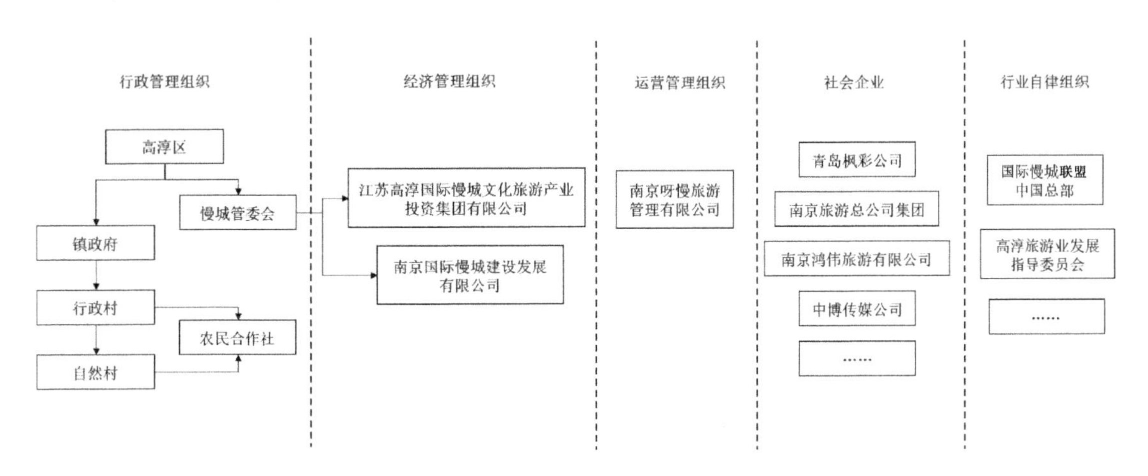

图 5-6 获得“慢城”称号后的管理组织体系

溪田

JN5 溪田田园综合体位于横溪街道西岗社区内，在江宁区委、区政府支持下，由江宁交通建设集团、江宁旅游产业集团联合江宁区横溪街道共同打造，民营企业投资参与，创建溪田农业园和七仙大福村两大板块。在由区县到镇村的传统行政治理格局之上，既有以党建组织为引领的传统行政管理的渗透，还有以各类投资主体主导的建设、管理、运营和服务。综合体在内部治理上创新了“1+3+7+N”的管理模式，涵盖一个党建组织，南京大学、南京林业大学与南京农业大学三家教学科研基地，以综合体管理办、国有企业、民营企业、电商平台、劳务公司、物业公司、合作社为主的七个投资运营主体，以及数个特色生产经营组（水产养殖组、粮食种植组、果蔬种植组、花卉种植组等）。溪田两大板块分别由国资平台和民营企业主导投资建设。南京溪田农业生态科技有限公司（政府与国资平台合作成立）在农业园区板块的管理上占据主导地位，民营企业金东城集团在大福村板块的治理上拥有绝对权力，其他投资主体或集体经济组织配合治理，基层行政组织的治理相对弱化。溪田作为政府与国资平台联合投资打造的项目，行政意图强势而显性地渗透在溪田项目的投资、建设、管理之中，以合作社为主的集体经济组织则对投资主体形成相对依附，受权力影响的资本在乡村新治理体系中的话语权优势显著。

苏家龙山文创小镇

JN1 苏家龙山文创小镇的范围涉及横溪、秣陵、谷里三个街道，由七个独立乡村板块组成，各板块涉及的乡村居住点的行政管理仍然属于原街道办。小镇整体规划由新成立的苏家文创小镇管理办公室统一协调，而各空间板块的土地所有权仍归原集体。街道可依据规划将其辖区内农田或土地租赁给企业经营，或与企业联合开发，也可由政府独立出资建设。七大板块由不同的投资主体负责投资建设、管理运营、环境整治与基础设施建设等，由投资主体成立的管理运营公司是小镇治理的主导力量，政府在小镇的建设中多是提供政策引导与整体发展调控。尤其是乡伴独立投资运营的板块内，随着原住村民转移安置，行政管理的重点空间也随之转移，甚至逐步瓦解消散，小镇的治理方式实际上逐渐向城市治理方式转型（图 5-7）。

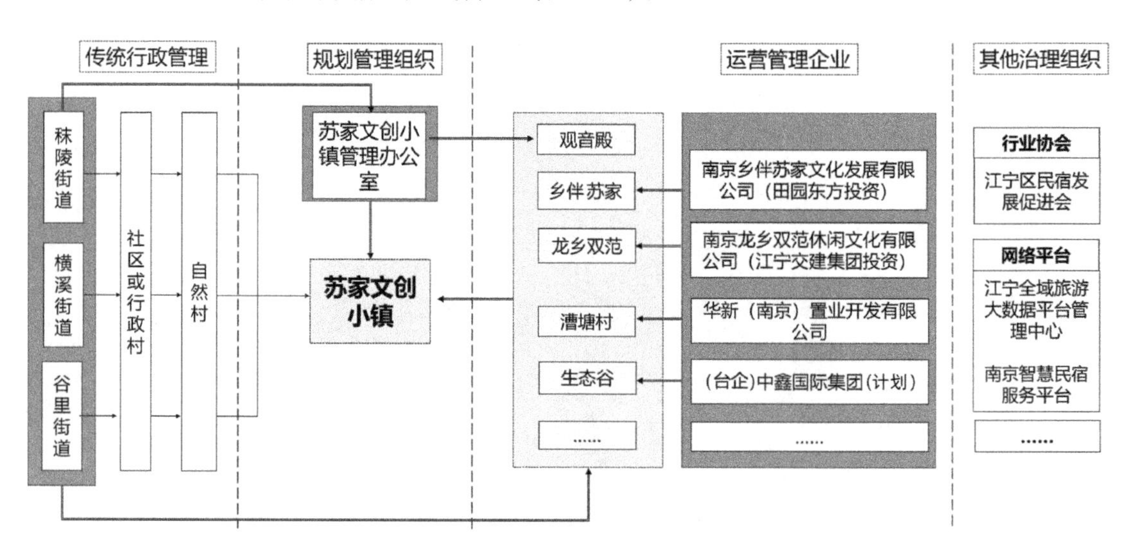

图 5-7　苏家文创小镇的多元治理体系

乡村社会自主性的转移

乡村共同体的瓦解

随着城市生活、消费、文化等价值理念逐步植入乡村，乡村社会自主性转移。资本的本质属性是空间扩张和逐利，乡村作为社会共同体却具有另外一种属性。在乡村地域中人们可以通过互相帮助来满足需求，并且通过宗族、邻里关系等纽带来维持团体。资本主导的市场把原本不属于商品的土地和劳动力都归入商品，资本才有利可图，因此资本总是试图将劳动力和土地从家庭、乡村这样的共同体中分离出来[16]。资本逐渐稀释或完全置换了传统的乡土社会结构，资本主导的市场力量必定会冲击乡村，甚至会出现极端的操作方式。

村民失去空间决定权

与传统乡村的自给自足不同，政府、资本、NGO等各类投资与建设主体在不断地占据乡建的话语权，规划师与建筑师也推动着空间营建朝城市美学的方向转变，乡村本身的文化领导权在土地再利用和景观改造过程中被逐渐边缘化。企业与政府之间因资本循环而形成了牢固的利益链接，村民在领导权和参与权缺失的情况下只能顺从地接受空间景观的新风格塑造。同时，在资本驱动乡村转型的过程中，乡村的土地、房屋逐渐商品化，村民或集体可以通过出租、合作或以股份的方式获取一定的经济回报。随着集体经营性建设用地入市等政策不断推进，乡村土地使用权日益市场化，村民在乡村的治理、经营、利益分享中都占据弱势地位，在乡村发展中的地位逐渐淡出，从乡村生产、经营、建设及使用的主体沦为资本的附庸。最终，无论是空间景观的改造还是乡村资源的商品化，村民和集体都不再掌握乡村转变的决定权。

苏家龙山文创小镇

在整个苏家文创小镇的运作过程中，原住民大多被迁出，仅有少数仍旧居住在村庄内。观音殿和菜塘分别以文创和戏曲的主题，吸引传统手工艺匠人和商业经营者回流或新驻，乡伴苏家更是推出“大院认领”的村民招募活动，以租赁的形式吸引民宿经营者。小镇内的管理者是运营公司。高品质民宿对应的精英化的乡村创客发展模式进入门槛较高、不容易复制。公司化运营带给乡村的，不仅是资金，还有理念、经验、技术和高素质的人才，原住民已经几乎完全失去了话语权。

新的自主性

对经济利益的追求使得乡村传统的凝聚力日渐溃散，与此同时，在外来资本的长期介入下，无论是乡村原住民为维护自身利益建立的合作组织，还是在资本引导下由城市业主组建的精英群体都在试图通过市场化的方式重塑乡村社会的自主性。在自上而下的政府力量之外，以一种自下而上的形式改变乡村社会的治理能力，具有自发性、现代性的特点。

总体特征

资本介入乡村，不仅承担了经营者的角色，也丰富了乡村空间治理的体系。但是资本对乡村的治理更多出于利益获取而非公共义务，其治理目标一定程度上与村民意愿相悖，在治理过程中隐性控制或挤压村民。村民往往被边缘化或处于弱势地位。由村民建立的集体组织很大程度上依附于资本而存在，甚至村庄或社区等基层行政治理也一定程度上屈从于资本，总体上导致了乡村治理缺乏公共性及公正性。

本章小结

在影响乡村功能性和符号性空间塑造的基础上，资本也对乡村的利益格局和社会空间产生显著影响。资本投入既为乡村发展带来了机会，有可能提高乡村在城乡之间的主体地位，但也可能造成乡村的独立性降低，使得乡村越来越成为城市的附庸。而在乡村内部，迎合了资本，结果可能会是更大的贫富差距。

空间利益分配本质上与土地发展权相关，涉及乡村空间利用的土地发展权同时受到政府和市场的作用力。理论上，在“政府之手”的管控下，可以通过税收的手段来进行发展权价值收益的调节分配；而在“市场之手”的调节下，可以在实现价值最大化的基础上，通过确定合理比例，让国家、集体以及具体的土地使用权人公平共有土地发展权。在实践中，乡村土地发展权的权益设定需要优化以实现公平正义和提高经济效率，而社会治理也需要同步优化以避免地方资源遭到劫掠和地方社会遭到破坏。

第六章
资本下乡的隐忧和预防

资本具有强大的能动性，能够快速在乡村建构起生产消费大循环，将乡村纳入市场经济体系，实现资源的更新配置和经济水平的快速提升。本地和外来居民的创业精神因资本的带动也得到了激发。但是在资本逻辑驱动下，乡村空间的交换价值凌驾于使用价值之上，空间沦为资本增值的工具。

资本不仅给乡村带来发展机会，也同时带来风险。针对资本的特性，需要调整和树立适用于乡村空间建设的“游戏规则”。理想的结果是既维持资本在乡村经济社会发展中的动力作用，又为资本的空间扩张框定必要的边界。可以从政府和乡村地方两个主体视角来分析，二者在资本流动过程中的未来角色定位和可采纳的措施是核心的议题。最终提供结合资本的乡村转型策略，以及在乡村规划中促进合作、规避风险、保障地方民众利益的具体手段。

资本驱动的局限与风险

资本的进驻在短期内产生了显著的社会经济效应，但进驻乡村的资本良莠不齐，地方政府难以完全摸清资本的行为，也难以预测资本在乡村空间发展中的长期效应。资本可能以圈地行为套取土地增值效益；资本纯粹追求利益而进行的商业化开发等既不利于乡村发展，更是对乡村资源的直接掠夺；资本逃逸对村民造成严重损失或产生土地纠纷影响新一轮发展的情况也屡见不鲜。

空间过度消费化

消费乡村的非普适性

消费性的乡村转型并不具备普适性。消费主义为乡村功能转变提供了新动能，休闲旅游也成为备受推崇的新业态，但资本发现乡村消费价值的视野过于单一，当前乡村建设的典型案例大多是采取休闲农业和乡村旅游的发展模式，伴随乡村内空间和人群重置而来的是乡村概念的模糊。能够以优异的景观风貌或历史资源被活化开发的村落毕竟在少数，大多数的乡村并不具备这样的条件，区域环境中也没有那么大的旅游市场。根据产品生命周期理论，乡村旅游随着竞争加剧、环境恶化等最终会进入一个停滞期，难以持续。

乡村价值再思考

同时，乡村价值的内涵亟待丰富。现实中发生的多是消费主义引导着城市资本对乡村价值的重估，而不是村民对于乡村价值的再发现。传统乡村是在长期的农耕文明传承过程中逐步形成的，具有农业生态承载和社会文化调节的双重价值，具体包括乡村的农业价值、腹地价值和家园价值[12]。农业生产是乡村的首要功能，乡村价值始终不能脱离农业生产的重要性去讨论；其次是腹地价值，乡村为城市区域提供不可或缺的生态保障，同时也是城市重要的市场腹地；家园价值则远远超过了经济生态等功能实用性的理解，具备无形的社会意义。对于乡村价值的低估造成了乡建策略的偏差。换位思考重新发现乡村价值对于配置乡村资源、纠偏城乡关系等意义重大。

典型问题

乡村的过度消费化引发了一系列问题，并对乡村价值产生冲击。一些大型景区、度假村、旅游小镇等，通过完全企业化的运营、实行门票准入机制，实际上已经发展成为城市人群提供消费娱乐的场所；企业的强势介入，对村民生活空间造成挤压甚至完全转移，会带来乡村场所精神和人文关怀的减弱，产生乡村空间的去生活化趋势，乡村的家园价值丧失；在乡村生态农业空间，企业通常采取“打擦边球”方式，将农业空间转变为休闲旅游的消费型场所，农业种植则成为打造消费景观环境的一部分。资本的投入常常并未真正促进农业产业发展，同时对农业生态空间过度商业化的开发还会威胁国家粮食安全生产及破坏乡村脆弱的生态环境等。

空间非正义发展

空间正义的内涵

空间正义是指在空间生产和空间资源配置过程中公民空间权益方面的社会公平和公正。从新马克思主义空间生产理论视角来看，空间是各种利益角逐的对象与争斗的场所，具有社会属性。和城市相比，在乡村地域中，资本的本质属性和生产逻辑并没有变化，目的就是要通过将乡村资源不断地商品化、资本化来实现其对于增值利益的获取。乡村空间在权力与资本逻辑主导下可能会面临空间正义危机问题。

空间生产的角度

在空间的生产及占有角度，从人地关系的转变来看，土地以征收或流转方式交由企业经营。政府在此过程中对村民做出了相应的补偿，企业在发展中则为村民提供一定的就业机会。但为满足资本空间的扩张而进行的村庄整体搬迁，或是其他高强度的乡村用地调整，都是以一种较为激进的现代化方式，快速消解了村民以土地为基本生活保障的传统机制，其中包含资本对乡村土地资源的隐性掠夺，造成城乡土地资源配置的非正义。

公共产品供给的角度

从公共产品供给的角度来看，资本基于最大化盈利增值的目标及逻辑进行选择，企业往往不愿主动进入公共产品的供给领域。公共产品的普惠性、公益性特点使其难以通过市场化手段实现利润的回收与积累，企业更倾向于贴近经营范围进行公共服务的投入和消费领域的产品打造。尽管有政府税收优惠、减免等政策激励，资本对于公共产品的生产积极性仍然不高。政府自上而下建设的效率低下，资本的明哲保身，容易导致公共产品的缺失，乡村建设空间不平衡的矛盾加剧，阻碍了乡村的可持续发展，村民因日常生活的公共供给断裂而更趋向离心化。

空间消费的角度

在空间的消费与利用角度，受消费文化驱动影响，乡村空间逐渐由服务村民的生产生活空间转向服务城市游客的消费性空间，空间的交换价值强力排挤了空间的其他价值，乡村空间中的物质生产、景观改造、空间利用都向为城市人群服务转变。资本悄然地将促进乡村社会主体发展目标置换为服务城市人群消费的目标。实质上是资本与城市人群对乡村空间中的资源与产品在使用与消费上的隐性占有。

资本退出后续难题

现实表现

资本退出乡村可能存在不同情况，一是资本受内外因素影响，经过正常的经营决策退出，包括土地流转年限到期时资本自然退出；二是即便政府在基础设施上的投资为资本承担了部分风险，但是就投资项目而言，可能会面临因企业资金链断裂项目被迫停滞或终止的风险；三是投机资本的非正常退出。无论哪一种情况，都可能带来乡村后续发展难题。很多工商资本以发展特色小镇、乡村旅游的名义大肆圈地，转而进行房地产开发，经营不善后企业难以收回成本，如没有政府兜底村民无法拿到土地租金。更有项目申报后并不经营，以此谋取国家涉农补助和项目扶持资金，单方面跑路后不了了之。或者出现不良资本圈地套取土地增值收益的投机行为等，最终损害农民利益。

负面影响

项目的停滞或终止都有可能带来一定的土地纠纷问题，而解决过程通常较为漫长，影响后续土地利用及新项目进入，也可能产生乡村资源与生态环境不可逆的浪费与破坏现象。实践中不乏“昙花一现”式旅游乡村，其中包含了大量政府投资，一旦政府财政扶持撤销，村庄几乎无法进行公共设施和公共环境的维护。破败的设施与环境使乡村丧失了空间体验优势，更容易在市场中被快速淘汰。被淘汰的乡村在新的投资机遇未来临之前，还会出现空间的闲置、公共资源的浪费、景观环境的衰败、乡村的再次空心化等问题。

公共产品供给难题

在城市中公共产品由政府提供以满足公共利益，背后是政府和纳税人的定价机制。乡村地域内的基础设施和公共设施大多由政府主导投入建设完成，村民并没有为大规模的建设买单，长期的管理、运营、维护的费用大多是由国资平台和社会企业负责。对于景区化运营的乡村来说，村内公共产品的实际使用者是游客、村民和外来经营的商户等，但长期供给的费用却并未从使用者方获得充分的补偿，这本身也是一个不同于城市且亟待解决的问题。社会企业采用租用的方式获得乡村土地和房屋的使用权，租期为 5~20 年不等，租用期间资本会进行大量的建设，并且为了获取长久的收益也会承担起维护运营等成本。可一旦租用到期，或乡村旅游不再盈利，资本退出，后续的乡村公共产品的供给和发展是村集体力有不逮的职责。更有如李巷村、观音殿等特色田园乡村案例，均是由政府主导成立临时性的领导小组，项目完成小组撤出后将面临相似的问题，后续经营性企业和商户的入驻和管理，乡村公共服务产品的维护运营都需有人接手。这些问题都将直接影响乡村的可持续发展。

空间失序

资本会时刻寻找可能的投资机遇，但并非所有投资都能达到预期的合理回报。资本可以去寻求新的出路，但其对乡村空间造成的很多改变几乎是不可逆的，没有了资本的长期投入和运营，乡村地域可能会陷入混乱无序的状态。空间的维护和组织管理的重塑都急需新的主体，这对于当前多数尚未形成有效的资本进出管理机制的乡村来说是难以想象的。资本来去的速度极快，但乡村空间的恢复或再转型却需要耗费许多的时间和精力，这对乡村的发展极为不利。

地方性文化的消解

难以抗拒

在全球尺度上，资本的流动性会在一定程度上消解国家或地区的文化认同。城市或许有能力在全球化过程中不断强化自身的文化认同来抵御资本的同质效应。对于乡村个体来说，资本所带动的权力、财富和技术的流动力量过于巨大，乡村本身的社会自主性和文化特征在面对资本的洪流时很难做到有效的抵抗，极有可能被资本蔓延所带来的文化所影响甚至被同化。城市中“千城一面”的空间效应已经开始在乡村地区中有所展现。与此同时，精英文化、绅士文化、消费文化等城市性的生活理念、价值观念也随着资本植入乡村空间，随着资本对乡村社会主体的不断置换与乡村社会的重组，乡土文化也逐渐被城市文化取代。乡村的自我文化认同与价值认同在资本介入后会弱化，乡村会盲目依托城市的消费习惯而进行自身的规划与设计，资本与消费者对乡村文化特质的过度选择也会影响乡村在自我价值塑造过程中的主体性。如何面对资本对于乡村文化的忽视、控制和消解，维护乡村的地方性特色，是在当前大量的资本进驻乡村发展时需要谨慎考虑的问题。

空间同质化

从整齐划一的楼房，毫无二致的庭院，宽阔直通的柏油大道到千篇一律的休闲大广场等，机械化、标准化空间要素构成了模式化的乡建实景。乡村单一的商业开发模式、泛滥重复的业态策划及缺乏特色亮点的定位加剧了乡村同质化现象。其一方面忽略了乡村的真实发展需求，过于强调乡村旅游等商业功能，挤占和压缩村民的居住空间、公共空间。另一方面，连排成片的仿古建筑、千篇一律的小吃街、大量雷同的农家乐导致乡村失去了乡土灵魂，游客也在单调的乡村产品面前产生视觉、体验的疲劳。究其根本，大批量模式化、同质化的空间产品背后是资本快思维的支配及标准化的生产逻辑。

快思维支配

在乡村空间“商品化”的趋势下，资本的快速增值逻辑驱使乡村建成环境与其他消费商品一样，追求最高劳动效率的生产方式。然而工业时代快速流动、快速周转、快速获利的逻辑与“慢乡村”的本质难以调和，乡村在快思维的支配下反倒揠苗助长。功利性的快速建设忽视了乡村的使用价值，被压缩的生活空间、被忽略的生态治理以及缺失的公共服务设施与众多的消费空间、游乐设施、艺术场所等形成“重消费、轻生活”的强烈对比，无视在地村民诉求的物质空间安排与实际严重脱节，乡村功能失调，“拆村并居”、“被上楼”、文物古迹被毁等现象破坏着乡村本土秩序、精神和价值，加剧了社会、文化的分异和割裂，乡村内部脆弱不堪。

标准化生产

资本对高效率的要求催生了规模化、标准化的空间生产模式，从规划设计到建设运营，缺乏营造理性的乡村照搬成功模式，复制粘贴典型样板，“千村一面”现象比比皆是。不少乡村以特色“文化 IP”打造乡村内涵及文化符号，如影视戏剧、异国薰衣草、创意艺术等，吸引大波旅游流量，乡村知名度提升的同时也滋生了一些地区忽略自身发展条件东施效颦、盲目模仿成功样板的现象。在“特色”遍地开花的背后，却是大批量劣质的抄袭与模仿造成的空间价值同化、缩水。

策略与建议

资本介入乡村带来的危机或风险与资本自身的特性、当前乡村现行的制度及权力与资本的主导运作模式等相关联。需要从制度层面进行顶层设计的调整，探索合理的土地制度与利益分配机制，制定资本下乡的全流程规范制度，以减少资本的无限扩张行为。从操作层面，需要乡村规划的重新定位和建设管理过程中的公众参与。而从根本上，结合社会治理的改变，应建立增长过程中的利益分享机制。

完善顶层设计

(1) 探索合理土地制度

问题

现行的土地制度解决了对“资本下乡”的激励，但未能有效解决以土地为核心的空间利益公平分配问题。土地流转过程中，村集体拥有土地的所有权，村民拥有土地的承包权，资本则通过土地流转获取到土地的经营权。现实中的土地增值收益则通常由实力较强的经营权实施主体掌控，基层权力掌控者也参与分羹。村民作为弱势力量，其土地利益受到权力与资本的双重挤压。

方案

因此完善土地制度是解决资本下乡后土地利益分配不均的根源。一是建立合适的土地产权细化及相关利益分享机制。如探索将土地所有权、承包权、经营权以股份化形式参与土地增值利益的分享，或建立利益主体与土地发展权责挂钩的利益增长分配机制。二是建立与市场密切挂钩的土地流转价格动态调整机制。通过公开的乡村土地信息流转平台进行价格公示与土地流转交易，保证土地流转过程中价格与交易公开透明。三是建立土地流转风险保障机制。政府应充分保障“离地农民”的土地流转合理收益，培养提高其从事非农生产的能力。针对政府，应通过必要的法律法规来约束政府的权力，完善跟政府相关的“权力清单”与“责任清单”，使政府与市场、政府与社会间有明确的边界，减少政府的发展及与资本强势联盟攫取空间利益的风险。针对企业，可将参与土地流转的村民与企业进行养老保障挂钩，如规定下乡资本给为其提供土地的村民购入养老保险，防止资本逃逸或企业破产后对村民基本生活的侵害。四是建立完善土地流转的村民维权机制，基层政府保障村民在土地流转与收益分配上的知情权，向村民提供合法便捷的维权途径，并为村民土地产权维护提供法律保障。

(2) 制定资本下乡的全流程规范制度

必要性

无论是政府还是乡村地方主体，都应通过审查、监督和救济来规范资本进入，同时避免资本留下负面的痕迹。因为资本的利益驱动和流动性，特别是金融资本投机的欲望，为减少特定地点的价值丧失和地方利益被剥夺，需要通过规则制定进行提前预防、过程强化和事后救济。如提前预防手段中，尽可能吸纳善意资本，减少投机资本的比例，防止资本改头换面造成防不胜防；又如过程强化手段中增加外来资本的根植性，和本地资本之间形成某种“捆绑”，促进收益和责任对称，避免随意的资本逃逸。在资本的主题上，不论市场如何变化，政府和乡村自身存在不同的选择，其行为的关键词可能是投入、寻找、合作、积累、接纳、筛选、拒绝、监督等。总体上，防范资本下乡的种种风险应做好资本从入驻乡村领域，到经营、退出的全过程监管。

准入

在健全准入机制方面，首先要建立严格的资质审查体系，可借助第三方评估机构对企业的性质、信用、资金、经营状况、盈利能力等条件进行审核，同时要求企业提供项目可行性报告、风险评估报告等，减少空壳企业进驻风险。其次，可以根据各地发展方向和条件的现实情况，制定工商资本下乡的正面清单、准入门槛，限制入驻资本的门类，通过一定的政策制度引导企业投资方式和投资领域，对企业拟投资项目进行严格审查，对能够带动村民增收的项目鼓励准入，对于纯粹性的商业投资、地产投资等有违乡村价值的逐利性项目进行主动规制。

监管

在企业经营方面，强调创建资本运作的全程监管机制，建立包含第三方及村民群体的监管体系，对资本项目开发的全流程进行动态反馈，包含项目资金运转情况、土地流转的形式及用途、空间开发与规划预期的对标情况等，防止资金链断裂、圈地、囤地、项目开发篡改、搁置等不良行为发生。

风险控制

在遏制资本风险方面，明确外来资本与本地主体的联结关系，促进风险与利益共担，对于出现不良倾向的情况应当及时采取措施并追究其法律责任。对投机行为、恶性发展的不良资本进行及时制止，注重对违规企业的管制和惩处，包括资金处罚、强制退出、没收土地等，并追究法律责任；针对项目开发失败、亏损严重的企业，协调引导其直接退出、间接转让或与其他企业合作进行项目止损；针对经营不善的企业，综合考虑其运营能力，给予适当的资金扶持或信贷支持，并时刻监督其发展动态。

改良乡村规划

（1）乡村地方价值的挖掘

乡土价值观

消费主义对于乡村休闲旅游功能的定义过于片面，乡村本身的生态价值、农业价值、家园感等都亟待乡村规划者重新发现和予以挖掘，并在乡村定位和空间营造中凸显地方化特色。可借鉴“原乡规划”的概念[17]，以顺应自然为基本规划准则，重视乡村文化在乡村景观中的表达，承认乡土价值观在乡村地域的主导地位，为乡村取得与城市等位发展的契机。

实现多元价值的规划

应形成实现乡村多元价值的规划，转变消费定义局限。乡村规划应当强调乡村的使用价值，规划形成满足社会需求使用的空间。规划目标上实现人的发展而非资本增值，引导自下而上的空间建设。乡村规划过程中顺应自然景观、地方特色，形成独特的、差异化的乡村空间，而非仅仅满足资本增值主导的、同质化的消费空间。

(2) 为资本的空间扩张提供保障和限定

保障发展权

限于耕地保护、生态红线等硬性要求，乡村建设往往成为减量规划，增减挂钩的土地政策更进一步地推动城市对乡村的挤压，通过宅基地和空心村整治腾出的有限的建设用地指标也多用于城镇发展。乡村也可能需要新的增长空间，在全域减量化的发展背景中，需要适当地为乡村发展保留选择权，为资本的进驻提供落地的空间，存量与增量用地相结合，促进乡村发展。特别是在新一轮全域全要素的乡村空间管控背景下，乡村规划可以瞄准国土空间不合理利用形态，通过实施全域土地综合整治实现土地利用结构调整和功能优化，进而凸显地域空间特色，通过空间整治发掘村庄用地新空间，解决用地短缺问题，探索乡村空间价值实现的多元路径。

(3) 采用驻地和动态设计的工作模式

驻地规划师

由驻地乡村规划师代表乡镇党委、政府履行规划统筹协调和顾问职责，融入乡村的熟人社会中去，将过往静态的绘图模式转变成一种动态的协商机制。村民根据实际需求与意愿提出对规划的建议，如房屋改造方式和选址布局等，规划师则以专业的知识引导村民了解规划建设的目标和意义、培养乡村保护的观念。

(4) 公众参与式的全过程规划

公众参与规划过程

为了避免乡村规划成为少数精英人群改造乡村的工具，也为了避免乡村成为资本纯粹性盈利的空间，应当改变传统乡村规划中公众参与大多流于形式、村民只能在规划公示时“被动”地“伪参与”模式。未来的乡村规划应以民意为落脚点，对公众参与的对象、流程、内容和表达进行完善创新。引导村民全过程地参与规划的制定，并基于生态保护、文化传承、村落保护等底线思维，形成村民全方位参与的规划成果。让规划成为限制资本无限扩张、约束资本行为的有力工具。规划师在规划的早期通过技术或其他手段进行沟通和权衡，项目涉及土地流转、房屋租赁变更等决策必须征求利益相关者的意见，使利益相关者共同参与到筹划乡村未来发展前景的活动中，为参与主体提供话语机会。在规划编制过程中则要增强决策的民主化，促进利益团体间的理解。

培育乡村内生发展路径

乡村发展与地域文化特色和资源本底特征息息相关，围绕乡村空间开发与利用的内生动力培育具有现实的可操作性与必要性。通过明确主体权责关系，调动主体参与乡村建设管理的积极性，完善多元主体协商与议事机制，最终促成可持续的乡村治理机制。

（1）完善村民参与的乡村建设体系

公众参与建设体系

坚持村民作为乡村建设的主体地位，鼓励村民全方位、全流程参与，培养村民自治、内生的发展建设体系。不仅在规划编制阶段，还应在建设管理的全过程中，倡导规划师、村民、政府、社会团体等组建“驻村共建坊”或其他形式的开放的乡村建设平台，以村民自治为核心，以驻村规划师为协作者和长期陪伴者，多维度协调村民意愿、政府导向和社会需求等的博弈，协助村民进行民主决策、管理和监督。在乡村经营阶段，搭建公平合理的利益分享保障机制，倡导村民以土地经营权、房屋、技术、劳动力、资金等多种生产资料入股成立合作社，同时加强与企业合作，明确收益分配方式，形成乡村利益共同体的联结机制。

（2）构建村民主导的可持续乡村治理机制

问题

长期以来，以项目制输入为代表的外缘动力介入乡村发展虽起到短期发展效果，但乡村自适应发展能力仍是短板。资本驱动的强输血模式也在一定程度上造成了乡村对于外部条件的依赖，限制了地方自主发展的能动性。很多乡村旅游淡旺季区分明显，如何从“网红”变“长红”也是很多资本驱动乡村建设项目的难题，很多项目需要与各级组织的党建团建活动、各类学校的游学研学活动深度结合，才能实现由打卡游变为深度游。资本的推动下很多边缘的乡村变身为网红景点，初步实现了要素的回流，但是项目要取得可持续发展并由此激活乡村内生力量进而达到全面振兴，仍旧是任重道远。

治理机制

乡村内生动力生发需要可持续的乡村治理环境，需要村民主导、政府监督、企业协同的自下而上治理模式，需要强化村民主体在项目决策、参与、监督中的话语权。在资本的介入下，乡村空间治理形成了多元主体参与的空间治理模式，以分散农户为代表的社会主体，多级政府为代表的行政主体，资本和企业主为代表的市场主体，分别构成了“社会力”“政府力”“市场力”多元博弈主体。空间治理需要监督“政府力”，引导“市场力”，培育“社会力”，统筹多元主体的力量共同参与乡村建设。提升市场力在城乡要素流动过程中的积极作用，也要管控约束资本介入的渠道，防止损害农民利益的情况出现。社会力和政府力在乡村建设中也要逐步实现机制创新，明确治理清单和协商管理制度。

本章小结

风险来源于资本的流动性，与之相伴的往往是价值丧失，对传统生活方式的毁灭和对地方主义的毁灭。如果有一天，土地被废弃而遭到价值损失，不具有专业技能的劳动力失业或者被迫迁移，乡村景观传统丧失或服务于特定目的而异化，乡村文化和组织形态被资本逻辑重塑而不复往日模样，那不会是我们愿意承受的未来，所以必须为资本的乡村改造提出警醒。

理想状态是："空间革命"理念得到弘扬，用差异化的、强调使用价值的空间取代均质化的、强调交换价值的空间，重建自下而上的空间，以民主形式实现利益相关方对社会空间的自我管理。政府可以更加有效地利用财政资金，监督土地流转，强化劳动力培训；与地方合作进行历史文化价值的评价与保护工作；创造更加宽松的社会氛围，为民间的自组织留下足够的成长空间。地方主体发挥能动性，避免乡村空间的绅士化，制定乡村空间利用的规则。其中乡村社区规划师能够更有效地代表地方利益，促进地方共识的形成、地方价值的挖掘、地方特色的保持和地方利益的维护。

下部

第七章
资本的跨尺度流动及其空间影响

资本作为最具活力的生产要素之一，在全球化的世界里对不同尺度空间具有超强穿透力。资本对空间的选择性占用行为直接引发了空间形态的变化，资本的流动也因此成为解释空间变化的有效视角。在资本流动的前提下，依赖资本形成的建成环境是空间的直观表现形式，资本、权力和社会三者互动，构建起空间变化的动力机制。依此，在国际、国内、区域、城市和乡村等空间尺度上，尝试从资本流动的角度剖析资本对空间变化的影响，重点聚焦当外来资本成为重要推动力后空间变化的机制及结果。因各个国家和地区有不同的资源禀赋、经济基础、社会文化、制度环境等条件，指向具体对象的研究会带来不同的结论。

资本流动对多尺度空间的影响

解释力

虽然虚拟化空间对实体空间的冲击日益增加，购物娱乐的网络转向也势头猛劲，但传统意义上的物质生产与居民生活消费空间仍会存在，物资运输和人口流动通道也必定会存续，其对空间的占用必将对应着资本的投入。资本是空间形成的重要原动力，所以也是解释空间变化的重要起点。通过将资本和其他力量进行关联互动分析，能获得对空间变化较完整的认知视野。

尺度差异

不同尺度上，资本对空间进行解释的关注点有所不同。从宏观到微观，区分国际、国家、区域，以及地方性的城市和乡村地区层面展开探索。上述不同尺度空间的规模并非绝对依次减小，例如区域尺度可能是超国家或者次国家的，其范围可能大于欧洲一个国家的面积，而新加坡这种城市国家也难以在国家和城市层面细分。其中，国际社会中多重诉求下的合作与竞争，会对资本流动带来利弊不确定的影响，资本在跨越国界线流动时，国家力量可能会增强或者削弱资本的动力。而在一国管辖范围以内，地区间或城乡间的差异在促发和管制资本流动时也提供了不同的场景。所有这些都将导致资本在不同尺度甚至同一尺度的不同空间运作时，会产生不同的结果。

研究时段

研究的时间阶段主要是20世纪80年代至今。从全球范围看，此阶段是资本全球流动的旺盛期，其背景既包括西方国家在新自由主义理念指导下的全球化推进，也包括20世纪70年代布雷顿森林体系的货币管制消失以后，跨国金融资本的作用得到大幅提升，从而大大强化了资本在世界经济中的增长速度和地理流动性；其表征主要是跨国公司在协调全球分散的生产网络时越来越显示出不受领域限制的特征；其影响不仅在经济层面上，也扩展到国家和政府治理模式的转变[4]。

相关理论

古典经济学、新自由主义（Neo-liberalism）、马克思主义和新马克思主义（Neo-Marxism）等相关理论或论述，均为资本对空间的影响分析提供了基础。从对资本的定义，到对固定资本和流动资本的划分，再到资本寻求增值的空间路径，各种思潮既有相互承继的方面，也有互相冲突的内容。本章将重点参照上述理论，特别是以大卫·哈维（David Harvey）为代表的新马克思主义者关于资本的国际流动及资本贬值等论述，来建立资本流动影响不同尺度空间变化的分析框架。

分析架构

分析思路

在不同空间尺度上，首先梳理出资本流动塑造的典型空间，进一步通过阐述资本、权力和社会等主体的各自诉求和行动特征，提供机制解析思路。其中有几点需要说明：第一，在分析时除了普适性的内容，主要以中国为研究示例，这不可避免地会导致一定程度的偏颇。第二，不同空间层次中的权力主体具体对应国家和各级地方政府。第三，因为宏观层面上社会意志对空间的作用并不显著，只有在城市和乡村地区层面，社会力量更可能集结并显影，所以有关社会因素的分析在较小的尺度上才被关注。第四，在面对不同尺度空间的嵌套关系时，做如下处理：想象你正在看电子地图，在不同比例尺上，能看到不同的空间要素；随着地图不断放大，越来越聚焦更小的空间范围，地图精度提高，不仅能看到上一个空间层次中已展示的要素，越来越多层级稍低的重大或结构性要素也逐次得以显现。从宏观到微观，下文对不同尺度的空间进行分析时也有类似的过程，随视点下沉，进行特征分析、规律总结、动力机制解析时焦点在转换。在分析小尺度空间时，将宏观大尺度的结构性要素和资本流动视为一种背景存在，这样可以避免分析的过度嵌套和重复。基于资本与权力、资本与社会的互动关系对多尺度空间的分析结构如图7-1所示，关键内容见表 7-1。

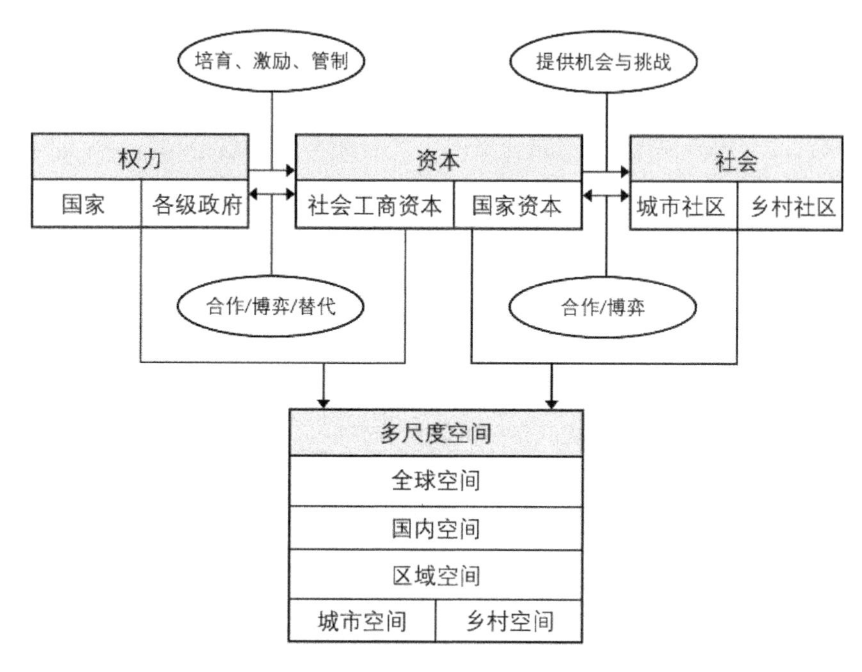

图 7-1 资本流动影响多尺度空间的分析架构

表 7-1 资本流动对多尺度空间的影响分析要素

多尺度空间	资本流动塑造的典型空间	资本、权力和社会的核心诉求	主体间的空间互动机制
全球空间	跨国大型企业、国际化园区、大型基础设施、品牌消费空间（如环球影城、迪士尼）、离岸金融中心等	跨国资本：通过跨国发展降低成本和扩大利润	资本一定程度脱离国家控制，国家对资本的国际流动进行管控或支持
		国家：国家安全和经济整体战略	
国内空间	大型企业、大型基础设施、大型政策性园区等	资本：在“结构性一致”[9]的国内环境中选择能带来资本增值的区位	国家立足于均衡发展或重点培育的资本控制和导流，以及自发运行的社会工商资本与自觉调度的国家资本间的合作与竞争
		国家：衡量公平与效率，缓解政治压力，追求政权合法性和稳定性	
区域空间	高密度高连接性的带状和块状基础设施、邻近交通枢纽的大规模产业区、沿主要交通走廊的带状产业区、高级别的中心商务区	资本：在区域整体实力支撑下的高收益	国家推动有利于形成区域竞争力的制度改革和优化营商环境；各级、各地政府自觉合作，对资本进行培育、激励和管制；资本寻求高起点发展
		国家：扶持培育具有国际竞争力的增长极	
		各级地方政府：经济和民生等综合诉求	

续表

多尺度空间	资本流动塑造的典型空间	资本、权力和社会的核心诉求	主体间的空间互动机制
城市空间	中央商务区、市中心产业区、重新振兴的制造业和港口区、新媒体飞地、高技术郊区等 城市增量发展空间和存量改造空间、城市内部的差异化空间	资本：在城市集聚效应中寻求获利机会 地方政府：经济和民生等综合诉求 城市社区：需要资本带来的就业和服务，同时保留生活场所的意义	各主体在提升空间价值上的合作和在分配空间价值上的博弈
乡村空间	商品化规模化农业区、“农业+”基础上的第二产业和第三产业发展区，精致化符号化的乡村景观消费空间	资本：城市溢出资本寻求新的投资机会 地方政府：贯彻国家乡村振兴意图，经济和民生等综合诉求 乡村社区：分享土地增值收益，寻求深度参与城乡分工的机会，保留日常生活场所的意义	国家推进乡村土地等制度变革，财政支持乡村建设，鼓励社会资本进入；社会资本寻求和政府合作并利用优惠政策；乡村社会在资本冲击下与政府及资本进行合作与博弈

全球空间

典型空间

与新的国际分工相伴随，国际资本流动塑造的典型空间为大型跨国企业、园区、基础设施和品牌消费空间、离岸金融中心等，对波及的城市、区域乃至整个国家都会产生影响。典型如新加坡工业园区在苏州的建设，不仅造就了有充足经济产出和示范效应的产业园区，还借此引进了新加坡调控市场的经验、土地开发利用模式、招商引资的手段、设施建设管理的系统安排和分期推进的控制力。中国“一带一路”建设过程中，随着国家在资金、人力、技术等方面的投入，各种海外基建项目和园区兴起，不仅输出国内的过剩产能，也着眼于长远的收益分配、资产保值升值、市场拓展、技术和经验共享等方面的跨国共赢。

历史变化

在全球层面，国际资本的流向和强度随不同历史时期而变化。中国近现代历史中，门户被硬性打开，是帝国主义国家扩展市场的需要；二战后，“亚洲四小龙”的腾飞，是响应了全球化进程，抓住时机吸引外资发展壮大的结果；美国对全球各地的“保护”与渗透，是打通一个市场，用新型的金融扩张代替传统的领土扩展，以获得新一代霸主地位的路径选择；中国在改革开放后的崛起，是利用宽松的全球环境，以“世界工厂”的低姿态，宁愿所获蛋糕份额较小，韬光养晦以图大国复兴。所有这些过程背后，资本的能动性与各国融合了政治意图的经济战略结合，形成了多样化的图景。在此过程中，有很多不和谐音，譬如国际金融资本以其间接性和隐蔽性，对跨国资产的收购等造成部分国家房产价格震荡、空间贬值和长期经济社会的破坏。

领土逻辑和资本逻辑

对应跨国资本流动，大卫·哈维基于阿瑞吉（Arrighi）提出的“领土逻辑”和“资本逻辑”概念进行的剖析有深刻力度[9]。当跨国资本利用他国低价土地和劳动力，通过靠近原料采购地和市场追求自身增值之际，中央政府追求的是国家安全和经济战略等整体利益。资本未必会遵从国家的意愿，甚至有脱离国家控制的趋势，二者间往往会有矛盾。总体而言，强大的资本力量对国家权力可能提出要求，国家则对资本的国际流动进行管控或者给予支持。国家可以帮助搭建的资本积累舞台，不仅在领土范围内，也会延伸到国界线以外。其间如何利用地理差异，是依赖国家间自愿合作方式还是武力强迫手段，实施的是不是平等交换，最终形成的是共赢还是如大卫·哈维所言的“新帝国主义”，结果是文化上的认同和接纳还是长久的反抗与排斥，放在中西对比研究中，会有不同的结论。

国内空间

典型空间

国内是一个相对统一和资本更易自由流动的空间，这也是大卫·哈维所称的“结构性一致”的空间范围。即使有地方保护主义，但在资本的强大攻势下，常常弱而不显。资本流动塑造的典型空间主要体现为大型企业、大型基础设施和大型政策性园区等。其中，大型企业布局对应社会工商企业的经营性思维和国家对国有企业的战略部署。全国性大规模的基础设施建设能全面提升生产和生活的便利性，如“西气东输”和“南水北调”工程，以及在早期“西电东送”三大通道基础上叠加的“疆电东送”通道等，均在全国范围内调剂资源和能源的供需，大规模建设本身也能缓解内需不足的经济压力。各种政策性园区的建设则融合了国家和地方的意图。包括国家级新区、东西部地区的对口援建，乃至江苏省内的南北共建园区等都有很强的自上而下的色彩。一些相对落后的地区主动建设的成规模产业园区，常常立足于承接较发达地区的产业梯度转移，而较发达地区企业受土地和劳动力成本升高影响而可能自发迁移，落后与发达地区之间能形成需求互补。

结构性一致

视国内为一个整体的分析对象，本国的国土及经济体量提供的资本发育环境在一定程度上成为先天条件。国家体量越小，防风险能力越低，对外依赖性越强。中国所强调的促进内循环，是由广域的国土面积、众多的人口、大规模的经济总量支撑的。在国家的空间尺度上，资本考量各地的经济要素条件，并在结构性一致的国内环境中做出选择。

国家的功能

虽然加剧的生产全球化、资本主义竞争和金融流动削弱了凯恩斯主义福利国家掌握国内经济的能力，但并没有导致国家本身的灭亡或削弱，相反，国家的功能、制度和地理都进行了重大重组，国家机构在社会经济调节过程中的核心地位并没有变弱。从某种角度而言，国家能力也体现在多大程度上能缓解和应对全球化的冲击，而国家行动的关键在于如何兼顾利润率和社会公平，这也是国家对资本进行培育激励和管制的前提。列斐伏尔（Lefebvre）总结了20世纪西方国家的空间干预行为，强调国家通过各种形式的基础设施投资、空间规划、产业政策、土地利用规划、城市和区域政策以及金融法规来激活空间；国家还设定差异性的政策，不同程度地推动空间生产力等[4]。

欧洲示例

以欧洲为例，自20世纪初有组织的资本主义得到巩固以来，各国已经部署了各种空间战略，旨在影响资本投资的地理分布，从而管理其领域范围内不平衡发展的进程。其中包括领域再分配战略和其他补偿性区域政策，以促进产业在其领域上的分散，从而缓解国家内部的领域不平衡。或者，采取相反的空间政策，将社会经济资产和基础设施投资集中在最具经济活力的区域。其中，20世纪70年代成为欧洲国家从再分配向提升区域竞争力的国家政策的重要转折点[4]。

中国现实

中国强调东中西地区的均衡发展，以较强干涉的姿态对相对落后地区给予直接的国家资本投入，甚而要求地方政府执行国家政策，在省市层面利用地方掌控的国有资本进行对口帮扶，为中西部地区发展创造了一定的条件。而东部较发达地区，在其起步发展阶段已享受过国家的优待，包括大量的资本投入和政策扶持，其已具备自我繁衍壮大的能力，现阶段对国家财政的贡献和对欠发达地区的帮扶则形成一种反哺。与此同时，为保障国际竞争力而推动次国家区域更有效地融入全球资本循环，中央政府对国内重点区域的资金和政策扶持也在同步开展，相关内容会在下文区域层面展开。

小结

总体而言，在国内空间中，呈现出社会工商资本自发运行、国家资本自觉调度，以及国家立足于均衡发展或重点培育而进行资本控制和导流等几种力量的交互，社会工商资本与国家资本间则有着不同程度的合作与竞争。国家政策是倾向选择平行的、差异化的区域政策，还是整合的、力图减少不均衡的区域政策，最终对能否形成一个统一的国家经济体、能否有效改变国内不同地区的经济社会格局等产生深远的影响。

区域空间

典型空间

这里说的区域空间，不是简单的国内空间的分区，而是有较强经济基础并形成了内部强经济联系的城乡区域，有时甚至是跨国界的经济区域，常常被称为城镇群地区、城乡一体化发展地区或都会区域。在这些研究对象中，资本流动塑造的典型空间是高密度高连接性的带状或块状基础设施、邻近交通枢纽的大规模产业区、沿主要交通走廊的带状产业区等。因为资本的高强度堆积，在区域核心区多形成诸多摩天大楼拥簇的高级别中心商务区。从动态的角度看，凭借强吸引力，本地区能从其腹地范围持续汲取各种生产要素，区内则保持频繁密集的互动交流。以各种指标衡量的区内联系远远超出本区与邻近地区的联系，最终在经济产出和空间效率方面，呈现出区内外的较大落差和区内趋于均质化的特征。与此同时，这些区域能保持与国际领域的直接关联，高效率地融入跨国网络之中。

空间效应

在此尺度上的城乡建成环境，有较好的硬件条件，也有较为成熟和规范的投资环境，资本投入之间的溢出效应强烈。资本运营呈现出高起点发展的特征，产业总体保持在较高层次。在没有重大变故的前提下，已经获得领先发展契机的区域能凭借强大的惯性，保持占据着优势地位，这也使得本地区不仅成为国家层面的重点发展地区，也是国际竞争最有力的空间单元，而国家多会借此助推其国际竞争力的增强，这些区域也随之成为国家空间战略的核心实施地区。有些情况下，国家主动将监管责任向区域移交，譬如授权建立大都市区政府等区域化的组织。另一些情况下，区域内为应对全球竞争的挑战和国外直接投资的增长也可能自发成立联盟。与此同时，定位在全球空间分工中的区域在持续提升自身竞争力的同时，却可能带来国家内部的不均衡发展和空间分化。

欧洲的城市—区域

对于西方国家而言，从20世纪80年代初推进后凯恩斯主义空间政策，旨在重新集中生产能力和专业化、高性能的基础设施投资于境内最具全球竞争力的城市—区域，主要城市—区域也能获得度身定制的国家行政管理形式和特殊用途的监管安排。中央、区域和地方政府战略，均推动主要区域经济体更好地融入全球的资本循环。为表达发展的不均衡及区域化特征，被比喻成欧洲“核心岛屿”的区域有：巴黎地区；伦敦东英吉利；新的格拉斯哥—爱丁堡地区；法兰克福、斯图加特和慕尼黑地区；新柏林、布鲁塞尔“区”；鹿特丹和安特卫普，加上荷兰兰斯塔德其余地区等[4]。

中国的区域一体化战略

我国实施长江三角洲区域一体化发展战略就是推动优势区域增长的典型案例。由中央推动跨地区的对话协调和制度设定，伴随有国家资本支持和政策倾斜。与此同时，区域内的各行政主体有对接高级别城市核心或通过强强联手取得共赢的主动意愿，所以在建立沟通平台、共建园区和基础设施、打造一体化的生态环境等方面均会产生自觉，并在包括公交、医疗一卡通等软性建设方面也会持续寻求突破。同层级或不同层级政府间合力优化整体营商环境，更多追求合作而非竞争，在共同做大的基础上获得自己的可能份额已经成为区域内各级政府的共识，所以跨地区合作、制度创新等在区域内层出不穷。

小结

总体而言，在区域空间中，跨国资本、社会工商资本自发运行，高层次产业聚集；国家基于国际竞争力的培养，通过国家资本投入、出台计划、设置管理机构、改革制度来推动区域一体化进程，创造有利于资本积累的环境；区内各级、各地政府间能够自觉合作，共同实现对资本的培育、激励和管制。

城市空间

典型空间

城市作为上一代的国际竞争基本空间单元，在区域一体化发展大潮中，对区域的依赖性越来越高。典型如香港，原有的独特历史地位弱化后，在上海等城市的竞争下，如果不是将华南地区视为其直接腹地，并与深圳、广州等地密切合作，就难以保持其国际地位。但是，即便在城镇群或都会区域成为全球基本竞争单元的现实态势下，只要依然存在城镇增长边界的管制和地方政府责权对应的空间范畴，城市的空间尺度仍有其现实意义。区域内的竞争型空间要在城市中实施落地，多以中央商务区、市中心产业区、重新振兴的制造业和港口区、新媒体飞地、高技术郊区等形式体现。在城市层面，资本可以拉动城市空间的外延扩展，也可以聚焦存量空间的改造，而无论是哪一种城市建设路径，资本都强化了城市内部建成空间的差异性，并有可能导致城市空间的碎片化。

外延扩张抑或存量改造

资本的选择会对城市继续外延拓展还是进行存量改造产生影响。资本可以在新的开发建设与旧区改造之间进行成本效益分析，对开发建造成本、土地价格、房产价格算经济账，理性推演不同发展情境给自己带来的利弊得失。政府的管控力会与资本相互作用，当越来越硬性的城市增长边界限定了增量土地供给，势必造成土地供给曲线上的断裂，会带来已建成区特别是城市中心区的土地影子价格提升，而资本会在新的均衡中做出决策。

城市内部空间分异

资本也会影响城市内部空间的差异性。传统的城市土地经济模型可以解释各种功能性用地因区位敏感度和支付租金能力不同，占据了城市中的不同位置，并塑造出高低错落形态分异的景观。在消费主义盛行的今天，资本迎合着甚至创新地引领着消费者的欲望和花费。表现为服务业态日益细化，定制化服务需求旺盛，共时性与历时性娱乐空间纷杂交叠，沉浸式与体验式消费成为年轻人的新宠，各种IP是消费的风向标。为了让无数个性化的、一定程度上受宣传诱导的诉求在城市空间中充分实现，资本提供的空间丰富且变幻莫测。同时，由于资本对城市空间资源进行选择性占用，城市拼图中也有了越来越典型的马赛克化特征。为了让其‘价值’更高，空间被人为地稀有化了，它被片段化、碎片化了，以便整体和部分地用来出售[6]。严格来说，城市空间马赛克现象在非资本作用下也会产生，如通过权力的等级制安排，但二者的机制有本质差异。

资本和权力互动

从主体互动的动力机制角度分析，首先关注资本和权力。资本向来偏好城市空间，良好的建成环境、普遍存在的产业聚集效应、阔大而集中的消费需求都吸引资本继续在城市里生产获利。地方政府则秉持经济发展、提升民生的综合性诉求，努力实现空间资源的变现和持续的保值增值，不仅期待批地的一次性收益和长期的土地租金，也期待企业在本地缴纳的财税、对就业的带动、本地采购延伸出的内需、企业间关联效应引发的对其他企业的吸引等。所以权力和资本的关系往往经过长期多轮博弈，政企联盟也容易随之建立。20世纪70年代以后，从英美发源并日益向其他国家和地区渗透，传统的城市管理主义向以新自由主义为主要意识支撑的企业主义转变[18]，地方政府倾向于使城市空间的组织形态更加符合资本的要求，天平发生了严重的倾斜。

资本和社会互动

再从资本与社会互动的角度分析，在地方性的城市层面，地方社会的力量能直接呈现。不论是聚居形成的实体社区，还是利用互联网形成的虚拟社区，都会表达各自对空间安排的不同诉求。人群需要资本带来充分的就业，也需要资本提供的消费服务和商业活力，但对资本作用下生活场所的传统意义丧失则充满不安的情绪。最终，社区自发力量的大小，对政府做出新空间安排的反馈能力等，体现了社区的凝聚力和实践动能，是地方治理的重要力量。无论是基础设施或文化设施建设还是产业的落地，资本的空间塑造都会与政府和社会发生直接的关联。大卫·哈维在巴尔的摩港口区再开发的光鲜亮丽之后，看到的是巨额的公共服务支出来自政府，利润大多流向开发企业，且最终流出城市，资本在该地区带来的就业多是低薪工作，城市局部的大规模更新并未能使城市的高失业率、严重的社会问题与环境问题有所改观[19]。

小结

总体而言，在特定的城市空间中，资本的逐利行为与政府和当地社会的诉求常常能找到契合点，由此形成能够提升空间价值的合作；同时，在城市的经济繁荣中如何切分蛋糕，各主体在分配空间价值上的博弈会呈现何种格局，则由资本、权力和社会各自的力量决定。

乡村空间

典型空间

乡村受资本影响，早已不再呈现传统意义上农民自耕自收自用和余粮出售的单一场景。资本能改造农业，促使一般性的粮食作物生产转变为具有高附加值的经济作物生产，使个体分散小规模的经营转变为规模化经营，带来“小田”合并成的“大田”和大中型养殖场等。“农业+”基础上的第二产业和第三产业发展，为乡村地区带来更大改变。基于邻近原材料的区位开展农副产品加工，或者利用乡村田园风光、清新空气、历史遗存、农耕和手工技艺而拓展乡村休闲旅游，都会对乡村空间的改造利用提出要求。厂房、旅游配套设施的建设，景观的精致化、符号化提升，都在资本的介入下完成。另外，采取批量征地或长期租用等手段，在乡村地域中会形成游乐园等城市型飞地斑块。富裕的城市人群在乡村地域中的田园居住意愿也会有资本帮助其实现，所以会产生高档别墅簇团。上述跳跃式的建造，在乡村范围内生产出异质性空间。

中国乡村资本化空间

翻开历史，20 世纪 80 年代在中国长三角、珠三角等地区红红火火发展起来的乡镇企业，以高度分散的空间利用方式，在集体自有土地上推动了乡村工业化进程。其资本来源既有自我积累，也有异地投入。一直到今天，经历了企业改制和空间盘整，有的产业地块已经彻底转化为城市型空间，有的成为乡村社区内部的存量空间，并在土地制度变革的当下，获得了与城市土地“同权同价”的待遇，从而将持续的土地非农化收益留给了乡村社区。

社会资本的作为

从社会工商资本的角度，资本优先在城市集聚是寻常规律。当城市空间中的资本收益率降低，资本有向城市以外溢出的动力，这也符合大卫・哈维所说的资本“时空修复”规律。乡村有其特殊性，农业和旅游业等产业的收益周期较长，这对资本积累并非利好，第二、第三产业要享受到集聚效应也较城市更为不易，这都成为资本从城市向乡村转移需要跨越的坎。国家和政府的扶持会有助于降低这道坎，但同时也有可能促发市场的投机行为。

政府的作为

从国家和各级政府的角度，世界各国政府出于战略性的考量，都会不同程度地对乡村进行资金投入和政策扶持，将社会工商资本和公共基础设施投资引入欠发达地区和农村边缘地带常常成为国家的战略选择。进入 21 世纪以来，中国在特定的历史积淀下，从推动社会经济可持续发展角度，有大量转移支付的国家资本投入。而在集体土地所有制下对土地确权和制度变革是在释放乡村土地与资本结合的巨大潜力。无论是通过农田整治、交通建设、环境提升、村庄治理等各条线上直接下放的资金，还是通过美丽乡村、高标准农田、特色田园乡村等示范项目建设，抑或是为鼓励各种资本进入乡村所设立的激励机制等，都改善了乡村的资本进入条件，让资本在乡村找到了可以施展手脚的新空间，从而贯彻了国家意图，体现了各级政府的执行力度和能动性，并给地方政府寻求本地的经济发展和民生改善带来新的视角和可能。

乡村地方的作为

从乡村自身的角度，其积累资本的能力较为有限，若有脱离传统快速发展的意愿，则会对国家投入和由城市溢出的社会工商资本产生较强依赖。现实中很多时候，伴随资本扩张农民能获得土地的增值效益和分享城市化红利。资本带动的产业发展，也可能会止住或减缓乡村人口持续流出、乡村社区衰败的颓势，并因之产生新的凝聚力和活力，有助于乡村生活场所的维护。

小结

总体而言，乡村空间资源与资本结合的潜力与城市相比有较大的差异，政府推动乡村发展的意愿和手段影响深远，乡村社会自身的凝聚力也是关键。就中国而言，乡村建设处于特殊的发展时期，国家展现了强推动力；社会工商资本在城市利润空间变薄之后，在乡村寻求新的机会；乡村社区始终有兑现土地权利、分享城市化红利并形成新凝聚力和活力的愿望。这三股力量能否形成有效的合力，政府的呼吁是否得到响应，其为社会工商资本所做的铺垫是否得到接纳，是否会出现“政府动民众不动”的消极局面，社会工商资本是否会在吃尽了政策红利后还扎根于乡村，乡村土地与资本的结合是否会带来长期的消极影响等等，都依然有着巨大的不确定性。

作为共性的空间效果

无数资本的穿梭流动显著影响了空间变化，并在不同尺度的地理空间中呈现出一定的作用规律。随着时间的推移，跨上述不同空间层面，资本流动能够造成具有共性的空间效应，这里归纳三点。

对空间差异性的影响

消除差异性与不平衡发展

资本空间流动是在不均衡的地理中实现的，利用各地条件的差异，趋向于使资本收益均等。于是可以同时看到两种对立的情况发生：一方面是资本结合地方生产条件，努力挖掘和提取 IP，将特异性做到极致，突出唯一性，在众多空间消费产品中凸显自身。放大、夸张、有意识地筛选等成为常用手段。而另一方面，已有广泛信赖度和商业价值的品牌企业，可以跨地区快速复制和生长。超级连锁企业的品牌拓展、无根性移植、逐渐增加的在地化改造等成为资本扩张的便捷之路，再加上资本之间会复制盈利战略，此过程最终消解了地方的差异性和可辨识性，使地方表征日益模糊。有时是第一种路径成功后，在其扩张之路上迅速转向第二种。除了难以抹去的自然条件差异，空间的归一化成为占统治地位的趋势。正如列斐伏尔描述的，现代生产过程表现出对自然的“同质性”改造或替代特征[20]。诸多行业中的龙头企业本身有巨型化、垄断化的发展态势，也会持续加剧这一现象。在消费主义的推动下，对于差异性的普遍性压抑转化成了日常生活的社会基础[21]。当然，在消除差异性的同时，并不意味着各地的均衡发展，资本对空间的选择性占用，不仅如前所述在城市内部或区域内外发生，在各种尺度上均会造成地理空间的极大不平衡。

对社会公正的影响

公平的空间相对性

社会公正与空间尺度有关，在特定尺度空间的正义不见得在其他尺度空间中也是正义的[22]。资本的流动在包含政府意图时可能出于对公正的追求，其结果则必然会对公正产生影响。资本流动跨国发生的过程，可能是与他国的互赢合作，但也常常是对他国进行剥夺。一国内通过政府的强力干预对均衡发展的促进，可能是以较发达地区利益受损为代价，甚至欠发达地区之间得到的救济水平不同，也引发了是否公平的问题。特定区域优先发展和国际竞争力的获得，是在汲取了周边地区资源的基础上，并常常伴有国家的倾斜政策，这在不同区域间和区域内外造成了一定程度的不公。有时候跨国公司的业务集中在大都市中心，对其他产业的扩展贡献很小，反而会破坏国民经济的领域和功能一致性，加剧了社会空间的两极分化[4]。全国性或跨区域内外的基础设施建设，表面上给不同地区同时带来利好，包括给予欠发达地区以发展机会，但可能造成弱势地区的资源更快地流出。在出现阶层化特征的社会中，城市内的公共空间资源属于建成环境的范畴，其如何投放涉及对不同人群的需求进行排序，其中越是缺乏市场购买力的低收入人群，往往越依赖公共设施和公共空间。在提升营商环境的同时能否兼顾百姓民生，政府常常面临选择。对乡村范围内的政府资源直接投入和对资本进入的大力扶持政策，则有可能吸引投机资本做短平快或者虚假操作，而对乡村产生长久伤害。所有上述情景的描述都仅是一些可能性，现实会如何发展在于资本发挥作用的具体条件，从而对制度设定和资本监管提出要求。

对空间价值的影响

增值与贬值

不平衡的地理发展不仅与新的资本获利机会有关，还与潜在的不稳定和破坏性有关。大卫·哈维也认为：资本主义发展必须在保留过去某一特定地点和时间所认可的价值观或使其贬值以开辟新的积累空间之间进行谈判[4]。多数时候，随着资本投入，地价房价上涨，空间价值得到普遍提升，但消极状况也客观存在。随着资本的逐利而行，被资本放弃的地区在尚未耗尽固定成本的价值时，就面临衰败的命运，造成一连串的反应：房屋和土地空置，地价和房价骤跌，就业机会灭失，政府财政收入锐减，景观衰败，地方活力消逝，由资本激发的社会联系消解。根据前文对建成环境的分析，当各个主体在资本构成中的担当不同，各自面临的风险也随之变化。在现实中能够观察到，随着对建成环境要求的提升，大量国家资本和地方财政资金投入基础设施和文化设施建设，而在其后的发展中必须应对很大的不确定性。筑巢引凤未果后"空城"带来的令人唏嘘的浪费，短暂繁荣后资本撤离留下的一地鸡毛，都会造成社会资源浪费和社会信心丧失，这不是民众愿意看到的景象。

本章小结

在全球层面，跨国资本和国家在处理"领土逻辑"和"资本逻辑"时的一致与冲突成为关键；在国内层面，社会工商资本的自发运行，国家资本的自觉调度和政府立足于均衡发展的资本导流共同发挥着作用；在区域层面，基于国家对重点区域的推动及各级政府的自觉合作，资本受到不同程度的培育、激励和管制；在更具地方性的城市或乡村空间，既有资本、地方政府和社会在提升空间价值上的合作，也有相互在分配空间价值上的博弈。不同尺度的资本流动在影响空间差异性、空间价值、社会公正等方面存在一定的共性特征。

虽然虚拟空间大大拓展了人们认知和生活的范围，基本的生活功能和社会物质财富的生产运输交换等功能却无法被其替代。在此前提下，空间不仅持续是一种客观真实的存在，也是具有价值和可交易的资源，是现实生活的落地，是文化与精神的载体，是政治秩序维续的实在范围，其仍在相当长的时段内会承载复杂多样的期待。

在一个被资本改变了的世界里，进行合理有效的空间干预，首先必须是空间观念的革新，之后才是选取何种空间管治手段。在世界的潮流中，认识到资本的重要性及其空间规律，反思权力的建构，并能最终回归到人自身，进行人的价值的反思，探索生活与空间、生产与空间连接的方式会继续发生怎样的转变，以及国家、地方角色的变革等，会是一个更加深远和宏大的议题。

第八章
乡村土地资本化

随着20世纪80年代末中国城市土地制度改革的实施，中国的土地资本化序幕正式拉开。进入21世纪，乡村发展寻求破局，土地资本化也随之向乡村渗透。2017年以来，乡村振兴战略和新的国土空间规划体系从不同角度发力，推动乡村土地使用效率的提高和相关收益的增长，土地资本化成为其中主要的路径。

2011年，时任国土资源部部长的徐绍史在第二十一个"全国土地日"上讲话，提及"国土资源管理部门尽快实现从单纯的资源管理向资源、资本、资产三位一体管理转变，高度关注土地资产和资本化背景下的经济社会问题"。其以官方身份将土地的资源、资产和资本属性进行关联，并提出土地资本化的研究和实践诉求。

近十年来，乡村的土地资本化在一定程度上成为显学，已经有不少研究从概念、理论和实践等角度对其进行了讨论，其中含混之处也很多。本章从土地的资源、资产和资本三种属性出发，结合现实演进过程，揭示乡村土地资本化的本质内容。具体通过对亨利·乔治（Henry George）、赫尔南多·德·索托（Hernando De Soto）、大卫·哈维（David Harvey）的各自论述及制度经济学中与土地、所有权、资本关联的内容做引用和分析，进行理论层面的思辨，进而应用理论分析框架对土地资本化的现实做研读，最后对其中的风险进行预判，并尝试提出建议[1]。

土地的三种属性及中国的乡村土地资本化

资源、资产和资本属性

资源属性

土地的资源属性是指土地这种自然之物中可被人类利用，进而带来收益的

[1] 本章内容经《规划师》杂志编辑，已在2021年第22期发表。

价值。具体利用方式包括两种：一是作为生产资料，核心是利用自然力，如开采矿物、利用风力和水力，或者进行农林牧渔业生产；二是作为生产条件，核心是将土地作为各类产业活动的空间载体。特别要提及的是，在亨利·乔治的认知中，自然力是价值增长的根源，这与马克思主义劳动价值论的基本观点不同[23]。

资产属性

土地的资产属性对应着土地的权利。具有稀缺性的土地包含可被利用的价值，由此引发了土地权利的归属及其关联利益的分配问题，权利的不同设置方式必然导致不同的利益产出。对地租的占有是土地所有权的基本实现形式。从笼统的土地权利中析出各项细化权利时，众多问题随之涌现。譬如争议较多的乡村土地发展权如何设定，国家的农业补贴是对应土地所有权还是土地使用权等。在国内较发达地区，随着农业收入在乡村居民收入中的占比逐渐走低，养老、医疗、扶贫等方面的福利逐渐提升，传统意义上乡村土地的基本生产资料功能和福利保障功能弱化，而财产性功能日益凸显。

资本属性

土地的资本属性并不那么一眼可见，毕竟"资本"的概念更加关注能够成为资本的某种标的物的生产性和流通性，强调生产要素之间的关系和要素流动的过程。按照一般的生产三要素（劳动、资本和土地）之说，土地和资本似乎泾渭分明，这给"土地资本化"预设了概念上的障碍。按照马克思主义的劳动价值论，土地是自在之物，除了经过劳动改造创造了价值的那部分，土地原本是没有"价值"的，当然不会与有"价值"的资本混淆。但大卫·哈维也承认，在实际生产过程中，土地却具备了与其他资本形式相近的特征，"土地变成了虚拟资本的一种形式，土地市场不过是作为生息资本流通的一个特殊分支来运行的——尽管它有一些特别的性质"[2]。由此，可以认为，既然土地所有权或使用权可以在市场中通过自由购买获得，那么土地就能成为资本在流动过程中的一种表现形式。

土地资本化

"土地资本化"一般指土地权利进入市场寻求价值实现和价值增长的过程，也是一种将未来收益贴现的途径。有学者尝试对土地资本化进行概念界定，如"把土地资源作为资本进行流动性运作，并在运作中不断改变形式同时不断增值的过程"[24]，或者"是土地上各种权利的交易、流通、转变、抵押和贴现等实现收益过程的总和"[25]。中国的乡村土地资本化的现实表现方式往往是土地与外来资本在生产过程中多种形式的结合。面对新兴的资本潮流，乡村地区间土地与资本的结合能力不同会加大地区发展水平的差异。

小结

综合而言，土地原本是一种自然存在，根据土质、坡度、区位等条件，如果其具备可开发利用的价值，就可以被认定为资源。因为资源的稀缺性和可收益性，需要对土地权利进行界定，土地便随之成为资产。当土地进入市场，具备充足的流动性，与其他经济要素相互联系，产生了不同的利用方式和权利归属，能够借之组织资本化的生产，土地从而成为一种资本要素。在较理想的状态下，“土地资本化”能够实现土地资源使用价值的最大化，并优化其他资源的配置。所以，资源、资产和资本三个概念对理解土地的本质属性有相辅相成的作用，而土地资本化的理论意义和现实作用也可以还原到其基本属性中去剖析和理解。

中国的乡村土地资本化

产生原因

进入21世纪以来，国内内需不足，过剩资本“东突西就”，在国家政策支持下瞄向了乡村的广大地域。结合大卫·哈维的观点，中国在此阶段出现乡村土地资本化主要有两方面的原因：一方面，土地因其安全性和稳定性，作为一项投资是有吸引力的。另一方面，为促进市场经济发展，需要在土地上使生产力革命化，需要将土地开放出来，让资本可以自由流动[2]。与此同时，“剩余资本越多，土地就越有可能被吸收到资本流通的一般框架当中”[2]，市场开放后的土地权属关系更有助于资本积累。受意识形态的影响，中国的相关研究对“资本”这一概念的使用较为谨慎，而“市场”作为中性色彩的词汇更易被接纳，因此相关研究更多强调市场对包括土地在内的资源的配置作用。而在本质上，市场中最具活力的恰恰就是资本。

表现及意义

在市场经济的深化发展阶段，历史原因造就的中国乡村土地集体所有制面临权利细化和权限调整。考虑到既有法律体系内尚有较大的调适空间，所以政府对土地制度变革采取了可操作性强的渐进策略。“土地资本化”在现实中具体指向“使用权资本化”或“地租资本化”，其实现的主要是使用权的流动和交换，以及土地使用和收益权利作为金融资产可以进行抵押融资等。对乡村土地的确权，以及对农用地、宅基地和集体建设用地相关权利的逐步放开，总体上促进了乡村土地的“资产化”和“资本化”，其意义在于：政治方面，通过给农民赋权，改善农村和农民的贫弱地位，有利于减少政治冲突，获得民众支持；经济方面，权利不清晰造成的土地低效利用与严格管制造成的土地要素供给不足，有望在制度改革中得以缓解；社会方面，无论是城乡一体化、城乡融合，还是城乡统筹发展，都必须在要素充分流动的前提下才能真正实现。

理论借鉴及其现实关联

概况

对土地资本化的理解可以从基本价值观念、前提条件、发展过程、产生结果等方面展开。下文研习了四种主要学说：亨利·乔治追根究底，尝试解决基本价值观念问题；制度经济学视角的研究超脱于应然的利益分配，从经济效率的角度关注初始产权界定作为土地资本化的前提条件和制度约束下的交易过程是否顺滑流畅；索托将所有权合法化作为前提条件，又附加了减少贫困的价值诉求；新马克思主义的学说带有强烈的价值批判设定，将土地资本化视为资本主义阶段的必然，透析发展过程中的投机行为以及地主和资本家对地租的争夺，一分为二地评价产生的社会经济效应。相关理论的引用和辨析有助于对土地资本化进行理论层面的立体审视，分别与国内现实的对接也能产生独特的借鉴。

亨利·乔治的土地私有制批判视角

主要思想

亨利·乔治在20世纪70年代基于对社会不公和贫富分化的关切，考察了人口、工资、资本、技术和土地等诸多要素，最终将土地私有制定位为“罪恶的根源”，也因此把土地公有作为解开繁杂社会问题的关键。亨利认为地租的垄断性将独吞技术进步、分工细化等带来的价值增长[23]。

中国的乡村地租

中国城市土地的使用方式总体上符合亨利提出的方案，即土地公有基础上，生产性用地由不同主体竞争使用，产生的地租收归国有。结合亨利·乔治的观点，这里关键是要回答随着土地资本化，农民和乡村集体对地租占有的合理性，以及地租被其他资本方攫取的可能性。放在历史进程中，与特定的社会形态结合，农民和乡村集体占有地租的合理性问题很难有一致的答案。亨利·乔治秉持的是绝对的社会公有标准，但考虑到中国发展过程中一度发生的对乡村的剥夺，在城乡存在巨大落差的环境中需要对乡村做出补偿和救济，以及主要为农业所用的乡村土地价值的相对有限性，所以乡村土地地租由农民和村集体占有就作为一种过渡或者妥协形态，易于为大众所接受。与此同时，未来的有关图景仍然不清晰，如再过一两代，仍然保持乡村集体成员身份的“农二代”“农三代”是否依然有权利得到集体土地名下的土地份额？是否依然能够获得土地流转的地租？如果随之出现大量不在地地主，这些在城市居住消费的不在地地主长期持有乡村土地收益又是否合理?

资本与地方的博弈

在亨利的分析中，地主是较资本更强势的一方。对接中国现实，当外来资本到乡村“拿地”，地租却可能面临被资本方攫取的危险。此类情况的出现，源于变革时期的乡村地方在初期缺乏市场经验，被经验十足的资本占了上风。更可能是源于资本方极强的市场操控力，能够导向对自身有利的合约。有时候，随着土地迅速增值，作为地主的农民和乡村集体不仅不能分享增值利益，还可能在出现更优机会时也显得被动无力。

制度经济学基于产权和交易成本的视角

主要思想

制度经济学关注产权的初始界定和交易过程，其一方面强调产权界定非常重要，另一方面又认为在无摩擦的情况下，也即交易成本为零时，无论初始产权如何界定，资源配置都会趋向效率最高的方式。反之，如果交易成本高，则会阻碍资源配置优化，那么产权初始划分状况就会对最终结果产生重大影响。

变与不变

中国乡村土地如何确权关系到产权的初始配置，而在现有的宪法框架下，结合历史和政治因素，即便对于集体土地所有权的合理性存在争议，短期内也并不会出现颠覆性的变化。在乡村土地制度方面能继续完善的内容包括：进行权属登记和提供有效的权属证明便于合法程序的展开，改变土地权利与农民身份的严格捆绑关系，对农民子女的土地继承权进行安排，以及细化土地权利束的内容和规定以释放出更多可能等。大量的实际工作是对农民的土地承包权、建设用地使用权和收益权等确定期限和空间范围，并通过产权证正式认可。

政府作为

在不触及集体土地所有权的前提下，政府更易在减少摩擦、优化土地交易环境方面推进。具体措施包括：政府出资平整土地为土地流转做好准备，鼓励土地流转和放宽土地权利交易对象范围；允许以土地抵押贷款融资；鼓励社会工商资本进入乡村，特别是与农业结合的第二、第三产业进入；政府投资平台凭借政府信用直接投资、租用土地和农房，从而起到积极的示范作用等。政府对乡村基础设施和环境的投资能吸引其他资本进入，对新型“失地农民”的积极分流安置等也能助推土地的交易。

警醒

依据制度经济学的分析视角，农村土地确权以及交易环境优化的系列举措，确实是政府双管齐下提升经济效率的有效手段。其中需要注意的是，当政府积极推动以乡村土地流转为代表的土地资本化进程时，过多的前期资金投入、高额补贴、项目奖励等可能会造成市场的扭曲，从而引发投机行为和资源低效使用。

索托改变“僵化的资本”的资本权利视角[1]

创造资本的重要性

赫尔南多·德·索托对欠发达国家照抄以美国为代表的资本主义制度却常常惨遭失败的情况产生了疑惑，并对此展开调查，最后得出的结论是，很多国家和地区无法从资本主义制度中获益的巨大障碍在于，这些国家和地区无法通过制度设定有效创造资本。在索托眼里，确定产权是产生和固定资本的关键机制，所有权合法化成了“点金石”，资本可以从资产当中提取和加工出来，资本总量增加，进而可以更充分地发挥资本的活力，穷人可以因之获得完整权利和财富，贫困国家由此可以走上富裕之路。

明确所有权的效应

索托也详细分析了明确所有权能产生的多种效应，认为所有权如同一把钥匙，能打开资产的经济潜能，能将分散的信息纳入制度体系从而扩大资产的运用范围，能开发出资产的多样利用方式，能建立责任和信用体系，一切似乎都迎刃而解。

论点的缺陷

上述论点似乎获得了广泛的认同。但其缺陷在于，一方面，索托讨论的许多欠发达国家或者美国西部开发历史中的占地定居等行为，常常是游走在合法与非法的边缘，初始权利的获得往往是以权利的侵占为前提的，这个开端并不"美好"。另一方面，在让利前提下的合法化的初始产权也并不意味着就能顺理成章地导向高效的市场和增长的经济。赋予穷人以初始产权，这只是"一锤子买卖"，在欠缺完善制度的资本运行逻辑中，初始产权很容易通过交易被剥夺殆尽。所以一切可能只是美丽的谎言，赋予产权以创造资本确实可以解决暂时的政治危机，但只是福利性的、授人以鱼的应急之举，不能彻底解决贫困问题，更不能保证资本主义制度在曾经遇到障碍的国家通行无阻。

对中国现实的启示

不过，用索托所谓"僵化的资本"描述中国的乡村土地还是很贴切的，毕竟乡村土地使用一度严格受限，农民能够从土地上获得的收益也是寥寥。十八届三中全会提到"赋予农民更多财产权利"，与索托的倡导似乎也能对应。在国内土地所有权方面，并不存在索托担忧的所有权合法化的根本性问题，但在实操层面一度有诸多障碍。两个突出的方面需要破题：一是名义上的农村集体所有权与农民个体权益的分割与兑现之间如何衔接，这正是权利束分解正在进行的工作；二是对土地使用主体、使用方式、流通方式的管控，应否以及如何逐步松绑，以实现给农民适度赋权、资源合理利用、经济效益提升和社会公平正义的多重目标，毕竟在高度管控下的相关权利往往会被架空。

大卫·哈维的新马克思主义视角

主要思想

马克思主义思想分析土地租金的类别和来源，确认地租的存在是资本在土地上进行优化配置的条件，判断对租金的占有是否存在剥削，考察土地收益和资本利息的相似性以及土地能否成为纯粹金融资产的重要性，聚焦地主和资本家在总剩余价值中努力分得更大蛋糕时的博弈，也格外关注生息资本通过购买土地进行的流通及其中包含的土地投机。

对土地资本化的解释

新马克思主义对土地资本化的价值观念、前提条件、发展过程和产生结果分别持以下观点：第一，因为地租来源于剩余价值，所以从源头上就有利益剥夺的意味，而土地私有化被认为是资本主义发展的必要条件之一；第二，彻底的土地资本化，需要将土地转化为纯粹的金融资产，也就意味着对其进行定价和买卖最大程度地依赖市场；第三，在土地资本化的发展过程中，存在对土地的投机行为以及地主和资本家对地租的争夺；第四，结果的呈现包含积极的方面，即能对资本及其他资源要素进行有效配置，也包含消极的方面，即实现了地主和资本家通过剩余价值分割对劳动者进行利益剥夺。

不是纯粹的金融资产

结合中国现实，借此可以展开几个有意义的讨论点。其一，资本逻辑下的生产组织方式可以在一定程度上打破乡村的封闭性，使包括农业在内的乡村生产活动按照更加社会化的方式来经营。所以，最终能得到诸如社会分工效应、规模效应等利好的一面。但是资本的顺利流动有个前提，即大卫·哈维多次强调的土地成为“纯粹的金融资产”。中国进行的土地制度改革虽然加强了对土地进行让渡和交易的能力，但绝不意味着在土地资本化的过程中，土地会被作为一种纯粹的金融资产来交易，其背后始终有耕地保护、农民利益保护和土地集体产权的约束。那么这种有约束前提的政策放宽行为会导向何方？是否会因为土地的金融资产属性不够纯粹，其所起的作用也就会打折扣，甚至变形？在涉及追求公平和效率的终极问题上如何取舍？

土地租金难以拆分

其二，对租金的分析虽然在理论上可以细细辨来，但土地是自然和历史的双重产物，土地租金中要将与土地改良相关的部分独立开来，显然很不容易。放在多大的历史跨度内？农民的父辈乃至祖先们进行的土地开垦耕耘，如何与原始的土地剥离？只要土地没有彻底私有化，作为社会公共的或者集体的土地，分解其价值和权益就存在天生不足。

土地投机

其三，乡村土地与资本结合的愿望愈来愈强，城市的溢出资本也将乡村作为新的拓展地，但城乡土地制度存在差异性，很难形成完善的、城乡统一的要素市场。在资本过剩的时期，利用制度落差，或者基于对未来租金的预期，土地投机行为将异常活跃，对此如何应对？在快速城镇化的过程中，城市内部已经上演了太多闹剧，在乡村会否完全不同？

与英国圈地运动比较

其四，与英国工业化进程初期的“圈地运动”相比，土地资本化在促进产业发展和构建生产关系方面会有哪些异同？中国农民是不是自发离开土地？其身份是否可能转化为同时是地主和雇工？又会带来怎样的社会结构方面的影响？

过程中的特征和矛盾

观察和反思

土地和资本在西方国家常常是充分融合的，而在中国，土地资本化却必然是独特的议题。当前，在中国的土地确权和土地交易制度有了显著推进之际，对乡村土地资本化的实践过程可以展开一定的观察，同时对其已经产生的影响亦可以进行反思。笔者所在的研究团队重点在南京乡村地区针对资本与乡村的结合做了广泛的调查和持续的跟踪。本节和下节拟结合土地的具体使用，分别从土地资本化实践的过程和效应方面总结其中的特征与问题。

主体角度：政府成为投资主体或关键中介

资本类型

乡村土地进入市场，其受体常常是乡村建设的投资主体。按资本所有权属性可以笼统地分为国有资本和社会资本，具体则可以细分为政府资本、国有企业资本、社会工商企业资本、村集体资本等。各类资本对土地的诉求不同，与土地结合的方式亦不同。

财政投入

政府财政投入在土地资本化过程中，主要做了三方面的事情。一是通过农地整治，“小田变大田”，改善了农地的流转条件，相当于将额外的土地价值赠送给农民；二是通过乡村环境整治和设施完善，吸引第二、第三产业资本进入乡村，这是典型的固定资本投入；三是通过其他政策性项目进行投入，这在下一小节将单独论述。在前两方面，政府的前期投入往往是社会工商资本进入的必要条件，“筑巢引凤”在乡村开放式发展的起步阶段经常必不可少，政府资金投入的福利性特征明显。

直接投资

南京乡村地区多处可以看到江宁交通建设集团、江宁旅游产业集团、高淳国际慢城文化旅游产业投资集团、南京浦口城乡建设集团、南京浦口交通建设集团、南京溧水商贸旅游集团等国字号企业的身影。这些企业具有浓厚的行政背景，负有政治任务，同时又以公司形式参与市场化运作，主要操盘政策性项目投资、重大基础设施项目建设和长周期、高投入、低效益的农业基础产业等。当政府资金以国有企业或者国资平台的方式参与乡村建设时，就将福利性和经济性揉在一起，价值诉求较为混杂。

中介和激励

社会工商资本在乡村日渐活跃，但除了小规模经营，多数企业都避免直接与农民交易，而是间接地通过政府拿房拿地，或通过政府协调与各种农民合作社建立关系，这是减少交易成本的有效方式。与此同时，政府设置的各种专项补贴对外来资本进入乡村往往形成正向激励。

小结

总体而言，在乡村土地资本化过程中，政府的主角和关键中介作用凸显，政府身上叠加了提高民生、促发经济活力的多重任务，各级地方政府在响应中央政府的政策时，凭借其差异化的经济实力和意愿，在乡村土地资本化过程中起到了强弱有别的作用。

路径角度：政策性项目成为主要动力引擎

重要性

在社会工商资本对进入乡村依然有疑虑或者待价而沽准备轻资产上阵时，政策性项目成为政府直接充当主力或对社会资本表达支持和配合的最佳方式。以下结合南京乡村地区在建设田园综合体、特色小镇和特色田园乡村等方面的实践，探讨政策性项目的影响。

田园综合体

田园综合体是集现代农业、休闲旅游、田园社区于一体的乡村综合发展模式。2017 年，“田园综合体”被正式写入中央一号文件。2018 年，南京共有 5 个田园综合体项目获得奖补资金支持，建设期为 3 年，分别为江宁区金谷、浦口区九峰山、六合区水韵原乡、溧水区石湫、高淳区小茅山田园综合体。此外溪田田园综合体成功入选全国首批 15 个国家级田园综合体试点项目。田园综合体项目由南京市农业农村局负责牵头，街道作为实施主体负责编制项目建设规划和实施方案，鼓励引导农民和社会力量积极参与。政府财政资金先期投入，吸引社会工商资本进入，村民或村集体创建多种形式的股份合作社，以土地入股等形式参与建设。溪田项目是由江宁区属大型国资平台江宁交建集团和旅游产业集团投资，联合横溪街道，成立南京溪田生态农业科技有限公司，村民成立农机、茶叶、油料加工、农家乐等多个专业合作社，民营资本独立运行其中的大福村子项目，三类主体共同参与田园综合体建设。

特色小镇

南京地区的特色小镇在开发过程中强调板块经济，如以“美丽乡村+”为核心创建的黄龙岘茶文化小镇、苏家龙山文创小镇、大塘金香草小镇等。特色小镇内一般有多个相对独立的板块，政府在对规划建设、资源要素整合、基础设施配建、创业环境优化、文化内涵传承等方面加强引导和提供服务保障，各板块再由政府、国资平台和社会工商企业等进行独立建设或多主体合作开发。譬如，江宁苏家文创小镇规划建设七大板块，其中乡伴苏家由“乡伴东方”全资改建；龙乡双范由江宁交建集团投资，由江宁交建集团下属子公司江宁美丽乡村集团负责建设运营；观音殿以秣陵街道为投资主体进行开发；三合老茶场板块由南京江宁经济技术开发区投资打造；漕塘村由华新（南京）置业开发有限公司出资建设。所有板块的开发都涉及土地权利的流转。

特色田园乡村项目

特色田园乡村是另一类具有代表性的政府项目。2017 年 6 月，江苏省委、省政府下发《江苏省特色田园乡村建设行动计划》，提出通过对田园、产业、文化、环境的联合打造，促进乡村转型升级，计划在“十三五”期间规划建设和重点培育 100 个省级特色田园乡村试点。特色田园乡村试点以区政府为责任主体、镇街为实施主体，以财政资金为引导，综合运用贴息、担保补贴、以奖代补和风险补偿等方式，吸引社会工商资本规范、有序、适度参与，采取“综合营建”的模式联动推进。譬如，溧水李巷特色田园乡村的建设，是由区政府进行整体把控，白马镇政府配合协调，国资平台溧水商旅集团主导投资，在村集体、社会工商企业参与下共同完成。

共性特征

上述政策性项目的模式大致雷同，均由国有平台和社会工商企业出资金和管理人员，农民出地和劳动力，收益由合同约定分割，地租部分或单独约定支付，或折成股本计算。有了政策性项目的“外壳”，就有了对应的政府资金支持，在乡村土地流转中设定租用年限和价格时，能更好地保障农民利益。从本质上而言，因为所有项目的开展都融合在乡村振兴的大潮中，从开始就有救济和扶持的意味，财政资金的投入也具有强烈的再分配色彩。此时，土地资本化过程中市场定价和政府收购混杂在一起，而经济效率在其中往往不是首要目标，这导致后期的经济效果可能会与预期出现较大的落差。

对象角度：“三块地”的资本化潜力差异悬殊

概况

“乡村土地资本化”的概念或许较新，但其通过各地的实践，甚至是游走在合法与非法边缘的冒险中得以推进。包括农地、宅基地和集体建设用地在内的“三块地”各自“资本化”的潜力不同，这从乡村土地制度正式放开的程度和先后顺序中就可以折射出来。

三块地之间的差异

在严格用途管制的前提下，农用地流转最先得到承认，但农业经营往往利润薄、周期长、风险高，所以吸引力有限。集体建设用地中经营性建设用地现已被允许对接城市用地。虽然建设用地较农用地有较高的利用潜力，但是在正式制度认可之前，其用途转化已经在事实上完成，土地增值已经被一定程度地捕获，诱致性制度变革带来的利益释放有限。宅基地是“三块地”中最基本和最敏感的，在城市高房价的挤压下，它有很强的潜在价值和福利保障功能。就这一点而言，原来承包地也有基本生活保障功能，后来随着非农收入在农民收入中占比的增高，以及养老和扶贫等制度的完善，承包地的保障色彩才逐渐弱化。而宅基地的无限期福利性、无偿获得性，宅基地和其上的房产的可分割性以及新近政策明确的可继承性，再加上小产权房带来的冲击还没有彻底消除，使得宅基地流转变得复杂，在“动”这一块地时政府格外谨慎和仔细斟酌。

捆绑效应

“三块地”资本化的潜力和转化难度存在差异的基础上，几个有价值的现象可以单独拿出来讨论。首先，存在农地和建设用地流转的捆绑效应。除了农产品销售商或者农产品加工企业延伸产业链可能会产生对农地的需求，其他工商资本多是瞄准在乡村地域发展第三产业的机会。这导致开发主体更多依赖建设用地上的民宿、乡村酒店和体育康养娱乐设施等带来利润，农用地成为田园式休闲的载体、提供配套服务的附属之地。

增值收益的分配

其次，存在对土地资本化过程中增值利益分配的持续探索。前期土地非农化、土地征收过程中充满争议，地方政府以地生财也常常被诟病。随着中国城乡建设模式从增量扩张向存量挖潜转变，以及对农民利益保护的加强等，价值立足点已被确立，但具体到诸如集体经营性建设用地上市后的增值收益如何在农民、乡村集体、地方政府之间合理分配等内容时，既涉及一些根本的、深刻的伦理命题，也涉及实际过程中的可操作性。譬如2016年财政部和国土资源部联合下发、2017年底已到期的《农村集体经营性建设用地土地增值收益调节金征收使用管理暂行办法》提出在全国开展试点，由县财政部门会同国土资源主管部门负责征收调节金，数额按入市或再转让农村集体经营性建设用地土地增值收益的20%~50%征收，这算是一种尝试。

历史的累积效应

再次，在给集体经营性建设用地持续放权的过程中，正延续甚至放大历史累积效应。集体经营性建设用地在地区间的数量悬殊主要是在改革开放后的历史过程中形成的，特别是在珠三角和长三角地区，具备胆识的乡村领导人凭着冒险和突破意识，在“不争论”的历史潮流中趁乱取胜，凭借土地非农化已经掘到第一桶金。如今，集体经营性建设用地可以在城乡日渐统一的市场中凭借土地资本化过程更高效地兑现利益，似乎再次验证了那句老话：撑死胆大的，饿死胆小的。

结果中的特征和矛盾

权利格局：土地权利集中的多重效应

集中的连片交易

在历史发展过程中，农民与农民之间，农民与城市居民之间，曾有不少私下非正式的、零散的土地和房产交易。当乡村土地在政策引领下高强度进入市场时，很少以高度分散的形式，实际更多是以集中连片的方式成规模地进行交易。

土地权利的集中

在土地连片集中交易过程中，与空间形态整合带来的改变相比，土地权利高度集中所产生的影响更为深远。以农用地为例，在农民自愿的前提下，早期有“反租倒包”，是指村委会将承包到户的土地通过租赁形式集中到集体（称为“反租”），对其进行统一规划和布局，然后将土地的使用权通过市场承包给农业经营大户或者农业经营公司（称为“倒包”）的土地经营方式。后期发展得更为灵活，农民以土地入股，可以享受长期收益。乡镇政府和村委会作为农民的代言人和自身拥有一定权力的基层组织，发挥了重要的作用，乡镇街道甚至县区级政府或者直接接盘，或者在其中进行中介协调，促使土地找到市场“金主”。

符合资本的意愿

土地权利集中包括空间维度和时间维度，其常常成为大型项目推进、地区综合开发的前提，是效率的保证，也是减少不确定性和风险的有效举措。但是，当土地使用权利集中到资本，特别是大型企业集团手中，其会根据自身的利益进行多地综合布局的调度。此时，每一个地方都成为资本的棋子，资本方的策略只会对自身有利，未必对地方最优。

金融化后的改变

土地的抵押、资产证券化等会带来更多不确定性。土地信托流转是将分散的农户的土地集中后，交由信托公司，通过经营权或收益权等质押获得银行融资，信托公司再转租或分租土地、收缴土地租金等。此过程将所有权者和生产者之间的直接联系转变为由专业信托公司、银行等机构通过市场进行。此时，土地使用受到金融资本和产业资本的双重影响，原土地所有者的操控力变弱。

经济成效：资本活力苗头初现但任重道远

资本进入的领域

与区位有关，越是靠近大城市的乡村，土地多功能使用的潜力越大，资本进入的意愿越强烈。在对南京乡村地区的调查中发现，社会工商资本选择进入的领域愈来愈宽泛，可以利用田园意象，发展农家乐和乡村民宿；将乡村进行场景化、符号化打造，使乡村成为城市居民的休闲观光度假目的地；利用乡村优美开阔的环境，进行文化创意、教育、养老、体育、摄影、影视等主题开发；挖掘历史，打造红色旅游地等；还可以与农业直接结合，有机养殖、农业科技研发、能源开发等也有可观的愿景。

资源的合理配置

与前文理论分析对应，在抽象的意味上，不仅是地租促使资本在土地上进行优化配置，资本流动也能够促使包括土地在内的资源的有效配置，最终带来社会财富的增加。在具体操作层面，作为新时代“地主”的村民和村集体，受到制度变革的激励，怀着和资本结合的强烈意愿，会主动进行旧村改造、腾退和再整理等，期待兑现出更多的土地权益。这又进一步提高了土地的集约利用水平，对整体的资源环境是利好。

责任与风险

乡村地域中可持续的经济活力不会一直依赖政府资本，政府资本前期“铺路”的使命完成，就应该将乡村发展的重任更多交给市场，政府持续的投入不仅可能力所不逮，也被长期的计划经济实践证明是低效的，而大量涌入乡村的国有融资平台也可能面临系统性金融风险。考量社会工商资本能否承担起在乡村的长期责任，则要评估其短期投机性和高度流动性带来的风险。投机性包含两方面，一是政策性投机，吃政府专项扶持的利好，包括大户补贴等；二是属于一般意义上的土地投机，占据区位好的地段，占而不用，等待土地升值后待价而沽。无论是政府的投入，还是市场工商资本的投入，都要避免无效资本的过度积累。另外，考虑到高度流动性是资本最本质的属性，资本在乡村轻资产运行正是为了保持自己的灵活性。如果不能建构起有效的根植性，总会有下一个“水草丰美的地方”等待着资本的到来。当资本逃离的那一天，留下的会是贬值的空间。

社会影响：选择增多短期利好但长效难辨

硬币的两面

在原有基础上，土地权利得到了权证认可和更高的交易自由度，对乡村地方主体来说，总体上是利好。通过土地资本化的进程，农民拥有的资产价值提升，同时得到地租、分红和工资等多重收入，其身份与土地的硬性捆绑得以消除，个体选择增多，短期利益可以触摸且实实在在。但是，几种相互间并不排斥的情境也可能随之发生，并将带来长期的不利影响，需要引起警醒。

利益伤害

第一种情境，资本拉拢和胁迫权力行动可能对部分农民造成利益伤害。资本具备了充足的力量和动机去开展腐蚀和利诱行为，当资本和权力合谋，极有可能以不平等的合约获取土地，挤占农民利益。

劳动替代

第二种情境，无论资本在进入乡村之初如何描述其良好的意愿，资本运行只能符合其自身的逻辑，并被市场检验。资本与乡村土地结合的过程中，乡村劳动力成为相对次要的因素，资本很容易实现对劳动的替代，这也意味着，乡村劳动力时时面临着被挤出的尴尬局面。

村庄独立性降低

第三种情境，伴随着过多的外来资本输入，家庭小生产体系逐渐被瓦解，兼业家庭的“进可攻、退可守”的状态也不复存在，村庄对资本的依赖日益加深，独立性随之降低，地方主体的话语权丧失，乡村地方成为被资本彻底征服的疆域。

贫富分化

第四种情境，资本进入乡村，改变了乡村社会的治理结构，可能给不同群体带来不同的影响，迎合了资本的结果是可能会加大贫富差距。陈柏峰等的研究中，将农民细分为离土离乡类、脱离农业类、半工半农类、小农兼业类、贫弱类，并指明土地流转或多或少会给除离土离乡类以外的其他四类农民带来消极影响[26]。此可以作为借鉴。

资本逃离的恶果

第五种情境，资本遵循其运行逻辑，往另一个更具诱惑力的地方迁移，伴随着土地被废弃和附属设施价值的丧失，已经失去了传统意味的乡村地方性将遭到彻底毁坏。不具有专业技能的劳动力失业或者被迫迁移，乡村文化和组织形态被资本逻辑重塑过，已不复往日模样，那不会是我们愿意面对的未来。

主体与阶段视角应对风险的建议

重要性

杨宇振曾预言，在中国独特的语境下，权力是否制衡资本和信息的流动，是中国城镇化能否拥有一条不同于世界其他国家和地区的道路的关键，同时其决定着国家与社会的属性和特点[3]。政府的取舍在乡村资本化的进程中至关重要。

应对不确定性和风险

乡村土地资本化表达了政府主导将乡村向市场开放，为农民增收和盘活经济的双重愿望。在此期间，良好的预期伴随着不确定性和风险。风险既来自市场自身的波动，也来自资本与村民或村集体在风险收益方面的不对称安排，特别是资本的投机行为。为避免资本获取土地后的长时间闲置，也为了避免伴随着乡村地方价值丧失，资本撤退后留下一地鸡毛，本节尝试从主体视角和阶段视角提出应对风险的策略方向。

政府行为的建议

从主体视角，政府行为应该包括：第一，继续通过政策评估，进行包括土地制度在内的制度变更，优化产权状态和交易环境，以维护农民权益和塑造平等公正的市场规则。其中，在信息公开透明的基础上，建立激励相容机制，解决非对称信息引发的问题。第二，政府可以继续对乡村公共物品适度投入，弱化城乡间因公共服务差异造成的资产价值差异，维持社会整体意义上的公平。第三，为避免过度资本化和土地非粮化，政府可以结合用地管控，精准定向发放种粮补贴。第四，为保障个体农民的基本生活，应保证农民的基本土地需求底线。第五，政府应减少对土地流转的强制性，避免被资本绑架和胁迫进而造成对农民的剥夺与伤害。第六，在施展了第一推动力之后，国企等政府角色的经营主体不能始终“唱主角”，不能将政府的福利性投入与企业经营的经济效率过度掺杂在一起，以此既避免政府决策的低效投入，也能将市场活力的营造责任还给市场自身。

地方自治

与此同时，村民和乡村集体宜在政府的支持下，保持对资本的主动选择性，保留“说不”的权利，在遇到强势资本时，能够通过有效的自治进行平等对话和协商。地方主体也应全程参与审查、监督和救济来规范资本进入，避免资本留下负面的痕迹。

阶段视角

从阶段视角，应对利益剥夺和资本逃离等风险需要事前预防、事中监督和事后救济三管齐下。判断来自对资本的本质认识，包括资本的利益导向性和流动性，特别是金融资本投机的欲望。在资本进入乡村前，地方应尽可能吸纳善意资本，减少投机资本的比例。考虑到现代企业的股权构成难以厘清和分辨，需要设立明确的资本准入门槛，通过合理程序筛选准入的资本。在资本投入过程中，应促进外来资本的根植性，促使其和本地资本之间形成某种“捆绑”，建立和本地经济的共生性；同时，促进不同主体间的收益和责任的均衡，避免随意的资本逃逸；在资本发挥作用并产生了一定的空间和社会影响之后，比较理想的状况是地方有了自我积累且能走上可持续发展之路。面对资本作用的负面效应，地方也得进行积极的修补，包括开辟资本的有效退出机制，进行闲置空间的再利用等。

本章小结

继城市土地的资本化历程之后，中国的乡村也开启了由国家推动的正式的土地资本化进程。从土地的资源、资产、资本属性入手，能够了解土地资本化的内涵，也能结合中国的历史情境理解现阶段土地资本化的必要性。相关的理论研习，可以在价值维度、前提条件、发展过程和后续结果方面对国内乡村土地资本化提供借鉴和引发思考。对土地资本化的现实观察，揭示出一些典型特征，包括：政府成为投资主体或关键中介，政策性项目成为主要动力引擎，“三块地”的资本化潜力差异悬殊，土地权利集中引发多重效应，资本激发乡村生长活力但任重道远，各主体选择增加带来短期效应但长效难辨。

对乡村发展而言，土地资本化孕育着机会，带来了诸多的可能性。为寻求与资本结合的乡村转型策略，以及在乡村规划中促进合作、规避风险、保障地方民众利益的具体手段，需要针对资本的特性，调整和树立适于乡村空间建设的“游戏规则”。理想的结果是既维持资本在乡村经济社会发展中的动力作用，又为资本的空间扩张框定必要的边界。最终的解决方案还是在于普遍的合理性与地方性的结合。政府和乡村地方两类主体在资本流动过程中的角色定位和行动模式是值得持续讨论的议题。

第九章
资本介入下的乡村公共空间

传统乡村公共空间在遭遇了资本后，因为服务对象发生了根本性的变化，形态和功能均随之发生了变化。新时代里，村庄内生力量、政府力量和市场力量交织，推动着乡村公共空间转型。从生产和使用的角度分析乡村公共空间的特征，并权衡其间的关联和矛盾，能够形成对乡村公共空间的系统观察，也能为合理的建设规划做出指引。

乡村公共空间的历史演变

概况

公共空间作为乡村空间的重要组成部分，是进行乡村治理的重要场域，也是乡村空间演变的典型代表。从历史悠久的传统时期到短暂的计划经济时期，再到市场经济融入后的改革开放时期，乡村公共空间呈现出“功能与形式契合—政治与生产凸显—复兴与衰落并举”的演变特征。

传统时期：功能与形式契合

重要性

在传统乡村社会中，人们在局限的地域范围里，日复一日、代复一代地重复着相似的生产生活场景，形成“生于斯、死于斯，终老是乡”的熟人社会。人们在公共性的空间如水塘边、祠堂、田间、晾晒场、大树下、戏台等进行日常交往、信息交流和活动组织，公共空间是乡民们交往交流的重要载体。

生产与生活

传统的乡村熟人社会相对封闭和区间独立。在长期生产生活的合作互助中，基于村民经验衍生出满足不同功能的公共空间，属于内生动力驱动下自发形成、自组织的建构模式。例如洗衣码头满足人们的洗涮需求，借助洗涮平台、垫脚石等物质空间载体，在洗涮的同时人们聊天互动产生交往。又如戏台满足村民的娱乐需求，大树下满足村民的乘凉需求，祠堂满足村民的祭祖需求，水井满足村民的供水需求，同时，村民借此展开公共交往活动。传统乡村的这些公共空间总是以满足日常生活使用功能为前提，其功能与形式高度契合[27]。同时，在使用过程中产生人际交往，强化村民集体归属感与认同感，逐渐在空间载体中积淀着村落历史和乡土记忆，并最终形成地域精神价值。

计划经济时期：政治与生产凸显

政治与生产

新中国成立以后，国家权力向乡村全面渗透，乡村居民的生产生活在“大集体”模式下高度统一，具有鲜明时代烙印的公共空间得以形成。在行政力量的主导支配下，乡村一切活动都在集体组织下进行，传统的民间活动被禁止，大量宗祠、寺庙等传统公共建筑被赋予新功能或被破坏。乡村活动被频繁的政治集会、思想意识宣传以及生产建设取代，同时产生了露天电影、供销合作社、大队院、集体物资保管室、集体食堂、大队广场等新形式公共空间。这一时期村民的自由支配时间急剧压缩，个性化休闲活动减少，村民们失去了定义公共生活的权利，沦为政治权力组织下的被动者和生产建设的工具人。与此同时，大集体生产生活方式促成了均质化、单一化的公共空间，公共空间为政治目的所定义。

短暂性

这一特殊时期所产生的公共空间只是一种暂时的异化，在改革开放以后随着相关政治活动的取消而逐渐废弃。可见脱离村民主体需求的公共空间，纵然有强有力的外力推动，仍然无法在历史中留下一砖一砾。

改革开放后：复兴与衰落并举

活力突显

在国家权力抽离乡村以后，村民重新获得了定义自身生产生活的权利，村民自主权的回归与市场经济的渗入，使得公共活动的形式和内容变得自由多样，公共空间也得到复兴。一方面，计划经济时期被禁止的庙会、宗祠、社火、地方戏和宗教等传统文化活动纷纷重见天日，大集体模式下的集体空间和建筑纷纷失去存续意义。另一方面，在市场经济的影响下，乡村个体服务、小商品贸易活跃兴起，小卖部、货栈等相继出现，集市也恢复正常，市场经济极大地丰富了村民的生产生活并形塑了乡村公共空间，空前地激发了乡村活力。

分散化

国家权力的抽离给村民自主权利“松绑”，与此同时，“集体感”的猛然下跌也为乡村社会结构的稳定埋下了危机。一方面，政权改革使得乡村基层政权的权威下降，而传统基于地缘和血缘关系的乡土社会关系在上一阶段计划经济时期的冲击下已经难以恢复往日的整合度。整合乡村的力量缺位，村民集体感、认同感严重下降，人们逐渐从大集体退至小家庭，传统公共活动与公共空间衰落。另一方面，随着快速城市化的推进，市场经济因素向乡村全面强势渗透，伴随家庭联产承包责任制的施行，乡村生产生活模式发生了极大的转型，人们的活动逐渐摆脱对乡邻的依赖，生产生活也摆脱了对公共空间的依赖。往昔以村落为基本单位的邻里互助演变成了以家庭为单位的自力更生，许多承载传统公共活动的空间也从村落退至私人宅院内，原公共交往活动也逐渐消失。例如家里的自来水取代了水井，电风扇取代了大树，电视取代了乡村舞台，私家车取代了码头，手机取代了邮件等。

生产行为视角的乡村公共空间转型

概况

在生产行为视角中，首先从空间的生产主体分类入手，研究政府、企业、村集体与村民等各类主体跨不同历史时期在乡村空间的作为以及在新时期乡建热潮下的利益诉求。其次分析不同主体驱动力类型对应的乡村公共空间的转型特征。最后从空间生产的角度对南京三个典型案例村庄的生产实践及其空间效果进行分析。

乡村公共空间的生产主体及其动力机制

三方力量

在探究乡村公共空间转型的动因时，可以发现主要存在三方驱动力量：国家和政府、社会企业、村集体与村民。三方力量在乡村发展的不同历史阶段，基于各自不同的诉求，在各自力量所能触及的乡村社会、空间、经济领域，通过竞争与合作、妥协与博弈等多种方式共同影响着乡村空间，尤其是公共空间的功能、结构与景观（图 9-1）。

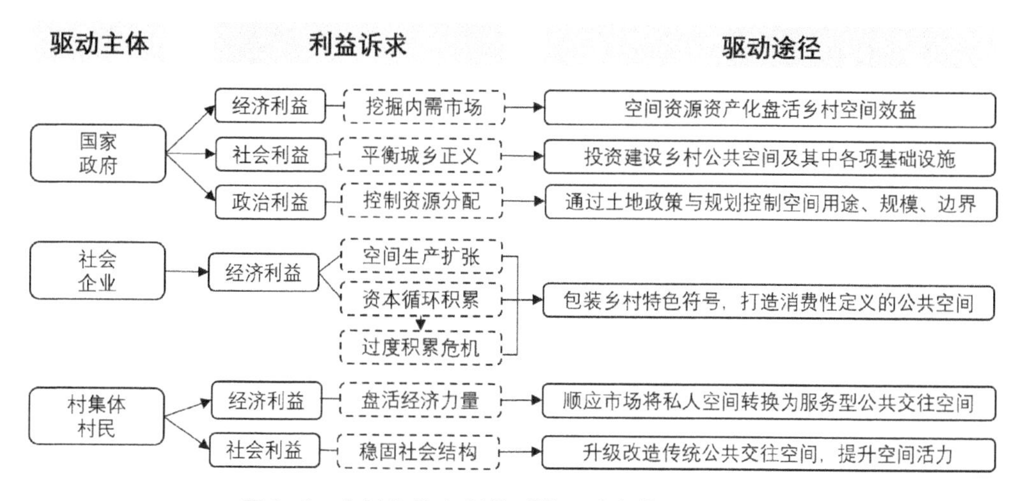

图 9-1 乡村公共空间转型的驱动主体及驱动途径

(1) 国家和政府

发展历程

国家一直以来是推动乡村转型的主导力量。传统社会的乡村属于乡绅牵头的自治系统，乡村空间发展远离国家力量的干预。新中国成立以后，国家力量迅速全面覆盖乡村，在当时“三级所有，政经合一”的乡村集体化共同体社会中，国家权力控制着乡村生产生活的方方面面，乡村空间呈现出以大集体生产为核心的特征。改革开放以后，随着家庭联产承包责任制的实施，国家力量逐渐抽离乡村，行政性集会和大集体生产活动骤减，商品化的快速流通、个体化的经济发展逐渐重塑着乡村公共空间。进入21世纪以来，随着各项政策的颁布，全国各地兴起新一轮乡村建设热潮。作为物质载体的乡村公共空间在这一系列经济、政治活动作用下实现同步转型。

政府行为

在村庄的公共空间生产中，政府行为有提高乡村人居环境质量和带动乡村产业发展的社会经济双重目的。其具体的空间行为有：通过各种专项资金及其他财政资金，对乡村传统公共建筑及空间进行保护修缮和改造，对公共景观环境进行修复治理，提供停车场、公厕等相关设施，植入新型公共空间——党群中心等行政嵌入性公共空间等。

(2) 市场与企业

新兴力量

市场与企业是驱动乡村转型发展的新兴力量。城市一度以强大的吸引力汲取了乡村大量资源和劳动力，深深改变了乡村传统生活方式，导致公共空间萎靡失活。21世纪以来，政策的调控给资本进入乡村营造了宽松的环境，越来越多的企业携资入驻乡村，利用乡村原有资源对其进行空间改造和产品升级，并获取增值收益。

企业行为

愈来愈多的资本下乡投资各类乡村地域的文创、农创产品，并利用乡村性要素打造符号化的乡村公共场所，提供多样化产品以吸引、满足、刺激和带动城市中产到乡村进行消费活动。在村庄的公共空间生产中，企业具体的空间行为包括以流转等手段获取全部或局部村庄建筑和土地，并进行消费性公共空间的打造，如游乐场、花海景观、商业街等。市场行为驱动形成的新型公共空间促进了村庄传统公共空间的消亡和转型。

(3) 村集体与村民

自发力量

村民自发力量是驱动乡村转型发展的内在力量。在传统社会中，村民通过自发的生产生活活动参与塑造乡村公共空间。同时，已形成的公共空间作为物质实体对村民的生产生活的形式、内容及人群交往产生一定影响，成为乡村构建社会关系和群体认同的媒介。在合作化时期，中国乡村的农民对公共空间的影响更多是在时代背景下的间接、被动式参与。改革开放以后到市场经济快速发展的今天，村民参与乡村公共空间建设的自主性明显提升。村民对于公共空间转型的影响主要是通过共同的价值观念、行为规范、民俗文化、社会舆论等引领乡村公共活动的内容和方向，由此赋予实体空间以内在价值和意义。

村民行为

在村庄的公共空间生产中，获得经济效益是村民响应政策倡导、顺应市场规律以参与乡村转型发展的核心诉求。政府的规划建设使得乡村居住环境和生活水平得到很大提升，乡村经济结构也在资本与消费文化的冲击下从原始的自给自足模式逐渐向开放式乡村消费模式转变。村民出于经济利益的考量，紧抓土地政策改革的时代机遇，通过经营农家乐、民宿获得经济收益，或通过土地房屋流转、入股等方式盘活资产获取收益分红。在此过程中，大量民宅变民宿、祠堂变博物馆、农地变采摘园，经济结构的转型推动村民的“私人权属空间”向“隐性、半公共性空间”甚至“公共性服务空间”转变。

自发力量

乡村特有的社会和文化结构受外部力量冲击较大，与此同时，属地的认同感、归属感以及村民自主意识、产权意识的崛起，使得村民在乡村公共空间建设过程中处于“核心”又“边缘”的具有张力的位置。村民参与始终是乡村空间建设可持续发展的内核，一些传统公共空间例如祠堂、水塘边、寺庙教堂等场所仍具有相当的交往活力，村民的自发活动对于自下而上的公共空间的塑造与转化仍然具有现实影响力。

（4）多主体互动

现实趋势

包括国家和政府、社会工商企业、村民和村集体在内的多主体参与乡村综合营建是现阶段乡村转型发展的主要趋势。在传统的乡土社会中，社会关系较为封闭、乡村建设力量也较为单一，乡村公共空间建设主要基于血缘、地缘等社会关系通过村民互帮互助共同建设完成。近年来，随着政治力量和资本力量下乡及其对乡村空间建设权力的掌控，国家政府、社会企业、村集体与村民成为驱动乡村公共空间转型最主要的三方主体，政府与企业组成的权资联盟是核心力量，其他社会力量如社会公益组织等是参与乡村公共空间综合营建的补充力量。

三阶段

多方力量共同作用下的乡村空间营建也呈现出一定的阶段规律（表 9-1）。第一阶段以政府为主导，其核心是公共基础设施的建设和村庄环境整治，公共空间的服务对象主要是村民。第二阶段是企业（国企或私企）主导的资本介入式发展，建设重点是乡村产业的培育与发展以及乡土特色文化的传承与活化，例如江苏“万企联万村”“江苏省省级特色田园乡村”等发展模式。在以旅游产业为主导的乡村中，第二阶段公共空间的建设往往以城市游客为主要服务对象，空间的消费性转型特征较为明显。在完成第一阶段的物质环境建设和第二阶段的产业文化提升之后，第三阶段中乡村开始向多主体共同参与的乡村综合营建模式转型，该阶段注重乡村治理、乡村可持续发展和城乡统筹发展，采用“自上而下”与“自下而上”方式相结合、外来权资力量与村民内生力量相竞协的发展模式，乡村公共空间的建设兼顾城乡居民且呈现出功能复合化特征。

表 9-1　乡村公共空间转型发展阶段比较

发展阶段	驱动主体	发展内容	发展模式	公共空间发展特征	公共空间服务对象
第一阶段	国家政府	物质空间建设：基础设施、公服设施、环境整治	财政主导	普遍提升，低水平	村民
第二阶段	企业	产业培育与发展、文化传承与活化、商业化空间打造	资本介入	投资大，水平高，可推广性低，向消费性转型	消费者
第三阶段	多主体	内核发展：乡村空间治理、乡村可持续发展和城乡统筹等	综合营建	可推广，较高社会经济发展水平	城乡居民

多重关系

在复杂的多主体竞合关系中，首先是政府、消费者、企业的互利关系。政府的城乡统筹和乡村振兴的执政发展理念、城市居民对乡野空间和乡土情怀的消费需求以及企业空间扩张和资本增值的诉求，共同促进了乡村空间的商品化生产。其次是权力、资本与知识的多方联盟。几方基于各自空间权力和利益诉求在乡村空间挥洒笔墨，试图重构乡村公共空间、重塑乡村精神文明。最后是村民与外来群体的博弈。一部分村民基于经济利益加入空间生产联盟，对其努力顺服、适应甚至主动迎合、争取认同与合作。

乡村公共空间的转型特征

力量交汇

城市化的推进造成了大量空心村，破坏了乡村传统的传承，乡村公共空间面临着空前的衰败之势。在此背景下，以政府为主的行政力量和以企业为主的市场力量在“城市反哺农村”的理念和“美丽乡村”“乡村振兴”等乡建政策带动下携资、携项目下乡，与村民、村集体形成的内生力量在乡村治理、经济发展、空间建设等多方面展开博弈与竞合，促进了乡村产业和物质环境的转型。主导乡村空间建设的驱动力量不同，乡村转型发展的空间特征也有差异，其中乡村公共空间因其公共性、开放性、共享性等特征，更是成为多方主体力量重塑乡村空间秩序的重要场域。

（1）行政驱动下的公共空间同质化、拟城化、扁平化与错位化

基本特征

2006年新农村建设的启动标志着乡村进入新的发展阶段[①]，作为发展载体的乡村空间也面临着转型。政府力量的强势回归给乡村复兴带来了新期盼，全国性的村庄整治工程全面铺开，包括局部的大拆大建，彻底重塑了乡村空间。南京市经过“美丽乡村建设”“农村人居环境整治”“乡村全域旅游”“特色田园乡村”等建设阶段，乡村发生了巨大变化。在此过程中，政府投入大量资金进行道路、村民广场、活动中心、党群实践站、景观绿化等公共空间建设以提高村庄人居环境质量，并围绕乡村旅游打造了游客服务中心、餐饮一条街、滨水空间、公厕、停车场等公共基础设施。行政主导下的乡村公共空间呈现出“同质化”“拟城化”“扁平化”“错位化”等特征。

同质化

以村委会为核心的村民活动中心、老年福利院、村民活动广场、健身广场、村史馆等行政嵌入型公共空间成为政府进行乡村建设的标配，技术标准、规划方案、材质选择、建设施工的统一化导致该类公共空间“同质化”现象明显。如《南京市农村地区基本公共服务设施配套标准规划指引（试行）》中规定，南京市农村地区一级社区（1000~5000人的社区）必须配建社区行政管理与公共服务用房、卫生室、托老所、体育健身设施、文化活动设施、菜市场、垃圾收集站、公厕、邮政代办点、电信代办点、公园、小游园等基本公共服务设施。私人民宅的围墙、门匾等也成为标准化景观打造的对象，通过统一拆除严密性、安全性更好的围墙，换作视觉通透性更高的篱笆，以促进村民生活的场景化展示，为乡村旅游发展营造质朴的乡土环境。可想而知，统一标准、预期内建设，各村规划又有相互借鉴学习的可能，营造出的空间自然具有相似性。

拟城化

出于用地效率和建设效率的考虑，这些新型“行政嵌入型”公共空间通常被集中建设为“公共空间综合体”——类似于城市“商业综合体”的建设理念（图9-2）。另一方面，有些地方政府利用城乡建设用地“增减挂钩”，通过将村民“赶上楼”建设乡村集中社区来获取用地指标。上述行为以“现代性”为名破坏了传统乡村空间，以城市型建造方式做了简单替代。

扁平化

“扁平化”指乡村公共空间建设“徒有其表、失其内涵”，甚至出现不少“空壳型公共建筑”（图9-3）。在乡村公共空间的规划设计中，设计人员常常更加看重建筑外表的设计，缺少对公共空间所服务人群的实际行为与空间关系的

① 2006年十届全国人大四次会议通过《中华人民共和国国民经济和社会发展第十一个五年规划纲要》（简称“十一五”规划），提出建设社会主义新农村。“十一五”规划共分为14篇，第二篇的题目即为《建设社会主义新农村》，以“发展现代农业”“增加农民收入”“改善农村面貌”“培养新型农民”“增加农业和农村投入”“深化农村改革”六个章节来详细描述如何建设社会主义新农村。

图 9-2　同质化与拟城化的乡村“公共建筑综合体”

考量，忽略公共空间场所精神的营造和实际功能的发挥。村委会、村史馆、电商服务站等“行政嵌入型”公共空间逐渐沦为千篇一律的“乡村展示品”，且通常处于关门状态，可进入性较差，设施友好性较低，其最大的贡献就是满足了政绩考核要求，“规整”了零散却富有活力且蕴含文化记忆的内生型公共空间。

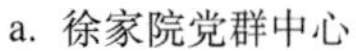
a. 徐家院党群中心

b. 村史馆

c. 徐家院电商服务站

图 9-3　“扁平化”设计的乡村公共空间

错位化

“错位化”首先指主体错位，政府行为本应以村民为重，然而在愈来愈市场化的乡村发展过程中，政府工作逐渐从村庄环境整治和基础设施提升转向吸引企业入驻，立足于“七通一平”以及房屋统一建造，满足企业“轻资产”运营目的，满足市民视觉消费需求。其次是形式错位，与平阔大道、花间小路和两侧精心设计的白墙绿篱笆经营用房相比，处于村庄隐秘处的村民住房显得破烂凋敝，道路窄小坑洼，公共环境质量低下。与耗时耗力耗资的招商类空间建设比较，服务于村民的社区公共建筑在规划中往往却以追求建设效率为由草草完工，公园化的景观、硬质化的广场、粉饰化的建筑设计使得公共空间缺乏人文关怀和忽视村民生活实际需求。“错位化”发展导致乡村公共空间在内涵和视觉上形成迥异对比（图 9-4）。

a. 垄上村民宅与民宿的主体错位化

b. 漆桥村凋敝侧巷与旅游主街风貌错位

图 9-4 主体、形式错位化的乡村公共空间景观

小结

政府主导下的公共空间建设是城市设计人员以城市思维和城市审美对乡村公共空间的重新定义，是一种外来力量强势介入下对乡村主体空间权力的取缔。在这种自上而下的空间建设中，空间“拟城化”与“扁平化”特征明显，空间功能和形式的生产者与空间的使用者割裂，村民参与空间创造的权利弱，只能被动接受与适应。

（2）市场驱动下的公共空间商品化、符号化、异质化与排他化

基本特征

在美丽乡村建设、乡村振兴等政策的带动和政府的投资下，乡村的物质空间环境得到极大改善提升，没落的生态自然景观也逐渐得到修复。大量政府项目落地乡村，为乡村带来了可观的资产增值沉淀，乡村空间逐渐成为资本“青睐”的建设地盘。政府对村庄物质条件不计成本、不求收益的投资，一方面改善了村民的生活水平，另一方面也是吸引企业带资、带项目、带人才、带技术下乡的重要手段。乡村公共空间成为政企联盟合作共赢的重要场域，其中政府主要完成乡村空间梳理和空间品质的提升，企业则在空间中进行功能置换和产业升级。市场主导驱动下的乡村公共空间以优美的生态环境和特色人文资源为底蕴，以城市消费者为主要服务对象，通过吸引更多游客进行旅游消费以实现

资本增值。企业资本对乡村性要素进行符号提取、剪切、拼贴等，打造出功能现代化、形态特色化、内涵绅士化的乡村公共空间“产品”。资本逻辑主导形成了包含公共—半公共属性的公共空间，其具有“商品化”“符号化”“异质化”“排他化”等特征。

商品化

一些拥有雄厚资本和健全产业链的大型企业，往往具有强大的市场竞争力和较强的议价能力，能在短时间内获得大宗乡村土地，并对其空间进行商业化改造。市场机制主导下的公共空间设计与改造，尤其是企业直接管理运营的空间，往往是在抽离了村社集体利益的框架中，生产出由消费主义定义、服务于消费者、满足消费需求的公共空间（图 9-5），属于成功商业运作手段下的空间生产，例如轻奢咖啡馆、高端民宿、游乐场、真人 CS 等公共空间，已然没有乡村集体公共性的意涵。

a. 徐家院商量书房

b. 游子山村民宿

c. 青龙村生态餐厅

d. 黄龙岘商业街

图 9-5　商业化的乡村半公共空间

符号化

“乡愁”经济带动了乡村旅游的新潮流，企业以其敏锐的市场嗅觉和成熟的市场运营手段，通过传统乡村场景的“符号化”虚拟构建，利用公共空间搭建“乡村舞台”（图 9-6），呈现出一场场“乡村主题表演”。如村口绣花的“阿婆”、蓝花衣的“采茶女”、取代砖墙的竹藩篱、路边“随意”倾倒的陶瓷罐、与气候不合的花海景观等，最终能满足城市消费者的乡愁情怀和猎奇心理。

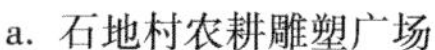
a. 石地村农耕雕塑广场

b. 徐家院花海景观小品

c. 陈村主题彩绘墙

图 9-6 符号化的乡村公共场景

异质化

如果说“符号化”对乡村性要素的提取和应用有利有弊且对空间的影响往往是小范围、局部的甚至是点缀性的，那么“异质化”则是基于消费者偏好对乡村进行的影响较大的、大范围的、显著的空间改造，是一种让人“耳目一新”的乡村空间革新。城市的空间建设模式可能侵入乡村，造成乡村空间和社会的双重分异（图 9-7），例如大型停车场、影视拍摄基地、真人 CS 以及以农宅改造的、风格迥异于本土风貌的轰趴馆、度假别墅、酒吧等。篝火节、啤酒节、帐篷节、螃蟹节、桃花节等贯穿全年全季节的节日活动也迎合着城市消费格调。

a. 石地村风格混搭的湖中亭

b. 茅山脚村现代化轰趴馆

c. 石墙围村哥特风影视基地

图 9-7 异质化的乡村公共空间场景

排他化

空间的“异质性”往往导致空间的“排他性”（图 9-8），一方面是这些迎合消费者需求的新型空间占据了传统公共空间，或者与相邻的传统空间格格不入；另一方面，这些服务于消费者的“小资”趣味的公共空间不仅不是由村民建设、管理，也不服务于本地村民，甚至在边界处设置藩篱排斥本地人群，是一种使用门槛较高的新型公共空间。

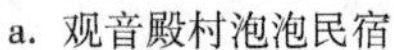

a. 观音殿村泡泡民宿　　b. 王家乡村欢乐谷　　c. 徐家院若谷民宿

图 9-8　排他性的乡村半公共空间

小结

这种市场主导下的公共空间建设过程中，企业以消费文化为核心，提取乡村“符号性”要素，占据或排斥传统乡村空间，实现空间扩张和资本增值。在这种消费文化力量对空间权利的强力占据下，乡村各类要素、空间和人群均沦为资本增值的工具，乡村公共空间的符号化和异质化打造推动空间商品化转型，消费门槛导致乡村公共空间逐渐成为“排他性”空间。

（3）内生驱动下的私人空间向半公共空间的多功能化转型

基本特征

权资联盟占据乡村转型发展的核心话语权，村民自身的观念和行为受到权力、知识和资本的引导甚至强迫。村民顺从或反抗外来力量的空间意图，从而引发由村庄内生动力驱动的乡村发展以及公共空间的转型。一方面，在政府与企业的权资联盟对乡村空间进行商业化改造、利用的同时，受消费文化的冲击，一部分村民基于利益诉求主动成为权资逐利的同盟，努力配合争取其认同，并在自有权属的物质空间进行适应性改造以满足消费需求，空间上即表现为“私人空间的多功能化转型”。相反，如果权资联盟强大的话语权使得普通村民无力反抗，正如列斐伏尔所说的“日常生活的反抗”由于缺乏组织力成为扔进湖面的小石子，激不起任何水花和涟漪，这种情况下村民往往处于被动顺从甚至屈从的状态，丧失话语权的村民对公共空间转型的影响甚微。村民参与对外服务的程度和服务内容的不同，导致私人空间向半公共空间的多功能化转型呈现出一定的分异特征。

增加公共性

内生驱动下的公共空间转型主要表现在私人权属空间向有限公共性、交往性空间的转变。那些主动迎合权资联盟和市场消费主义的村民，通过对个人所有的宅基地、农房、农用地进行多功能化改造，实现公共空间转型（图 9-9a）。首先，室内空间由私密空间向半开放性公共空间转型，原有的居住用房被改为精致的客房；客厅不仅是家人的活动空间，更成为满足住客多样文娱需求的空间，配置有麻将桌、书架、桌游等设施满足游客交流互动需求；卫生间、厨房等空间也得到扩建改建以满足住客需求，成为服务游客的共享性空间。其次，原本就具有一定开放性和交互性的院落空间更加成为公共性空间，同时配置有供游客茶歇聊天的亭廊花架，任何游客都可以进入参观停歇。夜幕降临，昏黄灯光渲染下的静谧优雅的庭院是个纳凉放松的好地方（图 9-9b）。最后，原本仅有微弱经济效益的耕地也迎来了新的转机，以“绿色无污染”的原生态菜蔬满足了城市居民对健康生活的向往，采摘体验、耕种体验使田间地头成为亲子游戏场和农事教育场地，甚至原本边边角角的闲置地也得到了活化利用。在村民的内生力量驱动下，传统农宅、农用地空间、滨水空间向以服务游客为主的公共空间转型（图 9-9c）。

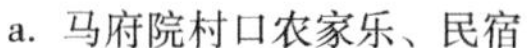
a. 马府院村口农家乐、民宿

b. 佘村王家民宿

c. 前石塘村滨河特色农家乐

图 9-9 私人空间的多功能化转型

多样性

不同业态功能的消费性公共空间对应不同的空间形态和选址，并进一步带来空间分异。例如民宿往往注重客房装修和静谧的环境，而农家乐更加注重餐饮区的山水景色和有活力的商业氛围。在进行农房多功能化改造时，不同能力和审美的村民会选择多样化的设计风格，形成空间风貌分异。特色、主题式空间更加容易吸引城市游客的视觉，从而导致对游客吸引力的强弱对比。业态同质化竞争中经营惨淡的村民不久便放弃，农宅转化所形成的“暂时性”的公共空间又可能重新回归私人空间。

三个案例村庄的空间生产实践及空间效果

多种模式

整体而言，南京乡村发展在投资与建设方面，主要参与者有政府、企业、村民集体等，且互相合作形成了多种模式。在村庄产业类型方面，包括农旅文创型、特色农业型、古村复兴型、小众文艺村、农家乐村、茶文化村等。在运营管理模式方面，有社区主导、社区+国企、社区+私企、社区+社会团体等多种模式。不同的空间生产过程会塑造不同的公共空间形态。

案例选点

南京乡村发展中“五朵金花”和“特色田园乡村”较为典型，本节以其中三个相关村庄（表 9-2）——JN2 徐家院、GC2 垄上、JN6 前石塘村为案例，从生产主体、资金来源、后期管理维护、空间形态几方面梳理其建设发展历程，探究并评价不同乡村公共空间的生产实践和转型特征。其中，石塘村是第一代南京市近郊乡村旅游的典型代表，垄上和徐家院都是江苏省第一批特色田园乡村，三个村庄人口规模大致相当，可以从时空横纵对三个案例进行对比分析。

表 9-2　案例村庄相关信息汇总

村庄	定位/类型	入选时间	村庄定位	建设主体	投资主体	运营管理
横溪街道石塘村	“五朵金花”	2008	农家乐村	私企	政府+私企	政府
青山村垄上自然村	特色田园乡村	2017	茶文化村	私企	政府	私企
谷里街道徐家院村	特色田园乡村	2017	特色农业村	政府+私企	政府	政府+私企

（1）徐家院

空间实践

首先是空间实践方面。从建设主体视角看，徐家院属于政府与私企合作的模式，区政府与街道提供上位规划和指导建议，街道依据上位规划进行统一招商，具体的建设工作则以社区为主体引入私企进行联合开发建设。2016 年徐家院经过“千村整治，百村示范”工程建设，村容村貌得到较大提升。2017 年，徐家院入选江苏省首批特色田园乡村试点村，规划依托互联网发展高效农业，以“菜园、果园、庭院”三园共建的思路，以合作社和种植大户为主体，引入相关私营企业，发展田园蔬菜、经济林果等农业产业。在建设资金来源方面，提升基础设施、整治民宅房屋等均由政府出资，“三园”建设则由企业投资。在运营管理和维护方面，徐家院属于“社区+私企”模式，社区负责村庄的生态环境卫生（如垃圾清理、水环境监督管理等）和道路等基础设施后期维护，以及依据产业发展规划推动土地流转，引入相关企业发展现代农业，并对村内旅游项目如现代农业、农家乐、民宿等的运营进行日常管理与监督。旅游公司则负责特色产品研发和打造 IP 并宣传特色田园品牌。发展现代农业的具体路径包括组建徐家院土地股份合作社和蔬菜农地合作社，组织村民成立生产联盟，依托龙头企业南京靓绿农副产品开发有限公司，打造“春牛首”农产品品牌等。2019 年，徐家院正式入选江苏省首批特色田园乡村。2020 年，谷里街道与多家企业合作在徐家院打造了太阳谷科普教育创新基地，提供集民生、科普、医疗、教育、培训等为一体的服务项目。

空间效果

其次是空间效果方面。通过生态优化、村庄建设、产业发展、乡风文明建设等一系列工程的规划及建设实施，徐家院的公共空间如道路、水塘、农田花海、广场、停车场、游客服务中心、村民活动中心、村史馆、图书室、商会科教电商一条街等纷纷建成。通过对比 2017 年与 2021 年的卫星影像图可以看出，徐家院的空间建设基本按照规划实施（图 9-10、9-11），乡村公共空间的功能属性得到拓展，物质空间转型效果明显。徐家院整体呈现明显的空间分异，村落中心以及沿主路主巷的建筑、景观等建造水平和质量都较好，而稍隐蔽处村民的房屋破败，存在多处断头路。

图 9-10　2017 与 2021 年徐家院卫星影像对比

引流效果

伴随着各类服务、娱乐、观光项目和活动在乡村空间的落地，徐家院吸引了大量城市游客。根据紫金山 APP 中对乡村旅游指数的统计，2021 年 3 月徐家院郁金香开放季，19 天共接待游客 7.9 万人次，每年游客量则达 40 万人次。整体来看，空间的改造提升、大型活动的开展有利于提升公共空间交往活力，然而人群活动在空间上也呈现明显的不均衡。大规模的休闲娱乐空间如 120 亩水体、60 亩景观花海以及 200 余亩采摘体验区，在重大的节日可以吸引并承载大量外来游客。

社会效应

再次是社会效应方面，徐家院在规划建设期以街道为主要投资建设主体，运营期采取街道零散招商的模式，由街道负责管理与运营，辅以行政力量的推动，徐家院公共空间建设取得显著成果。然而，新型产业空间在提升村民就业方面带动有限。同时，越过村集体及村民意志、由基层政府打造样板村的发展模式，其可推广性和可复制性较差。

（2）前石塘

空间实践

首先是空间实践方面。前石塘村属于政府与私企合作的模式。2008 年科赛集团联合横溪街道、南京日报报业集团合股组建南京科赛旅游投资发展有限公司（简称南京科赛），基于“项目换土地”的 PPP 合作模式在前石塘打造“石

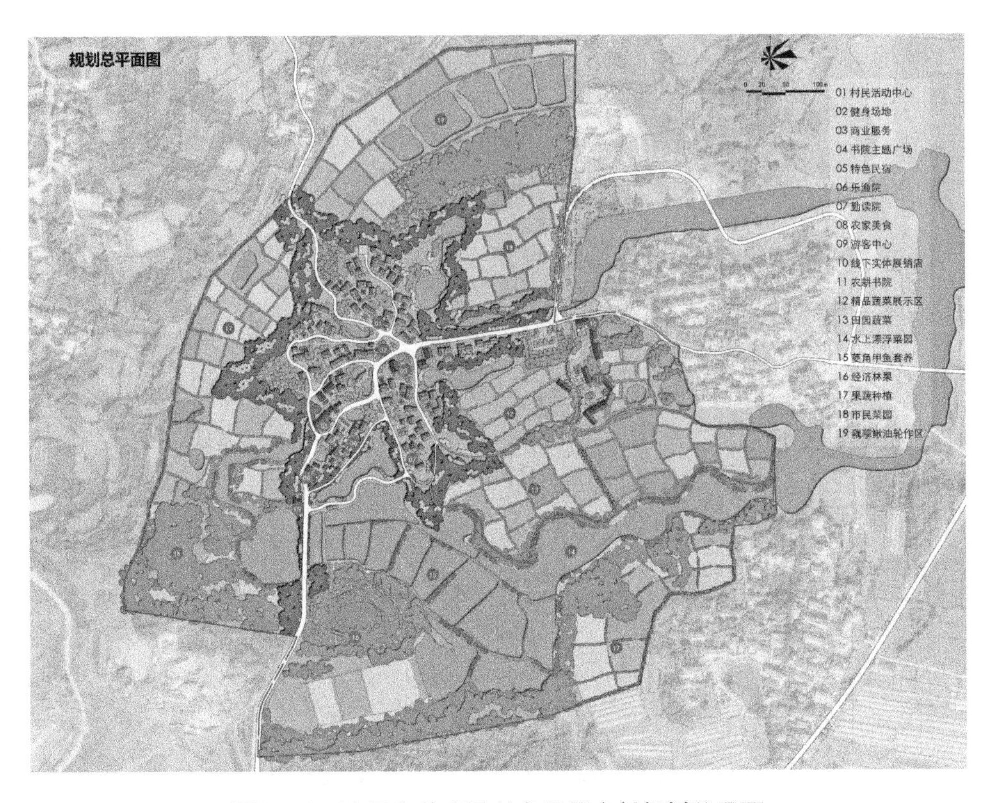

图 9-11　2017 年徐家院特色田园乡村规划总平面

塘竹海”项目，即由南京科赛投资对石塘村进行基础设施改造提升和农房建筑徽派改造美化，地方政府则将 200 亩国有土地使用权回报南京科赛，因此石塘村实际的建设行为主要由南京科赛完成。在建设资金来源方面，南京科赛投入约 1.3 亿元，石塘社区村庄整治综合领导小组投入 180 万元，对前石塘的房屋、道路、景观、给排水等基础设施进行了规划建设。在多方资本的推动下，前石塘从原来“偏穷远”山村转型为以独特乡土景观和农家乐为卖点的南京近郊乡村旅游目的地。在企业持续开发建设和运营下，石塘村乡村旅游如火如荼，具有稳定发展的态势。在后期运营管理和维护方面，由于政策变更，石塘政府无法兑现 200 亩建设用地的回报，政企联盟“项目换土地”计划最终失败，当地政府与企业矛盾日益尖锐，2011 年南京科赛退出石塘村。其后，石塘村所在的横溪街道成立了专门的融资平台——横溪文化旅游发展有限公司负责石塘村乡村旅游运营管理，承担石塘村开发建设投资和公共服务与管理双重职能，发展重点从前石塘村“石塘竹海”项目转移至后石塘村并启动“石塘人家”项目，前石塘村村民对于南京科赛退出、政府投资重点向后石塘转移有诸多抱怨和不满。

空间效果

空间效果方面，经过 2008—2011 年三年“石塘竹海”项目的建设，石塘村的道路、广场、地下管道等基础设施得到极大提升，全村100多户农房通过统一规划改造成粉墙黛瓦的徽派建筑风格，建成了九龙潭观景台、问竹潭、青草堤、双子亭等一批景点（图9-12）。另一方面，政策支持引导下石塘村村民运营了60多户农家乐，向游客提供餐饮、住宿、垂钓、品茗以及农副产品和手工艺品销售等多项服务。

社会效应

社会效应方面，石塘村是由政企联盟主导开发的，政府对村民及村庄发展的各方面都承担着强力的扶持、救济、引导作用。与南京科赛的政企合作失败导致村庄发展与维护受阻，政府投资重心向后石塘转移、村庄水系生态环境被破坏更是导致前石塘"一朝回到解放前"。然而村民对于乡村发展与空间转型的认知明显滞后于客观实际，村民普遍存在"等靠要"思想和依赖农家乐的认知茧房，理想与现实巨大的落差导致民生哀怨。

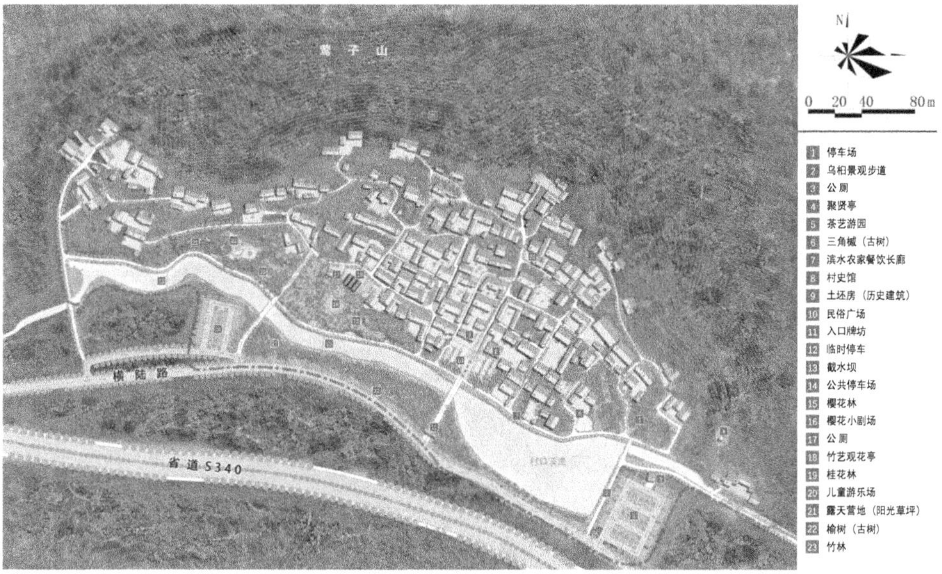

图9-12　前石塘村规划平面

资料来源：南京市规划和自然资源局《江宁区横溪街道石塘村前石塘传统村落保护发展规划》

（3）垄上

空间实践

空间实践方面，垄上村属于政府与私企合作的EPC模式，即企业全程参与项目的规划设计、建设、运营管理。垄上村由街道与南京慢耕投资管理运营公司（简称慢耕公司）合作规划建设茶艺文化基地，对当地功能产业的植入、建筑更新、环境提升等进行规划设计，设计方案由街道确定。在施工阶段则由政府负责出资、企业负责招聘施工团队和规划的落地实施。在投资主体方面，政府是垄上村的核心投资方。在后期运营管理中，村集体经济组织控股领办、以土地承包经营权作价入股、以全村农户为合作社成员、开展闲置宅基地和农村空关房的收储租赁，从村民手中流转了13栋闲置住宅，以10万元/栋的价格永久买断归集体所有，然后转租给企业培育茶文化产业。村集体与慢耕公司就13栋房屋的使用权签订了20年房屋租赁合同，前10年免租，后10年每栋3万元/年。在后期运营管理和维护方面，则由慢耕公司轻资产上阵独立运营。由此，保留历史韵味的传统建筑中植入了书吧、物外咖啡、不语乡村生活馆、“茶裡”茶文化空间、文创书屋等休闲娱乐空间和民宿。未来打算引入更多的艺术家驻村，打造集田园居住、文创艺术、观光体验于一体的特色文艺村（图9-13）。村东有14亩建设用地，规划拟进行亲子教育基地等度假产品的开发。后期垄上村日常的环境维护由公司负责招聘保洁工作人员，相关费用由政府承担。

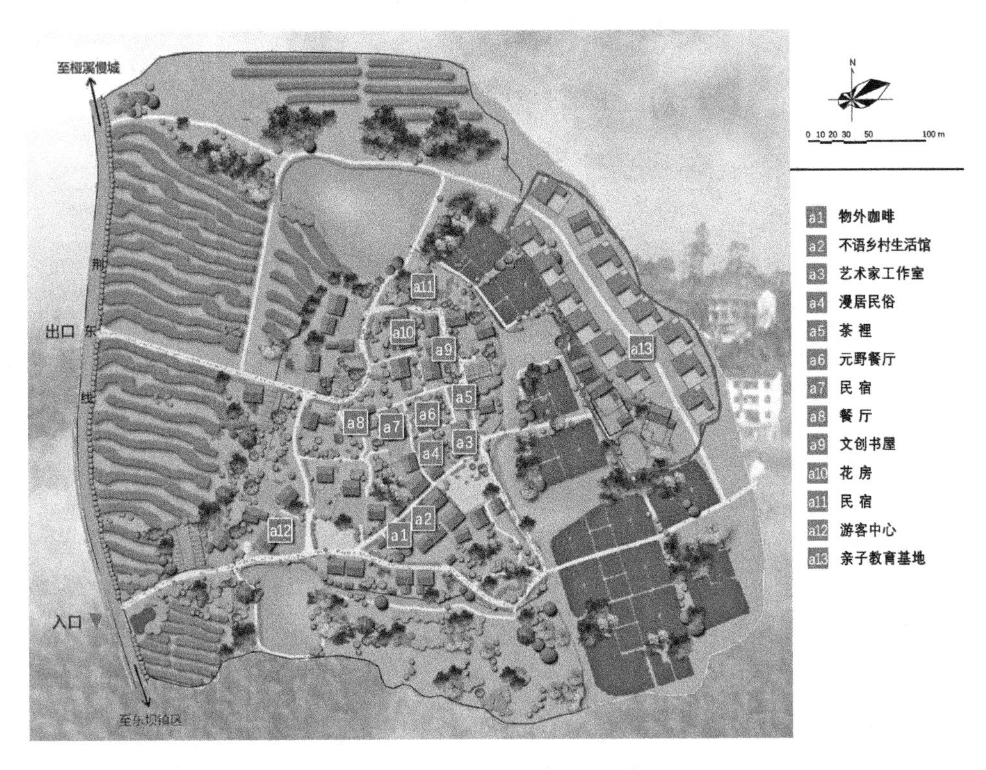

图9-13　垄上村规划总平面

资料来源：垄上村乡村振兴规划

空间效果

空间效果方面，2017年垄上村还是南京市级经济薄弱村，2017年底其作为江苏省第一批特色田园乡村之一启动建设，到2019年正式建成对外开放，两年时间内围绕茶文创基地定位要求进行规划建设，村内基础设施、公共服务设施、村容村貌都有了整体改善与提升。截至2021年，游客服务中心（含一楼书吧、村民议事室、志愿者服务站、党员活动室及网格化管理办公室）、物外咖啡、不语乡村生活馆、“茶裡”茶文化空间、文创书屋等由闲置房整治改造的公共建筑已装修完成并投入使用。

社会效应方面，垄上村也是政企联盟主导开发建设，在实际的规划和基础设施建设中，政府切实改善了当地村民的居住环境，然而其更加关注的是迎合企业需求的招商环境的打造。在公共空间的规划建设中，极度弱化了村民的参与，忽视其生产生活体验感。村庄运营期更是全权委托企业，而企业以经济利益为导向，以消费需求为服务重点，导致村民在村庄生活和空间活动方面逐渐被边缘化，村庄呈现明显的空间分异。

社会效应

使用行为视角的乡村公共空间转型

本节聚焦乡村公共空间的交往属性，从使用行为视角探究乡村公共空间的转变。第一步解释调研方法。第二步从“物质空间—交往人群—交往行为”三个公共空间构成要素入手，首先对行政嵌入型、市场推动型、村庄内生型公共空间的物质环境及其特征进行分析；其次对原住民和新村民两类交往人群及其特征进行分类阐述；最后从交往行为特征和交往模式两方面对交往行为进行综合分析。第三步基于典型案例进行认知地图绘制，并根据“三个村庄、三类空间、三种人群”进行乡村公共空间认知的交叉分析，发现并总结了不同乡村的认知空间变迁规律和机制。第四步从使用者需求度和满意度两方面对公共空间的使用进行综合评价，并依据评价结果提出相应规划建议。

概况

调查方法

针对原住民和新村民进行调研，在三个样本村各搜集到21份有效问卷及认知地图，调研内容主要针对被访者基本信息、交往与相处、公共空间使用与评价等（问卷见附录Ⅲ）。徐家院村全村43户，人口139人，常住人口50~60人，有效问卷中原住民12份，新村民9份，常住人口的问卷比例约为25%。前石塘村全村66户，人口198人，常住人口40人左右，有效问卷中原住民21份，新村民0份，常住人口的问卷比例约为50%。垄上村全村共54户，人口141人，常住人口25~30人，有效问卷中原住民14份，新村民5份，常住人口的问卷比例约为57%。

问卷数量

由于三个村庄本身人口规模较小，常住人口更少，且常住人口又以中老年群体为主，因此有效样本数量与质量受限。上述问题对问卷分析结论的影响需要解释说明。首先，虽然有效样本的绝对数量较少，难以形成统计学意义上的

补充解释

结论，但其占常住人口的比例尚可，因此样本统计分析的定量化结果并不绝对反映该村整体的实际情况，仅作为常住人群对公共空间使用情况的分析参考。其次，分析过程将问卷与深度访谈结合，力求尽量贴近现实。最后，将通过对三个村庄统计数据的对比分析，弥补由单个村庄统计数据推导结论的不足，力求增强分析结论的可信度。

物质空间及其使用特征

概述

“空间”和“行为”是交往形成的两个重要因素，空间的“公共性”会影响空间中交往人群的数量和交往活动的质量。因此“空间—空间中的人—空间中人的行为活动”即“物质空间—交往人群—交往行为”是公共空间交往属性的核心构成要素，本节及其下的两节将结合案例村庄对这三方面要素展开详细论述与分析。

空间分类

物质空间是交往行为的发生场地，也是交往活动的承载地。其位置、功能、规模大小、开放度、环境适宜度、交通可达性度等都影响着物质空间对交往人群的吸引度，进而影响空间中交往行为的产生与表达。延续前文按空间生产的驱动因素分类，梳理三个案例村庄的行政嵌入型、市场推动型、村庄内生型公共空间（表9-3），并进行空间示意（图9-14）。

表9-3　按驱动要素分类的乡村公共空间

<table>
<tr><th>乡村公共空间</th><th colspan="2">具体空间类型</th></tr>
<tr><td rowspan="2">行政嵌入型</td><td>室内</td><td>村两委
党群服务中心
村民活动中心
村史馆
乡村振兴堂</td></tr>
<tr><td>室外</td><td>文化主题广场
滨水、休闲长廊</td></tr>
<tr><td rowspan="2">市场推动型</td><td>室内</td><td>游客服务中心
艺术家工作室（陶坊、染布坊、豆浆坊）
博物馆、展示馆
电商展示基地
消费性公共空间（食堂、民宿、农家乐、咖啡馆、茶馆等）
教学培训基地
儿童游乐场</td></tr>
<tr><td>室外</td><td>教学培训基地
花海农田景观
公厕
停车场</td></tr>
</table>

续表

乡村公共空间	具体空间类型	
村庄内生型	室内	妇女活动中心 宗祠信仰空间 小卖部
	室外	街巷道路 宅前宅后 滨水滨湖 小广场 树下 集市

（1）行政嵌入型

行政嵌入型

为保证集约用地同时提供高效便捷的服务，村两委、党群服务中心、村民活动中心等行政嵌入型公共空间建筑作为“标配”通常会集中配置，其一般位于主街巷、十字路口或村口，交通可达性强，建筑风格庄重，周边环境干净整洁。行政嵌入型公共空间一般配置较好的便民服务、体育休闲等设施，空间活动的舒适性较高，对人群交往的吸引力较强。村史馆一般由传统老宅或宗祠改建扩建，建筑体量较普通民房稍大，其功能以展示参观为主。石塘人家的乡村旅游开发运营核心转移至后石塘后，前石塘村口的村史馆常年大门紧闭、维护

a. 徐家院村公共空间布局

b. 前石塘村公共空间布局

c. 垄上村公共空间布局

图 9-14　三个案例村庄的公共空间布局

中断，既不对游客开放，也没有成为村民的休闲空间。徐家院的文化大院改建后成为村史展示、村民活动的新空间，然而村史馆、活动中心等公共空间也多是大门紧锁，人迹罕至。文化主题广场通常位于村落中心，或结合当地地形和特色景观布置。如徐家院 3 ha 的农耕文化主题广场依水而设，“水八仙”主题水塘约 7 ha，视野宽阔，广场配置了儿童游乐设施，一方面吸引了不少本村及周边村落的村民，另一方面也为入驻本村的企业提供了教育培训等教学基地和产品展示基地。

（2）市场推动型

市场推动型

毋庸置疑，消费型公共空间是其最具代表性的新型空间，如民宿、咖啡馆等，一般位于村落主要街道两侧，并有明显的标识指引。建筑外表风格提取了部分本土建筑元素，内部装修现代化。除此之外，相关旅游服务配套的空间及设施如游客服务中心、生态化停车场和公厕一般位于村口，为外来游客提供便捷服务，在规模、数量上也考虑到当地村民和外来游客需求。例如垄上村是传统村落，受限于传统村落的开发控制和村落地形及规模，其致力于打造小众精致的茶文化特色村庄。在保留村庄传统街巷肌理和保护修缮传统建筑的基础上，通过流转盘活了 13 栋建筑，打造了艺术家工作室、咖啡馆、餐厅、民宿等公共业态。作为南京屈指可数的“文艺乡村”，垄上村的文化型公共空间相对于遍地开花的消费型公共空间，不仅具有较高的空间环境品质和可达性，且具有一定的公益性和开放性。徐家院由街道投资建设并运营，除了农家乐、民宿、咖啡馆等典型的消费型乡村公共空间，最引人注目的当属科普一条街，沿街布置了科普 e 站、民生科普体验馆、电商积分兑换超市、科技医疗馆、太阳谷科普教育创新基地等。然而这些空间平时并不对村民开放。除此之外，大型文化广场、景观水塘和农田花海也使徐家院成为南京市民的郊野公园和网红打卡地。

（3）村庄内生型

村庄内生型

经过城乡规划全覆盖、美好城乡建设、村镇布局规划、特色田园乡村建设等一系列规划和建设改造，公权力与资本形成的政企联盟以强势的能力和作为在乡村空间上轮番操作，几乎任何一块乡村空间上都有外来生产者的设计和表达痕迹。在当下的南京乡村，很难找到一处完全由村民自发建设形成的公共空间，因此这里所指的村庄内生型公共空间是指空间由政府等其他主体生产，但并未规定明确的空间使用功能，其中的交往主体为村民，交往活动由村民自主发生。滨水空间就是内生型乡村公共空间的典型代表。

示例

徐家院的公共空间改造力度最大，大型水域修整及滨水景观、休闲设施的打造，促发了村民自发公共活动的产生，也是承载人群交往的重要平台。村民自发的休闲活动由传统的宅前屋后、街巷空间转移到宽大、明亮、舒适的新型公共空间。垄上村在打造茶文化村、提升基础设施水平的过程中，对村庄原公共活动的核心空间进行了重点改造和功能植入，例如原水塘边、村口大树下成为服务外来人群的游客服务中心和停车场，村庄原核心路口处的活动广场改造成为服务外来人群的餐厅，内生型公共空间逐渐被旅游服务型空间占据和挤压。前石塘的村口池塘和广场原是村民的休闲活动中心，农家乐发展以后，村口广场一度被农家乐经营者划割成私人停车场以招揽游客。池塘边被农家乐餐饮服务设施占据，公共池塘成为被少数农家乐经营者占据的滨水特色餐饮服务区，池塘的水环境、生态环境随着农家乐旅游的发展被污染。2017 年开始进行水体生态修复与保护，池塘旁边原本村民跳广场舞的场地也被划作绿地保护的限进区。原村口池塘和广场的掼蛋、聊天、抓鱼、广场舞等村民自发性活动因场地受限而被迫取消。村庄内生型公共空间逐渐由村口向村内零散、自由的宅旁路边转移。

交往人群及其活动特征

交往人群的属性

通常来说，乡村中除了当地居民，还包括来乡村旅游消费的城市居民，以及在乡村经营的创业者等。按年龄可分为儿童、青少年、中年和老年人群；按户籍可分为农村人口和城市人口；按在乡村的停留时间可划分为常住居民和外来游客；按身份职业可划分为农民、创业者、打工者等。不同身份人群的交往活动需求不同，因而对公共活动场所的物质环境、基础设施、空间功能与尺度的需求均不同。

分析方法

将乡村公共空间的交往人群分为原住民、新村民和游客三类（表 9-4），原

表 9-4　乡村交往人群分类

两大分类	主体分类	具体身份	交往活动类型
原住民	村民个体	农民、民宿农家乐老板、兼业保洁等	娱乐休闲、生产、经商、工作
	村集体代表	村委会、合作社	组织会议
新村民	企业代表	企业老板、企业员工	创业、工作、休闲
	外来租户	短期租户、长期租户	休闲健身、消费活动
	政府人员	基层工作人员、大学生村官	工作、走访接待
	社会团体	乡贤精英、公益组织、高校、社工	教育培训、社团活动、会议
游客	——	城市市民、周边村民	吃喝玩乐游购娱住行

住民又细分为村民个体和村集体两类主体，新村民细分为政府人员、社会团体、企业代表、外来租户等，新村民与游客共同构成外来群体。在三个案例村庄内针对原住民和新村民进行问卷调查与深度访谈，分析总结两类人群的自身特征和活动场所特征；针对游客则利用文献资料和网络数据，通过游览图、游客访谈以及南京市乡村旅游调查等对游客行为进行分析总结。通过三个村庄、三类人群的交叉对比，探索在不同的乡村发展模式与不同的空间生产路径下，空间交往呈现的不同特征。

（1）原住民

受访人群的特征

乡村公共空间的主要使用人群为常住的村庄原住民，首先对三个案例村庄的原住民的自身特征和空间活动的频率及场所使用进行对比分析，进而研判不同类型的公共空间对原住民交往活动的影响。整体来看，三个村子都属于原住民流失较为严重的村庄，且老龄化严重。根据获得的原住民有效问卷分析受访人群特征，在性别结构方面，垄上村受访原住民基本男女均衡，徐家院男性多于女性，石塘村则是女性多于男性。在年龄结构方面，受访原住民均为40岁以上中老年群体，65岁以上老年群体居多。在受教育水平方面，整体来看，受访原住民以中小学为主，小学居多。在居住时长方面，受访原住民基本均为10年以上老住户。在主要收入来源方面，徐家院受访原住民以租赁、变卖、流转（房屋、土地）获得的财产性收入、在村从事非农经营收入以及儿女赡养为主；石塘村受访原住民以外出务工、在村从事非农经营收入以及小农生产经营收入为主；垄上村受访原住民以外出务工、在乡从事农业雇工工资性收入以及租赁、流转、变卖获得的财产性收入为主。

交往活动的频率

在交往活动频率方面，区分行政嵌入型、市场推动型、内生型三类空间，发现在三个村庄原住民使用频率较高的均是内生型公共空间，而对于行政嵌入型和市场推动型空间，“偶尔”和“不去”的比例较高。徐家院内三类空间使用频率上，明显是内生型>行政嵌入型>市场推动型，但较另两个村庄而言，整体空间活力差距不大，活力均衡。垄上村村民“每天”“每周”“偶尔”使用内生型公共空间，而行政嵌入型和市场推动型空间则是“偶尔”“不去”，可见垄上村公共空间使用已经呈现较为明显的空间分异特征。石塘村更是热衷内生型公共空间，绝大部分村民“每天”使用，同时，绝大部分村民也“不去”行政嵌入型和市场推动型空间。

交往活动的类型

在交往活动类型方面，原住民以闲坐、散步健身、聊天等自发性室外休闲活动为主，这类活动通常在街巷空间、广场等开放性和自由度较高的公共场所，而售卖等消费性活动以及对新型空间的参观等比例均较低。

交往活动的场所

在交往活动场所方面，总体来看，滨水空间、街巷空间、广场空间是最受原住民欢迎的三类空间，教学基地、艺术家工作室、博物馆等新型公共空间的使用度较低。除此之外，徐家院的花海农田景观和党群中心使用度较高，垄上村和石塘村则是大树下、宅间邻旁等传统非正式公共空间更为活跃。

参与意愿

在空间建设参与意愿方面，总体来看，原住民参与村庄建设的热情和自主性较低，大部分村民都选择“不愿参与”。其中，垄上村“不愿参与”的受访村民约占75%，无人“乐意出资出力”参与乡村空间建设，此调查结论虽具有一定的偶然性，然而通过与其他两个村庄的对比仍能反映出垄上村村民对于参与公共空间建设的意愿非常弱，这与乡村旅游发展过程中村民主体地位缺失和收入水平较低有关。徐家院和石塘村村民参与意愿较弱，50%表示“不愿参与”，愿意参与的人中主要以“有偿修建、管理、维护”和“监督”为主。也有村民表示“村民大会是党员的事情”，这样的表述不一定是事实，但也表明村民普遍存在的自我边缘化倾向。

（2）新村民

受访人群的特征

新村民包括外来租户、企业代表、政府人员、社会团体等。由于石塘村的受访人群中没有新村民样本，因此以下仅对垄上和徐家院两个村庄的新村民的自身特征、交往活动及场所进行对比分析。根据问卷调查发现，大部分新村民都是职住分离的状态，白天在村工作，下班则回就近的街道或镇上居住，仅有个别徐家院新村民在村租房。整体来看，相较于垄上村，徐家院受访人群中新村民总人数多且男性多、平均年龄低、平均学历高、平均居住时长短，与徐家院新生的科普教育等功能有关。在年龄结构方面，徐家院受访新村民以18~40岁青中年人群为主，垄上村新村民年龄则在18~40岁与40~65岁两个年龄段均匀分布。在受教育水平方面，受访新村民以初中/本科生为主，总体受教育水平较原住民高。其中徐家院受访新村民最低学历为高中，本科生占比超过1/3；垄上村则以初中为主。在居住时长方面，徐家院受访新村民以半年到两年为主，垄上村以2~5年为主。

交往活动的频率

在交往活动频率方面，两个村庄里新村民使用频率较高的均是市场推动型公共空间。徐家院的三类空间使用频率上，明显市场推动型>内生型>行政嵌入型，大部分人“每天”都会使用市场推动型空间，“不去”行政嵌入型空间，内生型空间的使用频率分布较为均衡。相较于徐家院，垄上村新村民对公共空间的使用明显更为活跃，绝大部分村民“每天”“每周”使用市场推动型和内生型公共空间，超一半新村民“每周”使用行政嵌入型空间，表明垄上村内生型空间和行政嵌入型空间对外来群体的包容度和友好度较高。

交往活动的类型

在交往活动类型方面，新村民则以闲坐、散步为主，“聊天”等交往性活动较原住民而言略显不足，且“路过”在调查中出现频率较高，也表明新村民的融入感不足。相较原住民丰富的生产生活互动和邻里交往，新村民尤其是保洁等低水平工作人员在工作之余无暇也无意参与村里的公共活动，常年驻村的文艺工作者则有较多的时间和意愿与村民交往。

在活动场所选择方面，两个村庄新村民都最常在“街巷空间”。垄上村各类空间活动分布较为均衡，徐家院则主要分布在街巷空间、广场、滨水空间及花海农田景观等开放度较高的公共空间，在行政嵌入型空间如党群中心、村委会等参与度较低。在空间建设参与意愿方面，由于没有原住民对家园的归属感，新村民更愿意“监督”乡村建设，小部分在村进行体力劳动的新村民表示愿意“有偿修建、管理、维护”参与村庄建设。

交往活动的场所

（3）游客

通过对文献资料和网络数据的整理，并以其他多位学者[28][29][30]对南京江宁区的石塘人家、秣陵杏花村、黄龙岘茶文化村、朱门农家、汤山翠谷、汤山七坊、马场山、朱门农家、世凹桃源、东山香樟园等地的游客调研数据及分析为基础，对游客自身及行为特征进行提炼和总结，获得南京市乡村游客的基本特征。其受教育程度普遍较高，最主要的客源群体的画像可归纳为“自驾游游客”“学生”“高中本科学历”“事业单位人员”“20~50岁”“退休人员成团游”等，此类人群对新业态的接受度和理解度较好。

游客特征

具体在出行特征方面，第一，游客对乡村旅游产品的主要期待是“有娱乐活动”和“以休闲度假为主题”，可见休闲娱乐是乡村旅游的重要吸引点。第二，在乡村旅游产品价格的满意度和接受度方面，游客间差异较大。第三，在信息获取渠道方面，以微信为代表的各种新媒体网站宣传渠道作用凸显，游客在宣传形式上更期待图文、视频等直观方式。第四，在游玩频次方面，游客乡村旅游的重游率较高，可见乡村出游逐渐成为城市市民周末、度假的普遍且重要的休闲方式之一。第五，在停留时间方面，基于便捷的城乡交通和乡村民宿较小的规模容量及较高的价格，90%以上的游客都是当天往返。第六，在消费方面，消费额普遍较低，一半的游客消费额在100元以下。第七，在旅游形式上，80%以上是自助自驾形式，其余以旅行社、公司团建、学生户外拓展等形式组织。第八，在满意度调查方面，游客对江宁区乡村旅游的总体满意度较高。总体而言，游客均是匆匆过客，对旅游地的建设没有责任和意愿，游览活动开展也高度依赖旅游导览，网红打卡点成为旅游热门。

活动特征

交往行为及其综合分析

在交往行为的综合分析中，从交往行为特征、交往模式、公共空间使用评

展开逻辑

价三方面展开。在交往行为特征方面，从时间和空间维度进行分析，总结交往活动类型。在交往模式方面，通过问卷调研主客交往的动机与意愿，从属性模式和进程模式两方面进行对比分析。在公共空间评价方面，基于空间使用者的问卷调查，从空间需求度和空间满意度两方面展开，并根据四象限分析法对案例村庄进行综合评价。

（1）公共交往行为特征

时间维度

从时间维度上看，原住民之间的交往活动呈现随机性——没有固定时间、固定时长。原住民之间由于关系较熟，交往活动贯穿日常生产生活各方面。农忙时期会在田间地头交谈，在街巷路口偶遇短聊，去邻居家串门聊天……农闲时期会三五成群聚在广场或大树下聊天，或在散步过程中偶遇后结伴。原住民之间的聚集往往会进一步引发明显的从众性，人们总是会被一群熟悉的人的活动吸引，或旁观或加入，从而进一步扩大交往人群规模，同时交谈内容也会更加丰富，涉及家长里短如儿女婚恋、工作情况以及村里重要事务的安排如道路、老年活动中心的修建情况等。因此根据不同的谈话内容，交往时长也不固定。原住民与外来群体的交往不像原住民之间那么自然，界限感明显，在时间上更倾向于节假日旅游服务、送祝福、赠送礼品福利时，并在具体的节庆活动策划下展开交往。游客出行在周末和节假日呈现潮汐性特征，与原住民和新村民的交汇也更多在此时发生。

空间维度

在空间维度上，原住民交往活动更倾向广场、街巷、滨水等非正式空间。广场上更容易发生长时间高频交往活动，街巷空间内则是短时间高频交往活动。特别要说明的是滨水空间，人们经常在乡村滨水空间观光赏景和休闲散步，交往活动主要分为结伴和偶遇。由于缺乏座椅等休憩设施以及水污染、蚊虫滋生等环境问题，滨水空间交往活动的聚集性和从众性较弱。原住民与外来人群则依托活动策划在新型公共空间中展开交往，例如艺术家工作坊的陶艺培训、扎花、儿童手工课等。在旅游热门路线和网红打卡点上，原住民和新村民为游客提供旅游服务。

交往活动的类型

从乡村各类人群的交互交往入手，归纳不同群体之间已然或可能发生的交往活动（图 9-15），大概可分为政治性、生活性、服务性、消费性交往活动。经济交往活动是联系不同年龄、文化背景和经济基础人群的重要媒介，因此消费性交往活动既属于服务性活动的一种，又具有其特殊性。受乡村旅游和现代服务业的影响，乡村出现越来越多服务性交往活动，如管理、保洁、文艺汇演、教育培训、团体接待等。农家乐和民宿是最典型且最主要的两大类乡村消费性交往活动。

对比

共同的爱好和兴趣是联系村民情感的重要纽带。原住民与城市居民相比，相对自由的自我支配时间更多，在公共空间停留的时间更长，打牌、打麻将是很多乡村地区非常普及的娱乐活动。其次，熟人社会建立的民俗活动是村民建立互助团结的重要载体，例如婚丧嫁娶、节庆祭祀等。总体来看，外来人员更容易以主动的姿态进入传统型公共空间并融入当地传统生活性交往活动，而除了需要原住民提供旅游服务以外，新型公共空间和交往活动对原住民并不友好。

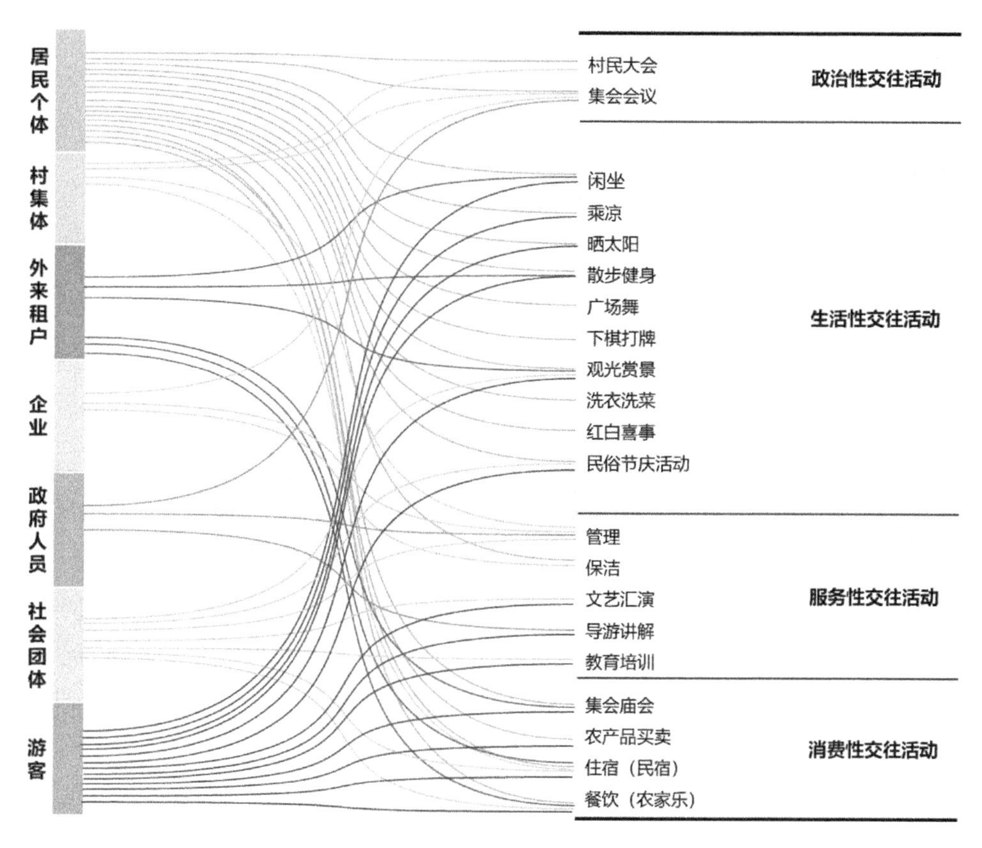

图 9-15 乡村不同人群交往活动类型

（2）公共交往模式

模式分类

主客交往的一般模式有三种，一是按属性分类，可分为商业式交往、荣誉声望式交往、浪漫愉悦式交往、探索求知式交往、欺诈掠夺式交往、冷漠敌视式交往六类。二是按角色分类，可分为朋友—朋友、主人—客人、服务者—顾客、不友好的东道主—闯入者、恶棍—猎物等。三是按交往进程模式，可分为态度表征（欢欣、冷漠、愤怒、对抗）（表 9-5）和行为表征（示意、交谈、入户参观、入户做客、留宿、维持通信）。这里将新村民与游客统称为外来人群，针对原住民—外来人群这一主客关系，从属性模式和进程模式两方面对案例村庄展开分析。由于大部分行为属性都可以从行为动机体现出来，因此本文的属性模式以交往动机来对应，进程模式与交往程度相关，可以用交往态度或意愿来对应。

表 9-5　激怒指数理论应用①

激怒指数 Irridex	解　释	本文应用调整
欢欣 Euphoria	发展初期，游客与投资者受到欢迎，甚少规划或控制机制	发展初期或发展开始下坡时，游客和投资者受到欢迎
冷漠 Apathy	对游客习以为常，主客交往更加正式（商业化），规划主要关注市场营销	游客量和旅游周期稳定，原住民对游客习以为常，主客交往更加正式化（商业化）
愤怒 Annoyance	达到饱和点，居民对旅游业发展充满忧虑，决策者试图增加基础设施而不是限制游客人数	游客量达到饱和点，并对原住民生产生活安全造成威胁，原住民对此产生排斥、忧虑心理
对抗 Antagonism	原住民公开表示愤怒，认为游客是一切问题的制造者，开展补救性规划，但又进行促销抵消目的地名声恶化	原住民公开表示愤怒并对问题进行抗议，要求控制游客数量和游客行为对原住民的侵害

原住民动机

首先进行属性模式的分析。问卷调查中要求原住民回答主客交往的动机，“您与外来人员的交往是为了：A. 从业需要；B. 广交朋友；C. 偶然邂逅；D. 了解不同文化”，各选项分别对应商业式交往、荣誉声望式交往、浪漫愉悦式交往和探索求知式交往，得到主客交往的动机，进一步将调查结果整理为交往动机排序。最终结论是徐家院以浪漫愉悦式和商业式为主，石塘以商业式和浪漫愉悦式为主，垄上以浪漫愉悦式和荣誉声望式为主。

徐家院

徐家院作为江苏省首批特色田园试点村之一，现已建成花卉和蔬菜套种的田园花海 160 亩，打造了赏花经济链，年接待游客几十万人次。在庭园、果园、菜园“三园共建”和三产联动的产业发展带动下，田园花海、民宿、农家乐作为主客交往的平台，使得徐家院主客交往模式主要为浪漫愉悦式和商业式。

前石塘

前石塘于 2008—2016 年间，先后经历了以开发公司为主导的乡村改造、以地方政府为主导的省级示范项目打造、面向城市需求的常态化旅游项目打造和“互联网+”文创产业的新尝试等，长期自上而下的“农家乐”宣传和帮扶使得石塘村乡村旅游从业人数占农村劳动力的 60%以上。村民相对迟钝的市场嗅觉和对外部竞争信息的低敏锐度，导致村民对乡村旅游尤其是农家乐发展的认知固化[31]，进而导致同质化竞争和发展路径依赖。随着城市郊区乡村旅游遍地开

① Doxey 提出的激怒指数理论是旅游发展的一种研究范式，重点描述和解释东道主对旅游和游客的态度变化过程。

花、竞争加剧，2021年左右石塘村仅剩4家农家乐在通过针对特定人群的优化“套餐”以寻求转型，大部分农家乐都已关门，原经营者已外出打工。即便面对如此惨淡的经营现状，在访谈过程中，大部分村民的交谈话题和聚焦点仍然是农家乐的发展，对于政府发展和投资重心向后石塘转移有诸多抱怨和不满。“政府只管后石塘，不管前石塘”的言论显示出以政府为主导的“保姆式”开发建设的发展路径不仅使村民心智同质化，也强化了村民的“等靠要”思想。总而言之，调研分析发现石塘村村民的主客交往动机主要为利益相关的商业式交往，然而实际的商业式交往活动随着石塘村旅游业的衰败已经屈指可数了。

垄上

垄上村的改造不同于其他传统乡村，在历经两年的改造过程中，建筑得到了严格的保护和修缮。考虑到村庄开发规模和游客规模，有些原住民虽有经济实力但并未在村内进行农家乐、民宿等商业式经营。另一方面，政府以公权力主导乡村空间发展，后因工作重心转移或财政压力无法维持村庄的高质量环境，而集体也无力负担运转（根据村民意见“集体甚至连环保都无力组织”），后将垄上村的管理运营全权托管给私企。企业在市场化管理和运作下，既能凭借特色稀有的乡村资源、“免二减三”的政策补贴以及乡村特定空间发展权实现利益创收，又能同时维持政府在乡村空间生产的政绩，政企联盟可谓“双向奔赴、互利共赢”。调查显示，由于企业对村民的用工排斥和空间侵占以及村民自身未参与本村服务业，垄上原住民在主客交往中利益相关的商业动机为零，被动式的偶然邂逅是垄上村主客交往的主要模式。

垄上村村民访谈（节选）：

政府的初衷是好的，也投资了不少钱，但设计者没有在农村生活过，不了解村民实际生活需求。另一方面，政府投资后，将村庄交由一家公司承包运营，他们对原住民并不算友好，因为担心本地人工作时间回家，所以工作岗位首先提供给外地人，拒绝本地人打工。

外来人群的动机

新村民与游客的交往动机基本取决于其自身的职业身份和工作内容。譬如经商者和企业员工出于广交朋友和商业利益需求与游客展开交往，基层工作人员出于基层治理和旅游管理需求与游客展开交往，艺术家出于从业需要和荣誉声望与原住民或游客展开交往。而游客对当地人的主动多源于猎奇的心理和消费需求。

行为和态度表征

进一步进行进程模式的分析。根据前文所述，进程模式分为行为表征（示意、交谈、入户参观、入户做客、留宿、维持通信）和态度表征（欢欣、冷漠、愤怒、对抗）。在问卷调查中，结合行为表征，要求原住民回答主客交往的程度：“您更倾向于通过什么方式与外来人员交往？A. 观察；B. 招呼示意；C. 随便聊聊；D. 一起参加游戏活动；E. 邀请其到家中短暂参观；F. 邀请其到家中参观并用餐；G. 雇佣/聘用/合作；H. 留宿；I. 维持通信。”除了“观察”是所有村庄的100%选项，徐家院排名第二至第四的选项为B、C、D，石塘村为B、F、C，垄上村为D、B、C。结合态度表征，要求被调查者回答主客交往的程度：“外来人员来到本村，您的看法是？A. 非常欢迎；B. 无所谓；C. 适量控制；D. 不欢迎”，各选项分别对应欢欣、冷漠、愤怒、对抗，从而得出主客交往的态度表征。其中徐家院“无所谓”选项超过70%，甚至约8%表达“不欢迎”，石塘村“非常欢迎”和“无所谓”各占45%左右，垄上村提出“适量控制”的超过一半，次之分别是“无所谓”和“非常欢迎”。

行为解释

在行为表征中，原住民更倾向于较浅层次的主客交往。由于旅游业的发展，商业经营活动成为原住民与外来人群交往向深层次迈进的契机，例如“一起参加游戏活动”“入户短暂参观”“入户参观并用餐”“留宿”等交往行为往往是由民宿、农家乐等引起的消费性交往活动（统计中“留宿”情况为零具有调查偶然性）。同时，涌入乡村的消费主义使得乡村社会交往活动逐渐被消费意识扭转，“无消费不交往”使得主客间非消费性交往活动成为“没有必要”，乡村主客交往逐渐丧失传统乡土社会的热情、好客与淳朴，乡村社会关系被资本和消费主义异化。

村民访谈（节选）：

在被问到与游客交往情况时，部分村民回答：“我们就是普通村民，不做什么生意，和游客没什么要交流互动的。”当被问到与当地企业的交往情况时，不少村民回答道：“他们外地人自己做生意，我们平时没什么相处。”

态度解释

以Doxey的激怒指数分析态度表征。调查原住民“外来人员来到本村，您的看法是什么？”，结果显示石塘村村民对于主客交往的态度是“欣喜”，而徐家院和垄上村已经由“欣喜”向“冷漠”“愤怒”发展。究其原因，石塘村村民自主经营农家乐的意愿较为强烈，对游客带来的经济效益有所期待，因此在态度上仍乐意开放、欢迎外来人员。而徐家院主要由街道和私企经营，村民与游客并没有直接经济来往，因而缺乏交往动机，甚至会产生“主客交恶”的现象，大量游客涌入乡村，反而给原住民的生活财产安全带来潜在风险。垄上村由于游客量小，因此原住民主要的交往人群是驻村的艺术工作者等，对于游客本身没有明显的欢迎或排斥。

村民访谈（节选）：

石塘村被调查村民遗憾表示：“我们村发展没有以前好了，游客越来越少，农家乐发展不起来”；“现在游客少，吸引不来人，希望多来点游客，这样我们收入能提高”。

徐家院被调查村民表示：“我们现在村里外人多了，车多人多，小孩出门也不放心，不安全”；“有游客随便掐我的豆子，还有人偷菜，太没有素质了”。

垄上村被调查村民表示：“发展旅游以来，村里环境确实变好了，但我们老百姓生活也没太大变化，反而这个路，游客看着好，我们不方便，反映了也没用”；“来多来少无所谓，都一样，没啥变化”。

新村民对游客的态度

新村民的职业身份大部分与乡村旅游相关，游客作为旅游服务的对象自然受到新村民的欢迎，新村民通过挖掘和创新乡村旅游服务项目吸引游客，因此新村民与游客的交往在态度表征中表现为“非常欢迎”。相较于原住民，出于商业式交往动机的新村民在与游客的交往中会更加主动，交往行为以“聊天”“招呼”“邀请”“留宿”等深度交往为主。与乡村旅游无直接利益关系的新村民如基层工作者、物业保洁等，与游客交往的态度和行为都较为保守，态度表征表现为“无所谓”，行为表征以“观察”“随便聊聊”等浅层交往为主。

乡村公共空间的认知分析

基本方法

认知地图是城乡规划研究中常用的调研方法，旨在通过访谈、问卷、地图描画等手段了解、收集被调查者的空间心理认知，进而把握空间结构。认知地图不仅包括最常见的凯文·林奇的五要素“意象地图”，也包括情感地图、记忆地图、活动地图等收集包含非物质空间要素的方法。本文选取意象地图和情感地图两种方法进行研究，意象地图针对物质空间认知，情感地图则针对被调查者的记忆、情感、故事等非物质要素认知，利用两种认知地图将不同主体对案例村庄的认知呈现出来。

（1）认知地图绘制及分析

意象地图

意象地图采取限定性描画法，即事先将调查区域内的重要空间要素在底图上标记出来，再由被调查者对其进行空间五要素的认知补充。这种方法适用于绘图能力、空间认知能力不高的人群，对本次调研中占大比重的村庄留守中老年人格外适用。同时这种方法也能给受访者一定的空间提示，并起到控制绘图范围和方向的作用，便于后期汇总统计。对受访者的绘制要求是“请快速画出所在村落整体的草图”。图示中包含了线状（主要道路、商业街等）、片区（农田、居民区、商业区、民宿区等）、节点/标志（入口、广场、游客中心）、边界（道路、水系、山体）（附录Ⅳ）。

情感地图

通过收集受访人群的记忆事件、活动分布点，构建可视化的情感地图，能弥补意象地图在意义层面的缺失。事件包括村落历史、民俗活动、地方产业、日常生活、个人感官记忆等。对受访者的绘制要求是：“在您的记忆中曾在本村哪些公共场所发生了哪些令您印象深刻的事件？”为了解转变之前的集体记忆空间，并与转变后的公共活动空间做对比，预设在公共空间位置、公共活动类型、村民参与方式等方面存在一些变化的规律（附录Ⅳ）。

地图绘制

通过两种认知地图的绘制，对三个案例村庄、三类人群的空间认知进行分析。为避免在群体认知地图汇总过程中个体有效、直观的观点和信息被忽略，保留了各个村庄的代表性受访者信息，然后进行群体信息展示并在群体分类的基础上进行空间认知的对比分析。

技术细节

具体而言，在原住民的认知地图分析部分，首先挑选案例村庄的代表性受访者进行分析，从个人情况简介、意象地图分析、情感地图分析三方面展开，重点刻画具体人物对村庄空间的主观认知。然后进行群体认知的汇总分析，将案例村庄收集的认知地图进行要素叠加，反映原住民群体对乡村空间的整体认知。在新村民的群体认知分析中，由于石塘村没有外来群体的问卷数据，因此通过规划文件①与网络资料②，确定并绘制游客的主要游览路径和游览点即空间游览图，反映游客即外来群体的空间认知。针对徐家院和垄上村，在个体分析部分各挑选两个代表性受访者从个人情况简介、意象地图分析、情感地图分析三方面展开，重点刻画具体人物对村庄公共空间的主观认知。在群体认知的分析部分，首先将案例村庄收集的认知地图进行要素叠加，再叠加游客的空间游览图，反映新村民群体对乡村空间的整体认知。

（2）公共空间认知结构变迁规律

生活空间与经济空间

借鉴弗里德曼的“生活空间—经济空间”的地理学概念[32]，将生活空间对应原住民生活核心和情感核心，经济空间对应外来群体认知核心，尝试发现三个案例村庄公共空间认知结构的变迁规律。

徐家院

随着徐家院建设规模的扩大、空间功能的拓展以及社会交往主体的多元化，不同属性的村落核心逐渐分离出来（图 9-16）。2012 年，徐家院作为普通村落，其生活核心、情感核心以及生活轴都集中在村庄中心交叉路口。2012—2021 年间，徐家院先后经历了生态优化、村庄建设、产业发展、集体振兴、乡风文明建设等一系列工程的规划及实施，2019 年正式入选江苏省首批特色田园乡村，物质空间得到极大转型。政府对公共空间的投资建设促使村民生活核心向水塘边转移，村落中心仍然是情感核心。村庄西南侧则成为外来人群聚集的场所，也是村庄的旅游核心区。总体来说，物质空间的变迁与认知地图的变化

① 一般来说，旅游型乡村在旅游专项规划中会充分考虑并针对游客提供各类消费、娱乐内容，因此游客的游览、观光、消费的路线及场所与乡村旅游规划引导高度重叠，因而本文用旅游设施规划内容作为游客游览空间的主要数据来源。

② 游客常常通过各种网络平台对认知空间进行打卡、分享或推荐，例如微博、抖音、小红书等社交娱乐平台的游记分享，这部分网络资料可以作为对规划文件中主观认知不足的补充。

特征相符，随着政企的介入，生活核心与情感核心分离，形成“三个核心分离，生活轴延伸”的公共空间认知格局。

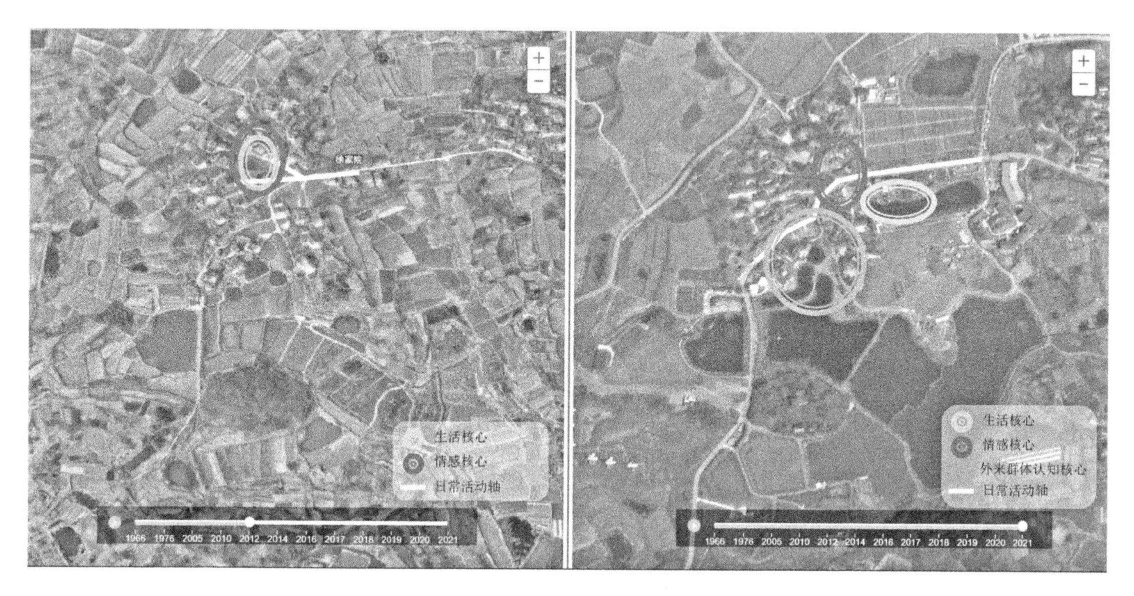

图 9-16　徐家院认知地图结构变化示意

随着石塘村农家乐旅游业发展的潮起潮落，村落认知结构也随之发生转变，如图 9-17 所示。像徐家院一样，2005 年前后，石塘村作为普通村落，其生活核心、情感核心以及生活轴都集中在村庄中心交叉路口。2008 年，江宁区政府与南京科赛的合作极大提升了石塘村的物质空间和经济建设。2011 年，石塘村成为南京首推的“五朵金花”村庄建设示范点之一，不仅拥有便捷的交通

图 9-17　前石塘村认知地图结构变化示意

优势，还有北山南塘的生态优势以及阶梯状的特色村落布局。乡村旅游的发展吸引了大量游客，针对外来群体的农家乐、旅游服务功能逐渐占据了村民的原始生活核心。村民生活核心向村落内部转移，村落入口池塘处仍然是情感核心。池塘沿岸则成为外来人群聚集的场所，也是村庄的旅游核心区。随着南京科赛的退出以及农家乐给水塘生态环境带来严重污染，石塘村乡村旅游进入瓶颈期。2018 年石塘村开始进行水塘水体生态环境修复，村民公共生活核心进一步远离池塘向村落内部移动。总体来说，物质空间的变迁与认知地图的变化特征相符，随着政企的介入与退出，村落核心呈现“生活核心内移，外来群体认知核心与情感核心交叠”的特征。

垄上

作为历史悠久的古村，垄上村的生活核心、情感核心以及生活轴都集中在西边村口。2017 年前后，政府与慢耕公司合作对垄上村进行了“修旧如旧”的改造，物质空间环境得到极大提升。2019 年开始垄上村对外开放，商业化发展由慢耕公司独立运营。2019—2020 年垄上村入选江苏省首批传统村落、江苏省特色田园乡村以及全国乡村旅游重点村。垄上村集体从村民手中流转了 13 栋民居建筑，转租给企业进行建筑修缮改造、环境优化提升并植入新功能，因此商业化空间与民居住宅混杂。随着村内人居环境的提升，村民的生活核心逐渐向村内转移，并与外来人群活动空间交叠，情感核心仍在村口池塘处。总体来说，物质空间的变迁与认知地图的变化特征相符，随着政企对局部空间的微介入与微改造，村落核心呈现“生活核心内移，外来群体认知核心与生活核心交叠”的特征（图 9-18）。

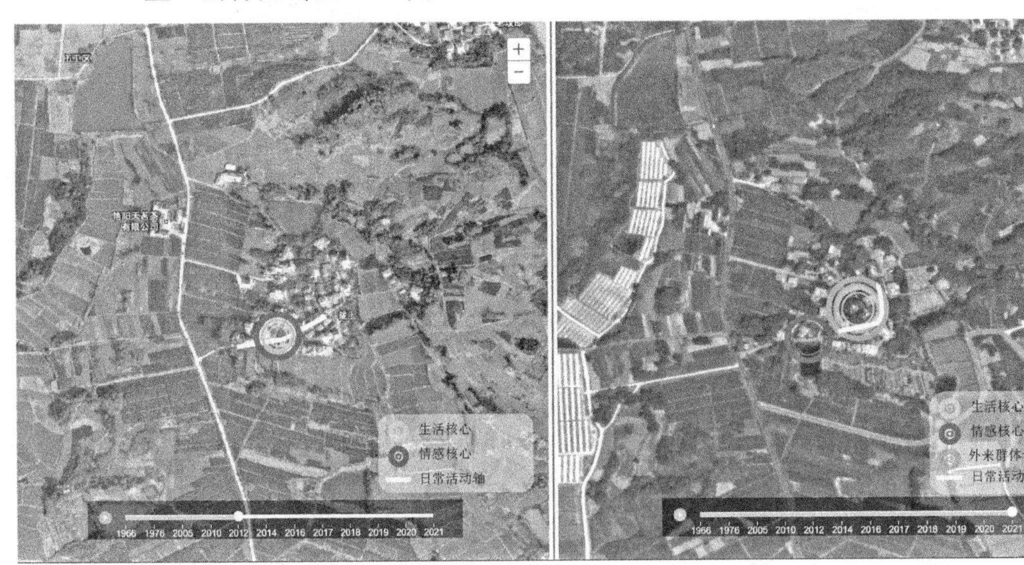

图 9-18　垄上村认知地图结构变化示意

乡村公共空间的使用评价

基于问卷调查，对公共空间的使用评价从空间满意度和空间需求度两方面展开，并根据四象限分析法对空间进行需求度—满意度的综合评价，旨在通过使用者的空间评价为乡村公共空间的建设提供建议。

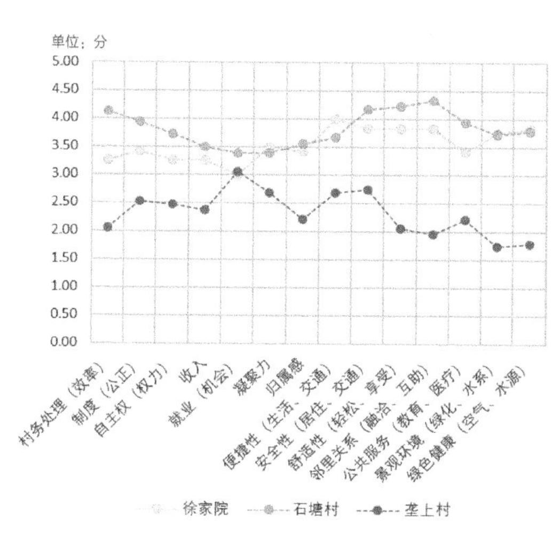

图 9-19　三个村庄居民乡村建设满意度评分

（1）公共空间满意度

满意度调查

通过问卷对乡村建设发展各方面的满意度进行调查，在问卷中设定“非常满意”“比较满意”“一般满意”“不太满意”“非常不满意”，对应 5、4、3、2、1 的分数，通过计算平均分值，得到统计图 9-19。整体来看，满意度排序是石塘村>徐家院>垄上村，这一结论不仅与村庄空间建设环境的客观情况不同，也与调查者自身作为游客在村庄的体验有较大出入。

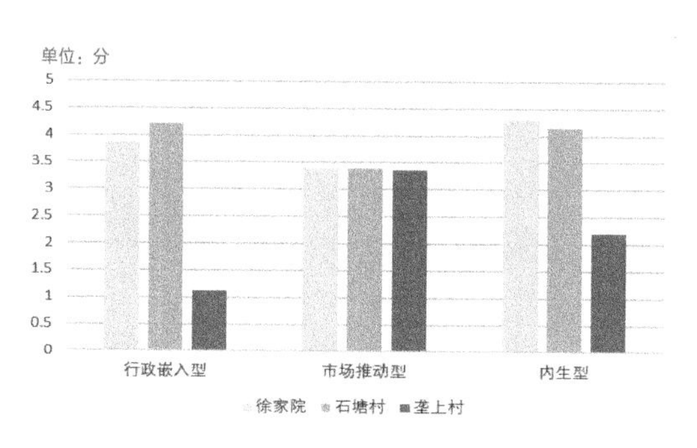

图 9-20　公共空间满意度评价

满意度分类调查

以李克特量表作为分析依据，对三个案例村庄的行政嵌入型、市场推动型、内生型公共空间进行满意度分析，采取与上文类似的问卷设定和分值计算方法，得到统计图 9-20。可以看到，整体来看村民对公共空间的满意度一般，对市场推动型的满意度不分上下，其中垄上村对行政嵌入型空间尤其不满，对内生型公共空间的满意度也较低。

（2）公共空间需求度

需求度调查

由于新村民普遍是打工者或民宿、咖啡馆等经商的老板，他们有相对固定的工作时间和工作地点，且在相对陌生的社会环境中产生的自发性交往活动较少，对现有的公共空间的需求度较低、满意度较高。因此这里只针对原住民的公共空间需求进行分析，各类人群交往的空间需求如图 9-21，原住民对公共空间的需求主要有以下四个方面。

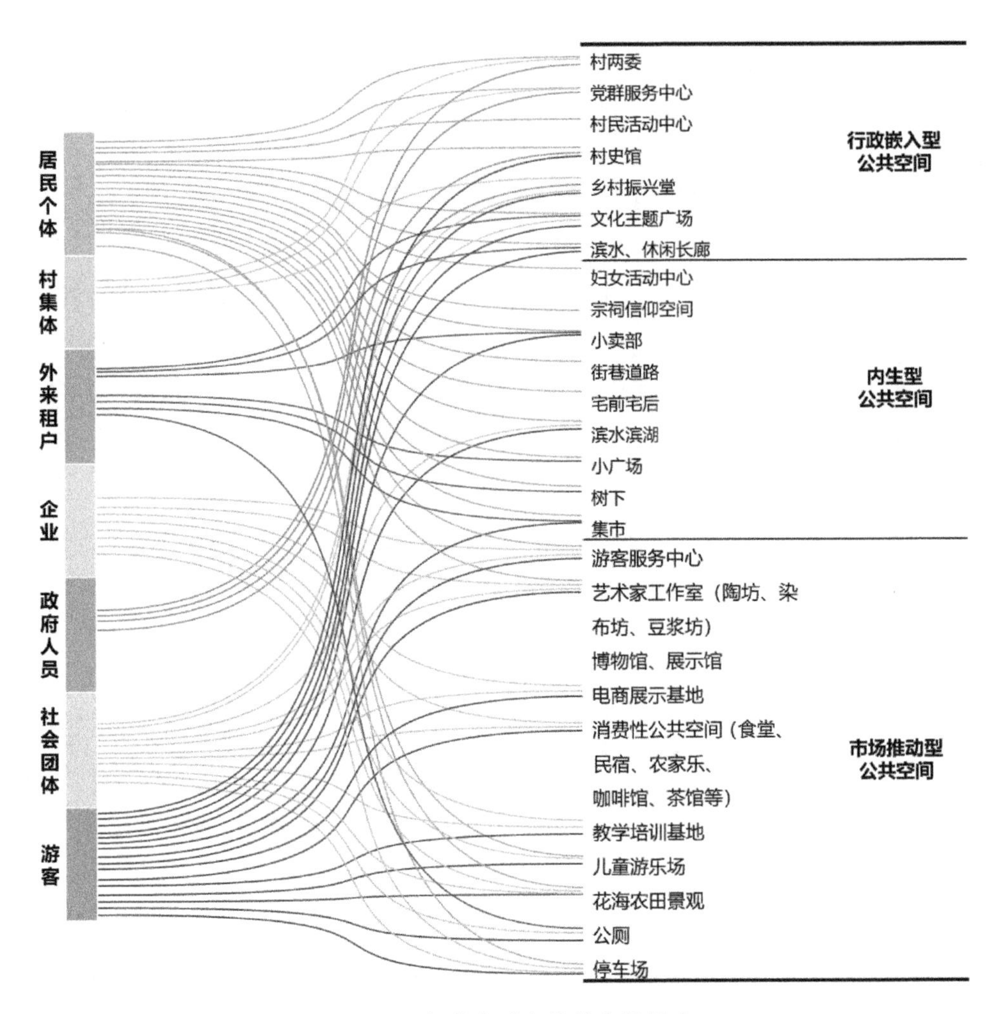

图 9-21　各类人群交往的空间需求

确保安全——

“这个路你们游客看着挺好看的，但对我们特别不方便，美观而不安全。石块造价一百多，共投资几千万，平时买个鸡蛋、西瓜骑电动车都能颠碎，小孩也容易磕碰，已经多次发生事故。”——垄上村村民

“之前农家乐对村内环境造成破坏，村口的池塘水体污染严重，旁边的绿地也被破坏，临街的墙脱落也很危险。”——石塘村村民

纾解孤独——

“我们需要老年活动中心，老人可以坐在一起的室外空间。”——石塘村村民

“老年活动中心一直闲置着，希望能开放给村民用。”——徐家院村村民

享受舒适——

“我们没有可以休息落脚的地方，平时也没有能聚在一起的场所，村里一

点健身设施都没有，现在也很少串门。在地里劳累一天，没有精力跳广场舞或玩其他活动，晚上八点村里就没人了。”——垄上村村民

“环境不错，就是能坐的地方太少了，健身场地也少。”——徐家院村村民

主人翁意识——

“这个乡村文化振兴力度不够，新建的书吧、教育基地太高大上不适合我们。我们老人家不认识几个字，也没有精力搞什么活动，平时还是习惯看看电视打发时间。”——垄上村村民

“我们原来没事了就在路边聚几个人闲聊，土路变成石头路后，路边都砌起景观围墙，我们以前活动的空地都被占了，现在大家都不聚了。”——垄上村村民

需求度调查

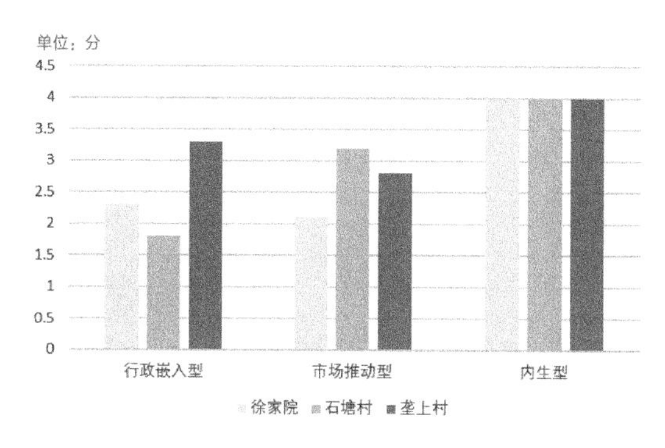

图 9-22　公共空间需求度评价

以李克特量表作为分析依据，对三个案例村庄的行政嵌入型、市场推动型、内生型公共空间进行需求度分析，得到统计图 9-22。可以看到内生型公共空间以绝对高的评分在三个村庄均为需求度最高的空间，石塘村对市场推动型公共空间的需求明显比另外两个村庄高，垄上村对行政嵌入型公共空间的需求度比另外两个高。

（3）综合评价与规划指向

四象限分析

采用四象限分析法，对三个村庄的行政嵌入型、市场推动型和内生型公共空间进行需求度和满意度的综合分析。以满意度为横坐标，需求度为纵坐标，需求度和满意度的平均值为原点，形成四象限图（图 9-23）。四个象限分别对应满意度与需求度高低状况的组合。整体来看，村民对大部分空间满意度都较高，这其实也表明以政府为主导进行的村庄环境综合整治、村庄规划等在提升乡村公共空间质量方面卓有成效。

第一象限

通过评分，徐家院内生型、石塘内生型、石塘市场推动型公共空间落在第一象限，这表明这几种公共空间对村民很重要，并且满意度非常高。虽然在实际访谈过程中，村民往往表现出“无所谓”“还可以”“没什么变化”等中立态度，但在问卷需要对公共空间满意度进行打分时，村民往往乐意给出比较高的评分。尤其石塘村和徐家院的内生型公共空间，村民的参与度、满意度、需求度都非常高。因此在未来此类公共空间的营造中，可继续保持、完善、优化其服务功能。

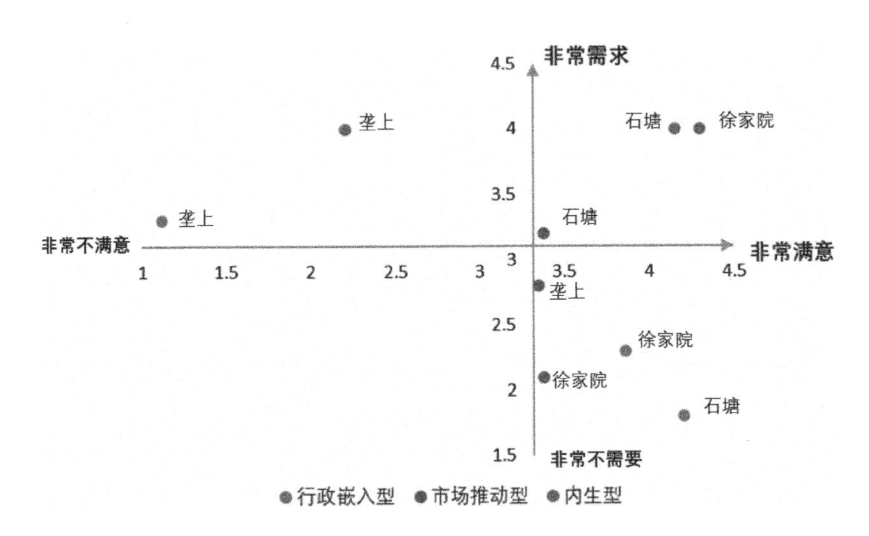

图 9-23　乡村公共空间使用效果综合评价

第二象限

垄上行政嵌入型、垄上内生型落在第二象限，表明村民对这两种公共空间满意度较低而需求度较高。究其原因，其一，相较于垄上村微乎其微的内生力量，以政府、企业为代表的外来主体的空间话语权非常强，村庄原传统公共空间被挤压甚至消失；其二，垄上村以保护修缮为原则对局部空间进行微改造时，未提升非营利或非旅游展示的空间，造成明显的空间风貌分异；其三，在公共空间建设规划时以游客等外来群体的消费需求为主，忽略了村民健身休闲的需要，这也是导致村民对这两类空间满意度低、需求度高的原因。因此在乡村公共空间的规划建设、招商引资和运营管理的各环节中，都要确保村民主体地位的有效落实，保障村民的基本公共空间不受侵占。

第三象限

没有落在低满意度—低需求度这一象限的研究对象，说明随着越来越多来自中央、地方、基层各级政府的乡村规划与建设工程落地，在一定程度上实现了乡村物质环境的有效提升，尤其是公共空间的投资建设是各类自上而下政府项目的核心领域，因此村民对公共空间的评价尚可。

第四象限

徐家院行政嵌入型、徐家院市场推动型、石塘行政嵌入型、垄上市场推动型落在第四象限，表明村民对于这四类公共空间的满意度较高、需求度较低。这也直接表明，市场或政府等外来力量推动形成的公共空间一般具有良好的建筑质量和空间环境品质，在提升整体村落形象方面有较大贡献，因此村民在进行满意度评分时，会较为客观地给高满意度。而在对需求度评分时，村民会从主观体验出发衡量这类空间与自身生活实际需求的匹配度，较低的需求度评价表明行政嵌入型和市场推动型公共空间与村民实际公共活动的需求并不一致。因此在乡村空间规划建设中，要充分考虑这类空间对村民的接纳和包容，增强空间的复合利用，建设真正对村民友好的乡村空间。

困境与规划建议

乡村公共空间的转型困境

乡村公共空间转型面临的困境主要包括村民主体虚置、空间治理失序、空间结构失衡和地域文化消亡四个方面。其中村民主体虚置是乡村公共空间转型困境的根本问题，公共空间治理失序是空间治理层面的困境表现，公共空间结构失衡是空间结果层面的困境表现，地域文化消亡则是公共空间转型的消极结果。

四方面困境

（1）村民主体虚置

空间的“生产者—使用者”供需不匹配是导致乡村公共空间失落的主要原因。随着市场化的日益推进，政府、企业和其他社会力量进入乡村展开博弈，重塑着乡村公共生活与公共空间。其中政府和企业对公共空间转型的驱动力最强，在以往的乡村转型过程中，政企联盟的空间生产意图常常将村民排除在乡村规划建设之外，村民自主参与乡村建设的意识薄弱，现实中逐渐丧失空间治理权。资本的逐利性导致企业入驻乡村的动机以及运营的过程和目的都不会以公共利益为重，因此经常出现企业利用政府招商补贴后，以牺牲本地村民权益的手段进行运营谋利，村集体与村民主体地位虚置。高度掌握资源分配权和话语解释权的政府力量若为政绩或经济效益持续与外来企业达成“权资联盟”，不惜牺牲本地村民的利益和传统乡村的地域文化，对本地村民进行文化的改造、价值观的灌输甚至空间的驱逐，那么同质化、拟城化、扁平化、错位化的公共空间将无可避免。

困境一

（2）空间治理失序

空间治理失序是导致公共空间转型的体系性困境。乡村公共空间不仅是乡村公共生活与交往的场所，也是农村集体的重要资源和资产，因此乡村公共空间治理不仅是社会管理的重要内容，也是解决乡村集体经济薄弱的有效途径。长期以来，我国乡村由于历史、管理等原因，大量公共资源资产权属和管理权属不清，乡村空间由于管理主体的架空与缺位而日益衰败没落，加剧了乡村社会解构。一方面，村庄内部非法私占、乱占、买卖公共空间等现象，引发村庄利益纠纷、生态污染等损害乡村集体利益的问题，加剧了乡村空间治理危机。另一方面，政府以打造旅游发展平台为目的，对私人权属空间或建筑进行公共化改造设计，并通过公权力进行旅游宣传、政策引导和资金补贴，使得私人空

困境二

间成为旅游展示的公共产品，有可能损害村民生活的基本权益，例如拆除围墙促进民宅场景化展示等。随着乡村旅游热潮的兴起，乡村公共空间成为多元主体进行空间生产的重要领域，而现实中乡村公共空间呈现权利博弈下的空间治理秩序杂糅。

（3）空间结构失衡

困境三

结构失衡是导致乡村公共空间资源闲置的主要原因[33]，譬如“重城市公共空间轻乡村公共空间”“重经济型和政治型公共空间轻生活型和文化型公共空间”“重物质空间轻社会空间”等问题。传统朴素的乡村公共空间是基于村民自发的、实际的公共交往生活形成，其功能与形式高度契合，也是一种极具乡村精神内涵的空间。政府的城乡规划意识和自上而下的“同质化”“拟城化”建设方式，使得乡村建设内容的功能与形式不匹配，无法有效地服务于村民生活实际。这种为满足行政管理要求而建的新型公共空间自带严肃压抑氛围，不“亲民”，因此现实中大部分“行政嵌入型”公共空间长期闲置终至成为乡村展示品。另外一些宏大叙事型建设，如大广场、大舞台、大马路、大停车场等，以及迎合城市居民视觉消费趣味的空间，如巨型花海、大型草坪、大型湖面等，对村庄空间整体造成割裂，在地的实用性与适用性不强，尤其在旅游淡季显得与村庄格格不入。

（4）地域文化消亡

地域文化与公共生活

特色传统与地域文化的消亡是乡村公共生活活力丧失、公共空间失落的主要原因，更是乡村公共空间转型的消极结果。特定自然条件与地理环境中，人们的生产生活方式在实践中积淀为地域文化形态。乡村公共空间不仅是乡土记忆的重要传承空间，更是地域文化和精神文明的表达，丰富而具有活力的公共生活是乡村地域特色的重要内容，是乡村公共空间赖以存续的保障。公共空间不仅具有社会功能，还承担着文化功能，如果说“功能与形式的统一”是公共空间形成的基础，那么文化积淀则是公共空间得以传承的基础和内涵。

困境四

在以往的村庄建设实践中，很多承载居民记忆与乡村特色的传统公共生活空间不断被“改造”和“美化”，对传统要素进行符号化提取和扁平化设计，使得公共空间空有其表而无实质的精神内涵，无法承载真实的公共交往生活，例如收取门票的宗族祠堂。同时，也出现了越来越多政府主导建设的满足城市审美和效率的“模式化”公共空间，例如空旷生硬的广场、长期闲置的创业基地、资源利用兑换超市等。随着政治嵌入型与市场推动型公共空间的扩张及其对村民生活型公共空间的侵占，乡村公共生活的空间门槛被提高，进而制约了乡村文化和地域特色的表达。与此同时，空间的“符号化”在某些程度上确实满足了城市消费者的乡愁情怀和猎奇心理，甚至在短期内为村民带来可观的经济收益。然而乡土文化的传承和乡村的可持续发展若是指望通过不受约束的甚至是肤浅的、虚拟的、仅有文化皮囊的空间符号堆砌来实现，那么终将导致真实的乡土社会意象和人文精神丧失，最终难以实现乡村发展的可持续性。

乡村公共空间的规划建议

规划的作为

驱动乡村公共空间转型的主体力量主要包括政府、企业和村民，当外在企业力量与村民力量悬殊时，政府力量可以起到强有力的调节作用。规划作为政府实现乡村公共利益的工具和手段，一边对企业进行制约和规训，一边对村民进行保护和引导。因此下文主要从政府管理者和设计师视角，针对四方面困境提出相应的村民主体复位、自主性空间治理、功能结构优化、乡村特色重建等治理优化建议和规划设计策略。在城乡一体化的背景下，基于人们的开放选择和流动性，乡村应成为各类人群互动交往的舞台，乡村空间建设应在保证原住民根本权益的基础上以在地者的需求为主，决定未来公共空间的形式和功能。

（1）村民主体复位

村民主体性

第一，在前期规划、引进企业、后期管理和相关企业项目准入准出政策制定中始终坚持维护村民的主体地位，以长期的社会利益为核心考量，限制“整村搬迁”等大开发模式。第二，政府应积极有效地对企业行为进行监测，同时保障原住民最大程度的话语权和空间自治权，对村民的自我管理和自治权利方面进行制度重建，主动培育和挖掘村庄内生发展动力。第三，应配置“驻地规划工作室”、选派“驻村规划师”在空间规划的全过程中采取“陪伴式”成长方式，进行全过程的技术支持，驻地规划师们与当地政府、村民、乡贤、建设单位、社区进行充分交流沟通，形成动态的跟踪和调整，让项目的可实施性和可操作性充分凸显。第四，政府应鼓励公益性社会力量如专业的公益性社工组织帮扶重建乡村公共生活，搭建公共交往平台，积极保护、培育并鼓励乡村传统公共活动的展开，使得乡村公共空间成为更加体现空间正义的多主体交流平台。

设计引导

公共空间的规划设计应以服务原住民为主，兼顾外来商户及游客等在地人群需求。中老年群体是留守乡村的主力，因此在规划设计中应强化公共空间的适老化设计。他们的交往行为表现出聚集性、偶然性和时段性等特点，活动内容以闲聊、打牌、健身等为主，活动范围大多局限在步行10分钟以内，通常选择自家的宅旁邻间。因此在规划设计中应适当增加民宅间隙的健身、休憩等服务设施，加强道路防滑、设施圆角等安全防护设计，应结合儿童游戏区布置老年休息区及活动器材，方便老人照看小孩等。同时通过乡土特色景观小品提高公共空间场所的艺术性、趣味性和场所精神的营造。用废弃的农耕工具、红砖等乡土特色建材营建儿童活动空间及游戏设施器材，可以凸显公共空间的文化教育功能。

(2) 自主性空间治理

完善治理

第一，乡村治理的核心是利益的调整，公共空间作为乡村的重要资源与资产，其利益分配是乡村空间治理的关键。因此明晰乡村集体的公共资源产权是乡村公共空间治理的前提和保障。在此基础上才能夯实农民集体地权，实现空间资源资产化，进一步实现资产资本化，从而壮大集体经济。第二，制定相关政策强化村社集体在乡村公共空间建设过程中的主体地位，抵制外来资本和国家权力对农民土地权益的过度剥夺。第三，提升乡村公共空间转型发展的内生动力，避免村集体将公共空间资源一次性转让实现短期利益而丧失长期利益的保障，避免过度商业化开发。第四，培养村民集体意识和主人意识，促进乡绅和能人带领下的农民组织化，避免过度依赖政府对公共空间的管理与维护，建立私人生活与公共空间的联系，真正实现乡村公共空间管理的自主性。

公共参与

从规划共谋、设施共建、发展共管、效果共评四个方面加强空间设计中的公众参与。在规划共谋方面，通过问卷地图、深度访谈等方式收集村民公共活动的内容、地点，乡村公共空间满意度、需求度等使用评价，以及对空间改造的期待和建议等。通过轨迹分析法、意象地图法、情感地图法等地图标记方法，依据人群行为活动特征进行公共空间布局优化。在设施共建方面，应充分调动村内劳动力，发挥传统建造技艺，利用当地特色建材或废弃材料进行公共空间营造。在发展共管方面，创新相关制度，鼓励村民组建工作小组落实管理责任，同时加强村民在公共空间治理、景观维护等方面的技能培训和主人翁意识。在效果共评方面，畅通反馈机制，保证村民参与的持续性，依据评价结果动态调整公共空间的建设与使用。最终激活群众自主参与的意识，在公共空间的规划、建设、运营的全过程中引导公众参与。

(3) 功能结构优化

功能形式的统一

在乡村规划建设中应追求公共空间功能结构的空间正义。设计人员应该以“以人为本”作为规划理念，更加深入了解当地村民的生产生活习惯，关注在村人群——留守老人、儿童等的实际需求，设计服务于乡村居民群体、可以激发乡村公共活动的热情、创造交往互动机会的“功能形式相统一”的公共空间环境。同时，规划应合理引导消费型公共空间的业态，并保留足够的弹性以适应市场的变化。

功能复合的设计

旅游型乡村的公共空间规划设计在保证原住民主体地位的同时，应兼顾驻村商户、游客等外来群体的空间需求进行空间功能的拓展。旅游型乡村的公共空间使用表现出明显的潮汐式特征，因此应加强乡村公共空间及活动设施的功能复合性。例如村民活动广场在旅游高峰期可划分为停车、展览、演出等功能分区，在平时作为村民集会、晒谷等场地。活动设施应提高弹性设计以促进空间的多功能使用，例如设计符合人体工学的花坛、树池、小品等满足休闲座椅的需求，既避免了大量座椅闲置，又起到景观美化效果；可移动的座椅、遮阳伞、售卖机、健身器材等活动设施也能为空间的灵活使用提供便捷，根据不同时期及不同活动人群的活动需求，通过活动设施的搬移组合为空间的多功能分区和服务提供丰富的可能。

（4）乡村特色重建

内涵保护

乡村特色是乡村公共空间可持续发展的基础，重建乡村特色应从空间内涵保护、空间场地设计和制度监管三方面展开。首先，内涵保护方面应格外注重保护村民的公共生活不受空间制约或排斥，例如红白喜事、下棋、茶歇与宗教礼拜空间。同时应注重场所精神的营造，一要深度挖掘乡村历史、故事、习俗、民间工艺、饮食等特色要素，以乡村博物馆、艺术展览、出版等形式进行有效的视觉传播；二要保留村口、池塘、庙宇、大树下等传统公共空间及原真性景观要素，为村民公共活动提供“记住乡愁”的文化场所，延续村庄记忆。同时，乡村旅游是追寻、回味、消费乡村文化记忆的过程，通过设计将乡村文化转化成可感、可知、可体验的消费文化可以激活乡村文化再生产，推动旅游型乡村公共空间的重构。

设计引导

其次，在公共空间的场地设计中，一是应传承原始空间的形态肌理和特有的文化印记，通过增加新功能、植入新业态实现空间功能的延续与更新，激发公共空间活力。二是综合考虑公共活动的内容和人群社交距离等因素，控制公共空间的合理尺度，对庭院等小尺度空间，街巷、水井台、池塘等中尺度空间，广场、花海景观等大尺度空间进行分类设计，营造不同的空间特色，满足不同群体的需求。三是优先选择本土材料，充分发挥乡土材料的性能、加工方式等优势，传承当地的建筑工艺、风格和形式，满足当地审美与功能需求，充分发挥村民参与的集体智慧。四是对乡村旅游相关的公共设施进行“地域化”设计，营造充满乡村乐趣的导视系统、环境、卫生、娱乐等公共服务设施，例如铁锈质感或木质的导视地图、废旧木桶改造的垃圾桶、外露水管形成的艺术装饰墙等。

管控监督

最后，应制定合理细致、刚性弹性相结合的建设标准对下乡投资的企业的建设行为进行管控和监督，包括对传统建筑取材、建筑风格、建设工艺等的传承以及建筑高度、建筑面积等的硬性指标控制。

本章小结

以政府、规划专家、企业等为主体的生产者通过权力、知识、资本垄断对乡村公共空间进行构想和物质建构，形成列斐伏尔所说的“构想的空间”对“感知的空间”的霸权。“生活的空间”则是使用者所认知的空间，通过使用行为可以对“构想的空间”和“感知的空间”所形成的统治空间进行解构和重构。从“生产—使用”行为视角对乡村公共空间进行分析，希望依据使用者的评价反馈调整生产行为，通过生产行为的优化满足使用需求，共同推进乡村公共空间生产和使用过程的匹配，寻求“自上而下”生产行为与“自下而上”使用行为的平衡，实现“构想空间”与“生活空间”的平等。

第十章
资本介入下的乡村闲置空间

当下的乡村振兴大潮中，乡村地区接受外来资本获得发展机会，产生了诸多积极效应，但也伴生了没有利用或利用率不高的闲置空间，其形式多样、量广面大，并引发了显著的消极影响。通过对南京乡村地区的广泛调研，发现无论是新建的“特色小镇”，还是政府较早打造的江宁区的“金花村”，以及多个曾被外力推动发展的乡村地区，都有各式闲置空间间杂其中，这些空间正处于角色模糊的尴尬境地。在这背后，闲置空间的生成机制是什么？空间闲置究竟会产生何种消极影响？需要怎么应对？一系列问题有待释疑。①

闲置空间与乡村闲置空间

闲置空间概念

多种内涵

“闲置空间”的说法可以追溯到美国学者罗杰·特兰西克（Roger Trancik）在《寻找失落空间：城市设计的理论》中提出的“失落空间”一词，他认为“失落空间”指城市中没有正面使用价值的空间[34]。在逆城市化背景下，国外学者将这些非生产性的闲置空间称为“负空间”[35]，对其大小、形状、位置等物理特征进行总结统计。国内外学术界对闲置空间的概念尚未形成统一的定义。从空间的需求角度看，汉娜·琼斯（Hannah Jones）认为闲置空间是由于供给过量或者空间需求降低造成的空间剩余，是无法正常运作的被遗弃的空间[36]；从空间规模角度看，闲置空间既包括单个建筑，又包括具备一定片区规模特征的闲置建筑群；从使用价值角度看，闲置空间是现阶段功能丧失但具有再生使用价值的潜力空间；从空间影响角度看，闲置空间为使用者遗留的消极空间，深刻影响生活环境的品质及周边的景观风貌。从本质上而言，空间闲置关乎其使用价值和经济价值能否体现，是“低效”的一种极端状态。国内包括

① 本章部分内容经《城市 环境 设计》杂志编辑，已在2023年第10期学术刊发表。

《闲置土地处置办法》（2012 年）在内的既有政策文件对闲置的认定一般有两个特征：关注批而未用的土地；关注土地本身的利用状况，缺少对于土地上附着物利用状况的关注。其对乡村闲置空间的研究借鉴有限。

闲置空间界定

两种类型

当前我国的闲置空间类型繁多且复杂，除了一般的建筑空间，还包含建设用地、乡村农地、宅基地等用地类型。对于闲置空间的界定，学界仍未有统一的标准和规定。本文借鉴闲置土地的定义，参考《闲置土地处置办法》对城市建设用地中闲置土地的认定标准，将空间的闲置分为以下两种类型。

建构筑物的闲置

一是对以建筑物、构筑物、设施等为主要载体的闲置空间的界定。从实际利用的时间确定，以一年内实际使用的时间占全年的比例（利用率）及闲置时长判断。当年利用率低至 10% 或闲置时间在一年以上①，认定为闲置空间，如祠堂等空间年利用率较低或外出务工农民的房屋只有逢年过节才使用等情况。从闲置的面积判定，当实际使用的空间面积占全部面积的比率低于 1/3 时，将其视为闲置空间。

农用地闲置

二是以农业用地为主的闲置空间的界定。从闲置的时间来确定，农业用地存在正常生产周期内的“空窗期”，这个闲置的时间长度一般认为不超过半年（小于 180 天），若时长超过半年则归为闲置空间，但处于农地休耕特殊时期的除外。从土地的产出效率来判断，即用该地块的年产值与同等条件土地的平均产值比值（产出指数 X = 该地块当年度产值/当地当年同类型土地亩产平均产值）来衡量，若 $X<0.5$，则该土地为闲置状态。

乡村闲置空间

分类

从空间对象来看，乡村闲置空间不单指建筑物，也包含未被利用的土地、宅基地或废弃空地、水岸、桥梁设施等要素。从空间围合形态来看，包括农房、厂房等封闭式空间，畜牧场、仓库等无明确阻隔的半开放式空间和村内广场、学校、古迹、宗祠、村史馆等拥有广阔场地或特殊功能建筑的开放式空间。从空间的功能来看，包含了承载一、二、三次产业发展的生产空间，乡村生活的居住空间和自然景观构成的生态空间。

研究对象

鉴于研究主旨，本文中的“乡村闲置空间”坐标乡村地区，但并不指向与城镇化进程相关的大量“空心村”、荒废农地、空置农宅或破败祠堂，而是聚焦 21 世纪以来被政府资金和社会工商资本直接改造过、经过一定程度再发展却又丧失

① 本文涉及年利用率、闲置度、产出率等数值参考《土地管理法》《闲置土地处置办法》及相关文献。

了功能或使用显著低效的空间。根据大卫·哈维的资本循环理论，政府针对环境改造和劳动力再生产所进行的投资同时服务于资本循环，所以也可视为广义的“资本”，故本文所指“资本”主要包含了特定乡村地区之外的上级政府财政资金直接投入、通过国有平台的政府资金投入，以及各种社会工商资本等。

研究个案的选取

闲置概况

总体上，南京市出现闲置空间的乡村在类型上涵盖了农家乐村、文创艺术村、历史传统村落、特色小镇、田园综合体等，空间属性上包含了经营性空间和公共空间，发展时间上聚集了21世纪以来以乡村复兴为目标的各类投资建设阶段（表10-1）。江宁区、高淳区作为南京乡村建设推广较为全面的片区，伴生的乡村闲置空间类型也较为丰富。江宁区的乡村闲置空间多以商业空间为主，除了早期服务乡村旅游打造的餐饮、住宿等配套空间，还有新兴的房车营地、水上商业街等创新服务空间，闲置的规模大多以少量的单体建筑及包含店铺的街道空间为主。高淳区在多样化乡村发展定位下，乡村闲置空间类型从商业空间蔓延到艺术家工作室、影视基地等文化产业空间，闲置的规模扩张到十几公顷的集中地域。总体上，闲置空间的分布随着乡村实践的拓展不断扩散，空间的类型也逐渐复杂化。

表10-1 引用的南京市周边乡村闲置空间信息表

区位	地点	建设时间	定位	闲置空间
江宁区	JN8 朱门农家	2012年	农家乐村	饭店、农家乐、房车营地
	JN11 杨柳村	2014年	历史文化名村	宗教、商业、展示服务建筑
	JN4 大塘金	2013年	香草小镇、婚庆基地	种植空地、商业街
	JN5 溪田田园综合体	2018年	都市休闲型田园综合体	房车营地、水上商业街
六合区	LH2 巴布洛生态谷	2018年	现代化智慧农业综合体	大片待建设荒地、房车营地及游乐项目设施
	LH4 大泉人家	2013年	特色民俗村	乡村大舞台等设施
浦口区	PK2 西埂莲乡	2012年	农业乡村游基地	商业街
	PK1 水墨大埝	2013年	农家旅游度假区	体育场馆、竞技性体育设施

续表

区位	地点	建设时间	定位	闲置空间
高淳区	GC1 石墙围	2013 年	山水风情影视村	影视基地
	GC2 垄上	2018 年	文创艺术村	艺术工作室、茶馆
	GC3 漆桥村	2014 年	历史文化名村	文保单位、商业古街巷
	GC1 慢城小镇	2016 年	商业综合体项目	整片小镇
溧水区	LS2 李巷	2017 年	红色旅游村	展览馆、遗址纪念馆、工作室等

*资料来源：根据实地调研及网络信息整理

八个具体案例选点

基于对南京市乡村闲置空间的考察与认识，以闲置空间的规模、闲置程度、功能等特性为切入点进行研究对象选择，同时综合考虑产业类型、起始建设阶段、地理区位、投资建设主体类别等因素，在南京市域范围内选取 JN8 朱门农家、JN4 大塘金、JN11 杨柳村、GC1 石墙围、GC3 漆桥、GC1 慢城小镇、GC2 垄上、LS2 李巷为研究的典型案例。案例地区包含的闲置空间的类型方面，规模上从单体建筑延伸到占地达两百多亩的乡村综合体，功能上从餐饮、住宿、零售等商业服务扩展到文化展示、历史保护等空间，闲置程度上包含潮汐型、短期型、长期型等不同闲置时长的空间。产业功能方面，以乡村旅游为主要方向，在具体产业定位上区分文化、历史、生态、红色等不同类型的发展内容。起始建设阶段方面，包含“美丽乡村”阶段（2010 年前后）、全域旅游阶段（2013 年前后）、特色田园乡村阶段（2017 年前后）三个时期。地理区位方面，8 个案例分布在南京主城区周边的近郊、远郊范围内。投资建设主体方面，包括了政府、国资平台、社会企业、科研院所等多种主体类型（表 10-2）。

表 10-2　研究个案基本信息表

案例	江苏省星级旅游点	闲置空间	基本情况（主要特征+投资运作模式）	投资主体类别
朱门农家	三星级	饭店、农家乐、房车营地	作为江宁区重点打造的“五朵金花”之一，也是全区美丽乡村示范村之一，由政府投资进行环境整治、农家乐式旅游开发。2015 年起，开始引入社会企业经营开发旅游项目，有房车营地、影视公司、农业生态园等企业入驻	政府、社会企业

续表

案例	江苏省星级旅游点	闲置空间	基本情况（主要特征+投资运作模式）	投资主体类别
大塘金村	五星级	种植空地、商业街	2012年完成以薰衣草为特色的示范村打造，2016年，区政府计划依托薰衣草庄园建设法国南部风情小镇，以婚庆文化为主题融合旅游、休闲、婚庆等相关产业，为江宁区首例美丽乡村板块的特色小镇。 大塘金村建设以街道投资为主，婚庆小镇由社会企业投资为主，有不少合作主体，如南京大塘金农业旅游开发有限公司、薰衣草森林、上海交大植物研究所、街道、婚庆服务公司等，计划引入文化创意机构、商业服务机构等	政府、社会企业、科研院所
杨柳村	四星级	宗教、商业、展示服务建筑	2014年入选第六批中国历史文化名村，杨柳村古建筑群为国家级文保单位。规划以居住、旅游观光、商业服务为主要功能。2013年，启动杨柳村新“金花村”建设，2015年引进“上元灯彩”项目。旅游开发经营中采用了政府控股、企业主导、社区辅助参与的模式	政府、国资平台、社会企业
石墙围村	无	影视基地	以“影视村”为目标，规划承担餐饮、住宿、影视接待等功能并完善村内影视配套设施。村庄西北角有由北京中博传媒公司投建的4800 m^2 影视基地，电影《危险关系》在此取景拍摄后，许多游客慕名而来	政府、国资平台、社会企业
漆桥村	无	文保单位、商业古街巷	2014年入选第六批中国历史文化名村，规划以孔氏儒家文化为主题，打造集古村体验、亲子研学、休闲美食于一体的乡村休闲旅游综合体。从2011年开始，漆桥镇党委以及政府相关部门组建了保护和利用开发工作推进办公室，落实古村落保护性开发建设工作。以政府引导、多元融资的方式鼓励村民参与旅游经营	政府、国资平台、社会企业
慢城小镇	无	整片小镇	规划打造一个多元、具有标志性、休闲及文化性质的集酒店、购物、旅游和工作为一体的综合性社区。由政府投资成立国资平台（南京国际慢城建设发展有限公司）建设运营，总投资45 000万元，总规划用地面积为154 893 m^2，2016年建设完工	政府、国资平台、社会企业
垄上村	四星级	艺术工作室、茶馆	打造为集田园居住、文创艺术、观光体验于一体的特色文艺村，政府投资建设基础设施后转交南京漫耕投资管理有限公司进行包装运营。物外咖啡与职业艺术家牟林童合作，拟联合美术学院，在垄上创办学生写作基地，举办茶园音乐会、国际艺术节等	政府、社会企业

续表

案例	江苏省星级旅游点	闲置空间	基本情况（主要特征+投资运作模式）	投资主体类别
李巷村	四星级	展览馆、遗址纪念馆、工作室等	依托红色文化遗址，拟打造红色旅游主题村、全国爱国主义教育基地、全国农业高新技术产业示范区培训基地、蓝莓黑莓种植基地。由政府财政和商旅集团出资建设，2017年正式开村迎客	政府、国资平台、社会企业

*资料来源：根据实地调研及网络信息整理

乡村闲置空间的表征和分类

概况

从美丽乡村、特色小镇、田园综合体再到特色田园乡村等一系列乡村建设过程中，资本介入下的南京乡村发展已取得了显著的成效。与此同时，乡村建设过程中出现的空间闲置现象也日益突出，闲置空间的类型、程度、范围都在持续地变动和扩散。闲置的浮现不仅发生在建设运营后期，也前置到前期，出现囤而不建、建而不用等情况。空间闲置的出现阶段、形式和分布范围存在差异。

乡村闲置空间的生成

闲置的发生

无论是近期新建的特色小镇，还是追溯到较早的“金花村”，闲置空间夹杂在乡村空间内，维持着模糊不清的尴尬处境。乡村闲置空间是发生在乡村发展过程中的真实场景，它除了表达着乡村某些具体功能的置换与丧失，还印证着乡村生活生产方式的转换更替。从空间的典型表现看，闲置空间除了在形式上的被利用程度不断降低，其功能、使用价值或经济效益等也逐渐流失；从发生阶段看，闲置的浮现不仅发生在建设运营后期，也前置到开发初期；从空间分布看，本文所指的闲置空间主要集中在乡建实践推广较为深入的地区，在南京市域层面呈现出散点式的分布特点。

三种情形

从乡村的建设开发过程看，存在三种闲置空间情况：一是建设完成后受限于市场竞争能力不足形成的市场性闲置空间，这类空间一般是预设的功能已终止使用、新功能还未落实的旧空间，如最先探索的乡建项目逐渐走向没落却缺乏更新的现象；二是建设前因预留发展空间或主观囤地等行为造成的策略性闲置空间，多表现为空地、荒地或处于培育期的种植基地等，一般发生在农业型、休闲观赏型乡村；三是建设过程中开发资金不足、开发主体债权不清产生矛盾等致使建设项目延期或搁置的摩擦性闲置空间，如政府扶持承诺没有兑现、债权关系混乱等因素使在谈企业、客商暂缓投资，建设资金断裂导致在建工程被迫停工搁置。

乡村闲置空间的表征

（1）空间特征

扩大趋势

图 10-1　朱门农家闲置空间示意

伴随乡建实践的推广及空间扩张，乡村空间闲置趋向逐渐明显化、放大化。从区域分布来看，江宁区、高淳区作为南京乡村建设引领区，能观察到的乡村闲置点相较其他片区多，且有递增的倾向，媒体报道的相关乡村空间闲置新闻信息也偏多。同时，闲置空间面积不断增大。以朱门农家为例，从早期少数农家乐、饭店闲置延伸到大片农家乐闲置、房车营地设施空置（图 10-1）。闲置空间的体量、规模也从某一散点空间演变成整片的建成或待建工程，典型如慢城小镇等，闲置问题格外突出。

类型多样

乡村闲置空间随着乡村空间发展而呈现出差异。聚焦到特定的闲置空间，乡村发展演变的不确定性增加了闲置空间的属性、类别的复杂性。当前乡村闲置空间包含大量的空地和房屋、设施，其中空地指耕地、宅基地等，房屋则包括公屋、祠堂、农房、小学、村屋等。随着乡村实践的展开，空置空间的功能类型也从居住、生产向旅游消费型空间演变，如乡村美食街、茶馆、商铺等，以展示服务为主的展馆、工作室、宗祠等，以体育服务为主的场馆、设施等。

（2）表现形式

宏观层面

从全局来看，南京的乡村空间闲置发生在各个地区，空置的土地、建筑、设施与其他正在使用的空间混合在一起，如同是一张纸上随机分布的孔洞，形成穿孔型的散布肌理。根据其与农村社区和农业生态空间的相对位置关系，可以分为单孔型和多孔型两种形式。单孔型指乡村地域内整体较为集中的连片乡村闲置空间，有圈层式和并列式两类形态。多孔型是区域内多个邻近地区均有不同程度闲置空间而形成的空间结构，如江宁西部乡村示范区内相距较近的黄龙岘村、大塘金村、朱门农家、杨柳村等各自显现的闲置空间与区域整体的结构关系。

微观层面

在微观层面，受规模、形态、位置等因素影响，乡村闲置空间在乡村内呈现出点式、线型、面状的空间形态。点式形态一般是由少量建筑、场地或尺度较小的建筑群等组成的空间，零散分布在村庄内，是最为常见的类型，如乡村大舞台、村史馆等。线型形态则是沿着道路、河流等排布的建筑或场地空间，如商业街、美食街等。面状形态通常表现为成片的建筑群及其围合的空间，既可能是新开发的成片地区，也可能是历史建筑群，或者是成规模的景观空间。在具体的案例中，往往呈点式、线型、面状交叠组合的多种形态。以杨柳村为例，村落核心区是由面状的明清建筑群与线状的旅游服务街道组成的闲置片区，村落内还散布着少量空置的传统民居、宗祠、农家乐等点状空间。

乡村闲置空间的分类

多种分类

对乡村闲置空间的分类有几种常见的方法，最典型的是依据使用频率进行分类，因为空间闲置本质上与使用状态有关，所以这是最直接也最容易衡量的分类方式。还可以按预设功能分类，包括商业空间、景观空间、文化空间等，内含了经营性和非经营性的区别。也可以通过经济核算特征分类，借此区分经营中的盈利型、亏损型空间以及非经营空间。因为闲置可能是间歇性的，所以存在具备闲置特征但仍然盈利的空间，所谓“一年不开张，开张吃一年”就是对其的一种通俗和极端的描述。有的闲置空间处于非经营状态，但位于有高人员流量的路线上，只要找到合适的用途转化途径，就能迅速将流量变现并有希望实现盈利，其与偏于一隅、无人问津的空间形成强烈反差，所以可能细分出潜在获利性空间等。

(1) 根据使用频率分类

地区差异

结合农村集体成员或外来者活动的时空分布，乡村空间会出现高强度使用、低强度使用和无使用的状况。特别是专为旅游打造的设施与空间，随着旅游客流的起伏，不均衡使用特征尤为显著。以旅游人口数据为线索，观察南京市周边乡村的旅游热度可以看到明显的客流冷热点和“潮汐式”现象（图 10-2）。一是江宁区、浦口区、高淳区成为南京市周边接待游客量较大的乡村旅游点，且在周末与节假日有突出的旅游高峰（图 10-3）。二是片区内的各乡村旅游客流差异显著。以江宁为例，石塘人家、黄龙岘村的客流量是朱门农家、东山香樟园、溪田田园综合体等旅游客流较少地区的 5~10 倍，区域内的客流分布不平衡特征鲜明。

长久型闲置

结合乡村空间的使用频率，将闲置空间分为长久型、短期型和潮汐型闲置三种类型。首先，以连续超过两年未使用定义“长久型闲置”空间，这类空间

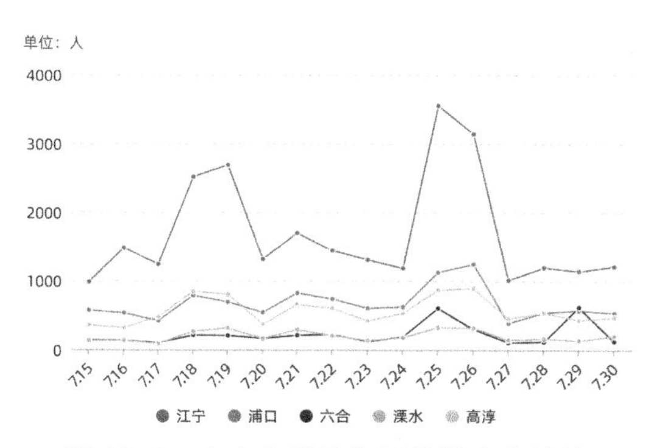

图 10-2　南京市周边各区旅游人次统计
（2020-07-15—2020-07-30）

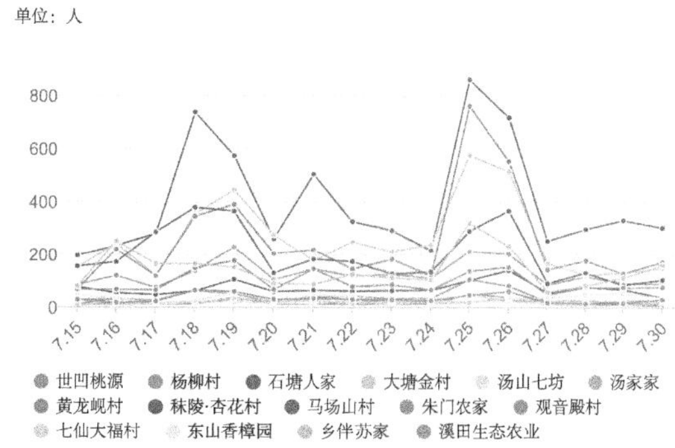

图 10-3　江宁区各个美丽乡村的旅游人次统计
（2020-07-15—2020-07-30）

资料来源：自绘，数据来源于紫金山 APP

通常是废弃空间或搁置的建筑工程，所显露的环境氛围较为消极，设施往往有不同程度的损毁。体量较大的长久型闲置空间典型如高淳国际慢城小镇，其自 2016 年竣工至调研时的 2020 年底始终未进行使用，导致 50 栋建筑长期闲置，建筑的窗户、外墙及街道的井盖等设施均出现破损（图 10-4）。高淳的石墙围影视古堡则是“一次性”使用的小体量闲置案例，在 2012 年拍摄完电影《危险关系》后就陷入无管理、无维护的状态，之后杂草丛生，建筑损坏严重，更存在治安隐患（图 10-5）。

图 10-4　高淳国际慢城小镇

短期型闲置

“短期型闲置”空间具有使用时间零散且特定的特征，指向年使用频率不足 1/3 但未达到长久型闲置标准的空间。该类空间一般具有较高的公共空间价值，以节庆、宗教等功能为主。例如，六合区大泉人家特色民俗村的乡村大舞台，每年仅在节庆及“多彩竹镇天天乐”等活动期间进行民族、民俗风情演出，其余时间几乎未有使用（图 10-6）；江宁区杨柳历史文化村的朱氏宗祠平常都处于大门紧锁的状态，只有在祭祀活动时才对外开放，空间的使用效率极低（图 10-7）。

图 10-5 高淳石墙围古堡

图 10-6 大泉人家乡村大舞台

图 10-7 杨柳村朱氏宗祠

潮汐型闲置

“潮汐型闲置”空间指向存在规律明显的高低使用频率间隔且未达到短期闲置标准的空间，一般出现在以商业、展示、娱乐为主要功能的旅游服务空间。以溧水区李巷村为例，自打造红色旅游村以来，乡村的核心空间围绕红色教育培训、红色文化宣传等功能形成了以游客为目标使用人群的纪念馆、遗址参观点、民宿、图书室、茶吧等各类业态空间，空间的使用频率与乡村游客的数量紧密关联，在节假日及周末达到极值，在工作日则出现较长的平缓低谷，且此时闲置的空间面积大于总面积的 2/3，所以将之归为潮汐型闲置空间。一些以向日葵、薰衣草等农业景观为特色的休闲空间，受农林作物生长周期的影响，往往也会有典型的潮汐型闲置空间特征。

（2）根据预设功能分类

不同功能

资本的参与带来了不同功能业态的相互重组和渗透，以旅游消费为主流的乡村产业推动形成了以商业、娱乐等为核心的功能空间。依据空间的预设功能，闲置空间分为商业、景观、文化展示、宗教空间等不同类型。

商业空间

乡村商业空间按照业态可以细分成餐饮、民宿、娱乐、零售等类型，包含农家乐、茶馆、房车营地、游乐项目、零售商铺等各种形式。以垄上村为例，立足青山茶文化，植入了田园民宿、茶室、艺术家工作室、村理食堂等商业空间（图10-8）。乡村运营发生了从早期筹备时期的知名度低到后期淡旺季交替的变化，其商业空间也经历了短期型闲置和潮汐型闲置状态，艺术家工作室等租赁空间则常年大门紧锁，仅在节庆活动期间对外开放和使用。

艺术家工作室

村理食堂

民宿

茶室

图10-8 垄上村商业空间

景观空间

美丽乡村的发展依托其自然风光、山水田园等生态资源优势，吸引了众多旅游消费流量，特别是特色田园示范村、特色田园综合体等以生态景观为着力点的新一代乡村发展类型，农业景观是其重要的组成部分。然而受限于品种、季节、土壤、气候等因素，景观植物种植培育时间远远长于观赏期，出现了一段较久的“闲置期”。以六合巴布洛生态谷为例，园区通过营造花海、果蔬庄园、荷园、桃林、樱花大道、薰衣草园等各个时令的景观，形成四季特色的观赏体验，但像荷花、薰衣草等植物的花期较短，大多为2~3个月，使得种植基地在较长时间内都处于被短期搁置的“荒地”状态，难以发挥其他用途。

文化空间

立足于特色文化，乡村建设掀起了内涵提升的热潮，打造了集展示、体验、研学等为一体的多种文化空间，空间的使用状态随着旅游淡旺季呈现出潮汐型闲置特征。以西埂莲乡为例，乡村围绕“莲文化”重点突出了观赏、游玩、科普、研学等旅游产品，形成了自然学堂、手作体验、红色教育等主题内容的文化空间，其中莲文化展示馆在每年的1~2月、10~12月都面临门庭冷落的窘境，教学培训教室、展厅等空间均大量闲置（图10-9）。

宗教和宗族空间

乡村宗教宗族等空间承载着乡村的信仰与聚落文化，见证了乡村的兴衰发展历史，成为乡村不可或缺的根基和灵魂所在。历史悠久的庙宇、祠堂、戏台、楼阁等提供了一个或多个社会中心将乡村与村民联系在一起，而如今宗教宗族空间则大多仅在节庆或者举办祭祀活动时使用。以江宁区杨柳历史文化名村为例，村内有多处文保单位及传统风貌建筑。在保护规划指导下，朱氏家族起源地“翼圣堂”被修缮活化为朱氏寻踪展示馆。而朱氏宗祠却常年关门闭户，仅在宗族活动时使用，造成短期闲置，与“翼圣堂”的开放利用形成鲜明对比（图10-10）。

莲文化展示馆

图10-9　闲置文化空间

翼圣堂

图10-10　闲置宗族空间

（3）根据资本效益分类

三种分类

从乡村的运营效益入手，通过计算盈亏平衡时的预期旅游人次，并与实际的旅游人次进行对比，对乡村闲置空间的经济价值进行判断，同时结合实际经营情况将闲置空间分为经营下的亏损型、盈利型及非经营下的潜在获利型。

盈亏平衡分析方法：

盈亏平衡分析指通过计算项目达到设计生产能力的平衡点，分析成本与收入的平衡关系。其中成本指总成本费用，等于经营成本与折旧费、摊销费和财务费用之和，参考同类工程的工程量、决算指标并参照《建设项目经济评价方法与参数（第三版）》进行估算。收入则按照各乡村经营收费项目标准进行分项估算，包含景点门票、住宿餐饮费用、讲解培训服务费、旅游产品收入、场地租赁收入及其他增值服务收入等。以典型乡村的具体经营性空间为计算对象，代入相关数据进行估算，对盈亏平衡点结果与旅游人次进行关联分析，有差异鲜明的亏损型闲置、盈利型闲置、潜在获利型闲置三种类型。

亏损型闲置

亏损型闲置对应投资经营收益为负的空间出现的闲置情况，主要有慢城小镇、杨柳村、漆桥村、李巷等，该类乡村每年都需投入较多的运营管理费用，而旅游消费收益却低于预期。空间经济效益低下也直接影响了乡村运营资本的流转，带来沉重的周转压力，从而影响资本的持续投入，造成闲置的恶性循环。值得注意的是李巷，自开村运营以来，建设投入巨大，景区运营的收支仍处于亏损状况，但因投资管理平台的实力雄厚，开发板块多元，其他单元取得的收益平衡了整体的收支情况，使得李巷一直保持着良好运行。

盈利型闲置对应旅游收入效益大于总成本费用的乡村经营性空间出现的使用低效情况，主要有垄上村、朱门农家。垄上村自2018年末开村以来，游客络绎不绝，但受限于地理位置及市场因素，客源以南京市内及周边城市居民为主，且首选周末自驾游方式，几乎不在景点过夜。因此，垄上的民宿、茶室、食堂均出现潮汐型闲置现象。朱门农家开放之后整体人气低落，村内的房车营地曾在起步阶段有过一段短暂的热潮，收入快速递增，之后主要通过订单式团队旅游获益，维持运行，基本处于盈利状态。实际上因朱门农家单一的发展模式，房车营地也面临着短期闲置问题，使用率极低。

盈利型闲置

潜在获利型闲置对应已停止运营的闲置空间中的特殊情况，其受周边地区的旅游辐射，仍有一定流量的游客前往，主要有大塘金村和石墙围村。该类空间在盈亏平衡估算中并无明显的收入盈利，但实际仍有大于预期的旅游客流。大塘金村的主商业街仅剩两家商铺在继续营业，空置率达到90%，但在香草小镇（包含大塘金村的景区）的整体开放下，香草谷（景区核心景点）当红的旅游热度也为大塘金村带来些许人气，商业街尽管大部分店门紧锁，但仍有不少游客顺道而来（图10-11）。石墙围村的影视古堡则是自电影拍摄完就处于零成本零收益的荒置状态，之后更是变成危房，村委、街道等政府部门并无进一步

潜在获利型闲置

图10-11　大塘金香草小镇分区示意

资料来源：江宁规划局

处置举措。但在慢城及大山村的旅游带动下，石墙围村也吸引了不少游客慕名而来，为影视古堡聚集了许多摄影人气。

资本关联的乡村闲置空间产生逻辑

闲置空间的产生，基于一定的制度环境条件，同时源于多元价值的矛盾，并在现实中通过多主体的博弈冲突得以具体体现。本节首先引用产权相关理论分析制度环境特征，目的是说明由制度规定的行动范围和行为激励；之后引用资本相关理论和公共经济学相关理论分析价值冲突，目的是聚焦现实中的利益格局；再后重点分析多主体的博弈过程，展开一系列与空间闲置有关的主体动机、空间行动、利益分配和风险担当方面的论述；最后叠加时间维度，关注在时间跨度中有关空间决策和空间使用状态的变化，依此对乡村空间闲置现象展开立体的分析（图 10-12）。

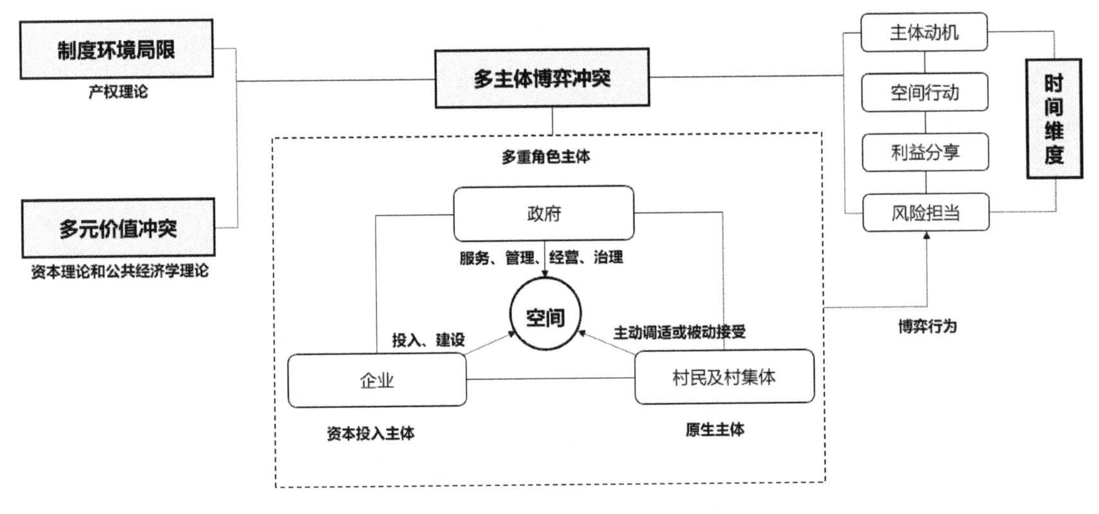

图 10-12　解释逻辑框架

制度环境局限

概况

在当下中国城乡转型的重要阶段，空间发展受政策及法律环境的制约，深刻贯彻着政治意图。土地、金融、税收等制度变革均不同程度地影响乡村发展及其空间变化。在土地制度方面，征地改革、宅基地确权及集体经营性用地入市、“三权分置”等制度安排，不断放松了农地产权管制，提高了土地资源市场化配置的效率。土地确权及金融制度的改革使得企业可以获得开发贷款，活跃了资金市场，增强了资本运营周转的能力，为资本介入乡村优化了投资环境。同时，国家对农业产业、农业项目的财政资金扶持、商业性金融资金扶持等，也为资本下乡提供了助力。但重扶持轻约束的制度也可能使资本毫无节制地开发生产或投机性生产，更易触发乡村的快速盛衰兴废，给地方发展带来风险的同时，闲置空间的出现则在所难免。

产权制度的影响

改革开放以来，经历了曲折复杂的土地制度改革，空间产权成为乡村快速繁荣的制度基础，也是引发种种棘手难题的制度根源。根据制度经济学的产权理论，初始的产权界定不清、产权主体或其代理者缺乏合适的行动激励、空间交易过程中的高摩擦成本等都会成为交易达成的阻碍。随着改革推进，乡村空间资源逐渐接受了资本化的改造过程，但乡村空间利用机制的转变仍会面对相当长的磨合期。在现有的土地所有权、承包权、经营权等权利格局下，同时在国家对乡村土地的严格用途管制下，逐渐明晰的个人产权和依然存在的公共域产权在实践过程中偶尔会陷入代理和交易的困境。

产权不清

受历史影响，我国农地产权结构的残缺与模糊化一度造成交易效率低下，大量空间价值被滞留在公共域，带来了资源配置低效等问题。在农地方面，农地集体所有者、农地承包者、农地经营者之间权利不明晰，由此衍生出土地收益分配不均、土地交易成本增加、农地流转效率低下等问题。在集体经营性建设用地方面，“集体”的内涵不明确，也经常出现产权主体和所有者代表机构亦此亦彼的产权主体缺位现象，同时有关集体经营性建设用地的开发管制亦无详细划定，进行房地产开发及其他商业性开发的用地无法获取产权证明及预售证，产权模糊致使用地在资金运转和运营方面难以为继。在宅基地方面，国家法律严禁宅基地出租、转让和交易，但集体内成员为获取土地财产性收入往往会借助房屋交易变相买卖、出租宅基地，利用非正式手段获得的宅基地因而处于法律的灰色地带，随时面临政策及外部环境改变造成的契约失效，引发产权争夺矛盾。

产权公共域

产权公共域理论认为，受资产的多样属性及主体行为的有限性约束，产权价值有不可清晰界定的部分，未能有效界定的部分会落在公共域[37]，如图10-13所示。在收益、成本和产权界定程度的变量关系下，MR、MC分别代表边际收益和边际成本，其相交点D则表示产权决策的均衡点，对应点A表示产权可清晰界定的产权临界点，超出A的部分表示不可清晰界定的产权部分，则围成的ADB就是产权的公共域。学者巴泽尔指出产权公共域因交易成本而永恒存在，强调产权清晰界定有利于参与主体的利益均衡[38]。

租值耗散

根据产权公共域概念可知，产权的清晰程度影响了资源的有效配置。由于产权未能有效界定将产生租值耗散效应，即因产权界定的模糊产生了游离在产权界定外的租值，使得市场生产要素错配及利用效率低下，其中“租值”指的是没有界定清楚归属的收益[39]。由图 10-14 可知，在要素的边际产出（MP）和平均产出（AP）随着要素增加而下降的情况下，产权清晰的生产要素投入点 A 与产权残缺时的生产要素投入点 B 之间消散的租值便是图中的阴影部分。租值耗散主张无主的资源会因“搭便车”造成过度使用，权利界定外租值因不具有排他性，在竞争中价值下降乃至完全耗散。因此，可通过创造私有产权或明确集体内部的共有产权来约束过度使用。

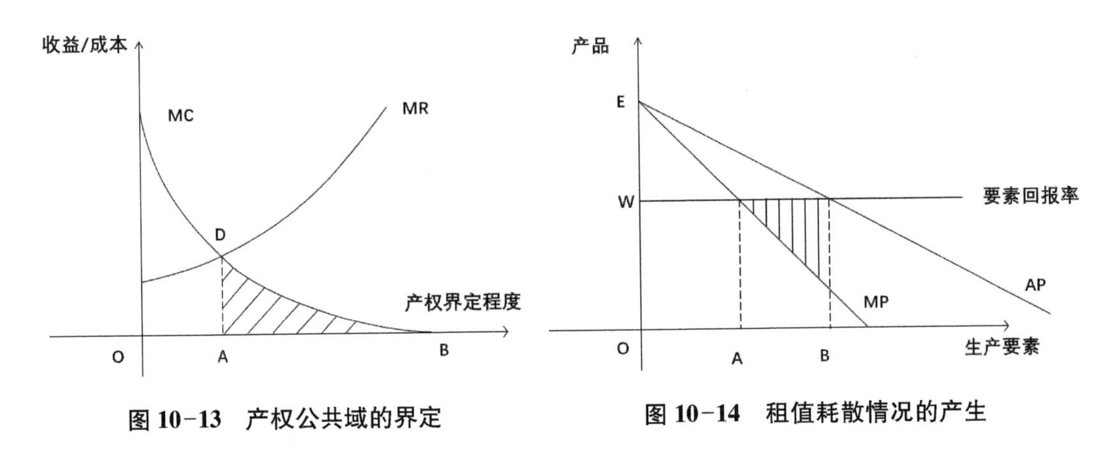

图 10-13　产权公共域的界定　　**图 10-14　租值耗散情况的产生**

资料来源：付兆刚，许抄军，杨少文. 新制度经济学视阈下农地改革与乡村振兴战略互动研究［J］. 农业经济与管理，2020（5）：16-28.

共有产权的现实

从代理的角度而言，乡村集体的土地共有产权由我国宪法和土地法所规定，在历史发展过程中发挥过积极的作用，但也存在集体土地产权代理效率低的现象。对应于产权公共域，典型如集体建设用地，对其的决策和使用存在诸多模糊地带，不合理和低效使用时有发生。乡村的公屋、祠堂等村集体所属共同财产也大多面临着产权复杂、活化困难等障碍。

反公地悲剧

同时，空间产权有效配置的困难除了因为少数产权复杂的资产难以确权推进，更多的挑战出现在私有产权的分散化带来的整合使用困难，即发生了所谓的“反公地悲剧”。“反公地悲剧”由迈克尔·赫勒（Michael Heller）提出，与“公地悲剧”强调公共资源的过度使用情境相反，是指当公地内存在过多的产权所有者，会发生为了阻止他人使用资源，设置使用障碍而导致资源闲置、使用不足的状况[40]（图 10-15）。

产权障碍

从交易的角度而言，日益明确的、分散的个人土地产权在现实中确实影响土地整合利用。以旧村改造为例，在政府主导的开发模式下，开发者从政府手中获得土地的使用权，但因产权的多重属性及其随时间空间转换的特点，存在产权关系错综复杂的公有和私有建筑，其产权整饬的成本巨大且十分困难。属于公有的房屋，可能是产权几经变动，被分割成细碎的多个部分，多户拥有产

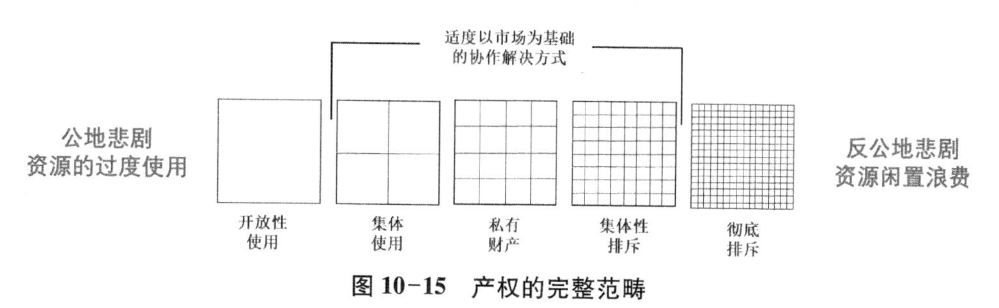

图 10-15 产权的完整范畴

资料来源：栾晓帆，陶然. 超越“反公地困局”：城市更新中的机制设计与规划应对［J］. 城市规划，2019，43（10）：37-42.

权；也可能是一些有价值的历史建筑由于历史遗留问题，产权如今已难以确认，产权纷争迟迟不停。产权登记、整饬和流转的困难会阻碍开发投资主体的意愿，从而出现公共域空间价值不断丧失的租值耗散效应。属于私有的建筑，因房屋产权的分散，引发村集体与村民之间就资产流转和拆迁补偿利益的博弈，村民追求补偿最大化使得协调无法一致，产生“漫天要价类反公地困局”[41]。租值耗散和反公地悲剧作为空间产权问题的典型效应，反映了产权关系的模糊与纠纷会掣肘空间价值的高效运用，各类空间的再利用与发展因此停滞不前，加深了低效型闲置空间的困局。

多元价值冲突

概况

随外部力量日益介入，特别是越来越多资本下乡，乡村迎接着更多的机会，也面对着更多的挑战。乡村建成环境的连续性和稳定性与资本的流动性之间既有一致也有矛盾，引发了空间的生产与破坏。与此同时，当乡村的独特价值日益被市场挖掘出来，各种乡村建设主体有自己的价值判断和利益取向，空间成为博弈的对象和中介，闲置空间也就在此博弈过程中产生。

（1）资本角度

资本特征

新马克思主义资本理论提供了关于资本城乡流动的基本认知[42][43]。资本对乡村空间的改造利用符合以下规律：第一，资本的空间流动是一种必然，资本来去首先取决于资本逐利的本质，资本无法停止的积累欲望需要在“时空修复”中实现。在中国的现实背景下，特别是在政策的积极引导下，乡村地区成为资本积累的新场域。第二，与特定区位结合，部分流动的资本会转化为被称为“建成环境”的固定资本，其他资本凭借固定资本塑造的便利得以流通。固定资本的价值需要在较长时段内缓慢释放并得以回收，而时间越长，不确定性和风险越大。第三，资本流动过程中，着眼于对空间异质性的挖掘，并动态考虑与不同区位生产要素结合带来的增益，由此可能引发“创造性破坏”[8]、价值丧失和不平衡发展。

现实逻辑

乡村闲置空间的产生，其线索常常对应着上述的资本逻辑，需要在实际案例中细细考量。国内政府资金的大量投入，超越了一般意义上的资本诉求，而政府对社会工商资本的推动与管制，则融合了强烈的社会主义价值理念。权力、资本和社会的互动，在国内的环境中有可能产生迥异于其他国家和地区的新格局。

公共利益

（2）公共利益角度

公共经济学中的公共利益与公共产品相关论述也对闲置空间有解释力，往往与乡村空间中的乡村公共产品的打造、历史文化遗产保护与利用、乡土文化的延续与传承等方面有关，其中蕴含的价值冲突、责任分担、当下与未来的诉求错位等，会诱发乡村空间的错配，造成闲置的问题。

公共空间

体现在乡村公共空间价值的支持上，公共空间的公益性质与其在商业化乡村中特定的经营服务性质存在交叠。服务对象是着眼于在地居民还是休闲观光客，建造主体、建造诉求和建造方式也就产生差异。在地居民的生活需求、商业开发的服务需求、政府提高民生或实现政绩的需求之间是否耦合会对地方后继发展动力产生影响。另外，当前“项目制”的乡村资源分配形式难以甄别各个乡村的实际需求，往往倾向以“一刀切”“撒豆子”的方式进行供给输入，致使需求与供给出现断裂，公共空间的缺乏与浪费的矛盾共存使公共价值瓦解、衰变成为必然，闲置空间也逐步显现。

历史遗产

体现在历史遗产的保护与开发上，常常难以协调社会利益和商业价值之间的内在矛盾，缺乏发展因子的保护与扭曲遗产属性的开发都将导致历史遗产的死亡和空间价值的毁灭。如果否定在重视资源保护前提下的合理开发利用，必然导致历史遗产的资源保护动力不足、空间使用效率低下。而如果走向另一个极端，资本热衷于历史资源开发的短期经济效益，使得遗产资源出现了商品化、人工化的消费倾向，以历史真实性、建筑完整性为代价进行旅游空间的过度开发，会导致历史资产的破坏。受经济利益的驱动，开发商常常利用历史资源的名头，将资本倾注在毗邻空间打造上，造成历史资源本身被忽视乃至发生闲置的情况。

多主体博弈

概况

政府、企业、村民等各主体基于各自的利益诉求，以相互竞争或者互动合作的方式共同影响着乡村空间的发展，在利益分享与风险承担等方面互相较量和妥协，其中难免出现矛盾和僵局，影响空间的使用，对乡村发展产生一定的威胁。

（1）政府行为与空间闲置

政府行为

政府以促进乡村经济、协调空间布局、提供公共服务、改善人居环境等为直接目的，期待平衡城乡利益、提高民生，并获得广泛的政治认同。作为公共服务提供者，政府积极推进乡村的基础设施和公共设施建设；作为社会管理者，政府持续对制度和政策进行调整以鼓励资本下乡，通过土地供给、金融扶持、财政补贴、空间规划等手段调控资本参与乡建的方式与路径；作为经营者，政府通过国资平台运营或财政资金直接投入参与乡村建设。政府收益则以税收及经营收入为主。

闲置产生的情境

政府主导型的乡村空间生产中，闲置空间的产生主要基于以下几种可能性：第一，政府对投入产出的经济评估不充分，将经济收益与非经济收益高度混杂在一起。在"增长主义"及政绩诉求的驱动下，加之有国有资本的强势支撑，容易进行"超前的"空间生产，出现重物质增长和重短期效果的情况。部分基于示范工程的建设项目，既不能贴合居民需求，又不能与市场形成有效匹配，新建的空间华而不实，极有可能引发空间闲置。第二，后期运营过程中的市场风险虽然是无法回避的，但政府平台或国企运营的先天不足也可能在此体现，对市场波动应对不足，造成对空间要素不能合理高效利用。第三，长期不能扭转颓势、持续依赖政府输血的项目，若遭遇到政策环境变化，如财政支持直接削减，或者财政支持重心的空间转移，则项目难以为继，继而产生闲置。

（2）社会企业行为与空间闲置

企业行为

社会工商企业的行为动机主要是资本增值。受资本理性的驱动，企业在乡村的投资以消费型建成环境和运营性投入为主，直接租用或改造利用乡村空间，通过正常运营或非正常的投机获取收益。

闲置产生的情境

政企合作型的乡村空间生产中，基于乡村地域的特殊性和国家政策导向的积极性，建成环境多由政府负责打造，征收或流转村民的农地、宅基地等的责任也多在政府肩上。社会工商资本从规避风险的角度，更倾向于轻资产运营，并在形势不利时及时撤退。这种对市场资本有吸引力但是责任和收益之间高度不平衡的操作模式，会在两方面留下隐患：第一，如果政府的环境营造与企业的经营定位产生错位，建成空间就无法顺利对接市场；第二，一旦听闻其他水草丰美之地的召唤，工商资本逃逸会引发本地的空间闲置和价值丧失。在企业的经营策略中，与空间闲置相关的行为包括：因为土地持有成本低的"囤地"；为规避风险和增加收益对建设进度的调节；因为资金紧张不得不中断建设的行为；如果看到过度的政府补贴和金融运营的机会，投机资本也不会拒绝更轻松的"快钱"，将闲置空间在其中作为一种投机工具和装饰物。

（3）村民和村集体的行为与空间闲置

村民行为

村民及村集体作为乡村的原生主体，在外来力量主导的乡村建设中可能以顺从、迎合或者抵抗的姿态被动地加入乡村的资本空间生产。随着国家意志及乡村市场利好信息的传达，村民能敏锐地察觉到乡土所附含的生态、文化的"隐形价值"，为获取依附于政府、企业建设的新增收益，主动地改造自有资产形成消费空间以获取盈利收入，或通过村集体入股企业等方式分享收益。

闲置产生的情境

村民的收益一方面包含征地的资金补偿，依靠农地流转、房屋租赁收取的租金，或者将土地等作价入股乡村建设平台公司获得股权分红，另一方面包括以合作社成员的身份，获取产业运营利润。同时，村民个体进行自主创业经营、受雇于企业等也取得部分收益。虽然现实中并不显见但存在一种可能性，即比较被动和弱势的村民和村集体一方，如果不能有效地参与地方治理，持续地被剥夺话语权或遭到排挤和利益侵占，社会矛盾随之激化，则对地方的空间利用和有效发展产生威胁，外来资本随之退出也会引发闲置的风险。

阶段间阻滞

概况

从乡村空间发展的全过程来看，空间闲置可能发生在规划、招商、投资建设、运营维护管理等任一时期。定位及路径规划的偏颇，洽谈合作的进展不顺或用地、资金、公共产品等要素的缺失都可能阻滞乡村的发展，进而引发空间闲置，这也是主体间矛盾在时间维度上的呈现。

规划定位

在规划定位环节，乡村的发展路径选择要贴近现实需求绝不容易。其一，普遍存在照搬城市商业模式的做法，不接地气或过于超前的规划从开始就埋下了隐患。其二，规划编制未与招商工作充分衔接，其中的资本效益评估分析具有较高的不确定性，后期较多低于资本收益预期的项目无法推动。其三，对乡村土地转化利用的严格管控，使乡村可建设用地量常常远低于规划建设用地需求。社会企业获得土地的成本加大，不仅制约了其空间意图的实施，更降低了资本下乡的积极性。

招商引资

在招商引资环节，资本与政府、村集体的协商中可能因发展方向不一致、经营方式冲突、利益分配不协调等导致合作失败，使得空间发展终止或者协议中断，造成已建工程的浪费。政府的招商门槛条件可能会对企业产生排斥，企业出于自我保护拟定的退出机制可能在某个节点触发，具体协议的开发边界分歧可能成为矛盾爆发的导火索，相关法律条文的缺乏无法强化各方的诚信守约意识，以上因素都会引致空间推进的断裂。

投资建设

在投资建设环节，曾经的乡村土地产权不清晰酿成了乡村发展用地难、融资难的局面，引发工程建设频频中断。在用地方面，存在资本与村民私下进行的土地交换或流转。因缺乏法律的认可与保障，且未经过村集体的同意，企业毁约弃耕、村民失信要地、资本跑路等现象频频发生。在资金运转方面，受集体土地产权相关制度不够成熟的影响，开发主体大量投入却无法形成可抵押贷款的资产，资金链运转一旦断裂，企业难以为继，空间则荒而置之。

运营维护

在运营维护环节，传统行政组织、新建管理部门、民间行业协会组织、社会经济管理组织之间由于管理机构职能缺位、权限重叠或涉及管理移交等可能导致空间运行停滞。其一，上层政府的直接管理难接地气，且执行时容易扭曲变形。如果将管理权限下放至村集体或基层政府，后者缺乏市场化运营能力，且若自负盈亏，资本投入的不足等会促发空间闲置。其二，如果将资产管理转移于企业，企业管理与村级的社会事务管理之间存在利益冲突，双方可能逃避空间管理责任和进行消极处理，造成处在公共域的空间无人问津。其三，如果政府发展重心转移或是企业资本退出，乡村将面临因主体缺失而资金、公共产品供给断裂的境地。无论哪一种情况，均会导致乡村可持续发展的闭环没有形成，空间价值因此消散，空间闲置问题突出。

政府资本主导型乡村案例：朱门农家、大塘金村、漆桥村

概况

上节四个方面的分析描摹了空间闲置的基本成因，其中制度环境局限和多元价值冲突是前提，主体间冲突是造成闲置的根本，在时间轴上也会因发展轨迹的转变引发空间荒废。本节及之后两节以南京周边地区不同资本主导建设类型的乡村为例，重点分析其闲置空间产生的缘由。通过提取分析框架内若干维度的核心因素，探究闲置空间关联的资本投入、产权变更、市场竞争、主体博弈等的现实情况。

总体特征

政府资本主导型乡村建设作为早期实践的模式，其空间的获取、建设的着力点、资本的投入等方面都处于初步探索阶段，暴露出了缺乏规范、短视、断层等问题。在制度层面，由于缺乏引导乡村建设空间获取、转让、管理的全流程规范，非正式的土地交易、空间公私产权模糊、建设用地供给不足等“用地难”障碍，使得乡村空间出现价值耗散的消极现象。在发展阶段层面，“重建设、轻维护”的发展模式造成了后期空间产权移交随意、乡村治理负担加大、公共产品及资本投入断裂，空间长远发展的可能性就此泯灭。在资本逻辑层面，不平衡发展的差异逻辑加速了新空间生产领域的塑造，也推动了资本向新的地域转移与集聚。区域发展重点的转移与竞争关系加剧了落后乡村的没落与消亡。

闲置空间特征与影响要素

（1）闲置空间情况

朱门农家

朱门农家作为江宁最早的乡建尝试点，在“五朵金花”中的发展成效最不

明显。兴起的农家乐在开村两年后逐渐惨淡，纷纷歇业关门。村民加建和改造的包厢、厨房等餐饮服务空间出现长时间空置。2015 年入驻的房车营地项目，并没有带来发展的大幅改善，也只依靠节假日的团建活动来维持经营，大片的房车设施使用效率低下，且已有不同程度的损毁。最初打造的公共空间随着旅游人气的跌落而逐渐疏于管理，变成一番杂草丛生、人迹罕至的景象，村民也不再参与使用公共空间（图 10-16）。从闲置空间的分类来看，朱门农家的闲置

农家乐关门歇业

房车营地

公共空间现状

图 10-16　朱门农家空间实景

空间类型较为多样。农家乐属于长久型闲置的经营性商业空间，房车营地属于短期型闲置的商业空间，而公共空间则是长久型闲置的景观空间。因早期旅游人气高涨的强大惯性，乡村的商业空间运营的盈亏估算基本属于盈利型范畴。总体上，朱门农家的闲置空间能较好地反映“农家乐村”的发展历程，突出暴露闲置空间的主要矛盾。

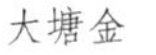
大塘金

大塘金村经历了从村庄立项打造到拓展板块、升级产业的香草小镇建设过程。村庄和香草谷两大板块分别由谷里街道、大塘金农业旅游开发有限公司独立运营。香草谷庄园的火爆人气与村庄的门可罗雀形成了强烈对比。村内商业主街的成排店铺一直招商无门，仅在 2013 年到 2015 年期间作为大学生创业基地使用过，之后就持续着大门紧锁的状态（图 10－17）。从闲置空间的分类来看，该空间属于长久型闲置的商业空间，虽有不少香草谷庄园辐射的客流至此游览，但因空间并未开放使用，实际上也没有产生运营收益。

图 10－17　大塘金商业街

漆桥

2012 年至 2014 年期间，漆桥历史文化名村围绕古村落的核心街区进行了维护修缮，随后引进了一批餐饮、住宿、娱乐、购物的个体经营项目，形成了特色美食一条街，包括面馆、酱骨坊、茶馆等传统美食及各类传统手工作坊、工艺品店。截至 2020 年 9 月的实地调查，老街正常营业的店铺仅剩 11 家，歇业闲置的门面达 92 家。店铺陆续关门，游客稀少，街区整体氛围较为萧条（图 10－18）。到此参观的游客也大多从高淳慢城、老街等景区顺道过来，很少

图 10－18　漆桥美食街

以漆桥村为主要目的地前来游览，漆桥村的人气与空间活力严重不足。从闲置空间的分类来看，美食街属于长久型闲置的商业空间，其前期的巨大投资与后期经营收益无法持平，造成了亏损严重的事实。

案例综合

三个案例的闲置空间均以长久型的商业空间为主，但在空间运营的投入与收益方面各有差异（表 10-3）。从空间的影响来看，朱门农家空间闲置的范围与规模相对较大，整体萧条的空间氛围在一定程度上影响了乡村的形象和村民的生活环境，甚至引发了对社区、街道相关工作的质疑；大塘金村的商业街虽规模较小、环境保持较好，但荒置空间造成投入资本全部沉没已成事实，“闲置”本身带给社区一定的财政压力；漆桥村的美食街兼具历史保护的特殊情况，使其保护与发展现实问题更难以衡量与解决，保护投入无法得到有效回馈，空间闲置的扩散化进一步加深了乡村活化的困境。

表 10-3　朱门农家、大塘金村、漆桥村闲置空间分类情况

闲置空间	使用频率			预设功能				资本效益		
	潮汐型	长久型	短期型	商业空间	景观空间	文化空间	宗教空间	亏损型	盈利型	潜在获利型
朱门农家		√农家乐	√房车营地	√	√				√	
大塘金村		√		√						√
漆桥村		√		√				√		

（2）政府资本主导型乡村的滞后与缺陷

共性原因

以政府投入为主要动力的早期乡村实践开创了乡村复兴的道路，但随着乡村建设的深入推进与市场竞争加剧，依靠政府输血的模式很快也暴露出不可持续的问题。作为最先成立的探索模式，政府资本主导型乡村建设的矛盾集中于资本转移、制度落后、阶段阻滞三个方面，最明显的发展局限仍在于用地难、融资难。其一，政府决策、政府投入、政府管理的全过程包办行为造成乡村发展的依赖，乡村内部的供地、产权、村民生活等问题没有形成有效的解决方式，乡村自治能力的落后将空间的发展引向衰落。其二，政府主导的乡村建设仍主要聚焦在乡村建设等前期阶段，缺乏整体永续发展的视野与经验，空间发展的停滞与后退使闲置产生不可避免。

个性原因

朱门农家多样的闲置空间类型对应复杂的闲置原因，其中资本与公共产品投入的不可持续是核心原因。究其根本，也是资本逻辑下区域发展重点转移与乡村自身竞争能力不足的结果，而非正式交易的空间发展瓶颈则是其局部空间（房车营地）闲置的致因，是乡村发展过程中制度规范缺陷放大化的矛盾显现。

大塘金村的商业街闲置问题在其前期招商阶段已经暴露，但其“甩包袱”式的产权移交及社区自治的有心无力加深了其发展的困境。漆桥村空间闲置主要源于其建设空间的获取及利用困难，建筑公私产权的碎化与模糊使美食街无法进行通盘打造与招商，进而影响空间的有效使用，而乡村用地的开发局限也限制其通过市场化手段来进行内部提升与拓展，乡村最终陷入进退两难的困局（图10-19）。

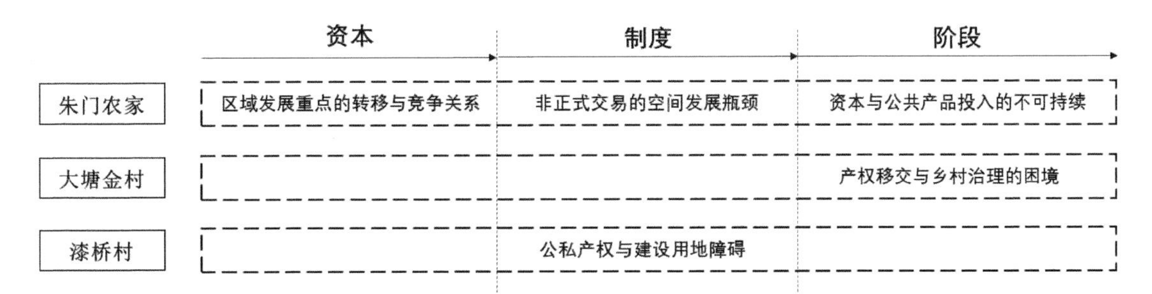

图 10-19　政府资本主导型乡村闲置空间产生的主要因素分析

制度壁垒：乡村用地限制的发展约束

（1）非正式交易的空间发展瓶颈

朱门农家在发展初期以村庄建筑空间的整治优化为主，涉及农业基地及生态景观的打造由政府统一进行农地流转和出资建设。社会企业的发展用地由社区按照 700 元/亩的价格向农民进行农地租赁，再以 1000 元/亩的价格与企业签订租赁协议，租赁时间截至 2025 年，农村宅基地的获取同样以社区为中介进行出租洽谈。2015 年，江苏 Z 建设有限公司在农业补助、税收优惠、土地租赁优惠等招商政策扶持下，独资成立江苏 Z 国际休闲露营地度假村有限公司及南京 Z 商业管理有限公司入驻朱门，引入房车营地、住宿餐饮和农业生产三个板块。在用地洽谈方面，由于企业对美丽乡村的土地价值及房屋经济价值看涨，拒绝了社区以租赁方式签订 10～20 年合同的建议，盘算通过与村民私下协议，以“一次性买断”的非正式交易形式获得村内 40 户左右宅基地，用作民宿开发。社区及街道就该行为下达了责令停止私下协议的红头文件，并撤销之前承诺的招商福利。企业虽然因此放弃了收购大量宅基地的计划，与社区签订了 5000 亩农地的租赁协议，但仍私下达成 3 幢房屋的交易，用于房车营地的餐饮配套服务开发。由此，街道、社区与企业的关系僵化，企业发展的用地、项目等不再得到政府的扶持。

故事开端

然而自经营以来，投入千万打造的房车营地受限于村庄交通可达性差、整

闲置发生

体基础设施建设落后，以及房车营地项目本身同质化等原因，发展态势每况愈下，出现了明显的短期闲置特征。为了营造新的卖点、改善当前的经营状况，企业筹划建设以观光游览、飞行体验为主的轻型飞机基地，但因非正式交易引发的政企关系恶化，项目用地获取、方案审批等无法推进，企业运营基本处于停滞状态。同时，通过非正式协议获得的乡村资产无法取得合法产权证明，企业因此贷款融资困难，也加大了企业的运转负担。非正式交易的脆弱性带来诸多后遗症，同时也制约了企业的发展前景，闲置的发生难以避免。

（2）公私产权与建设用地障碍

闲置发生

漆桥古村落的房屋以明清、民国传统民居为主，包含店铺131家、门面190间，涉及公共产权的公房门面共15间，其余店铺为村民私有（图10-20）。2012年，漆桥镇政府实施古村落的保护和开发建设工作，与街区的原住户达成修缮租赁协议，即由政府出资按原貌、原建筑面积进行维护修缮，村民无需出资，但需要将房屋五年的使用权交付政府。在五年的协议期内，政府通过免租金的优惠政策招商，五年后政府重新把房屋使用权归还于村民。没有交由政府修缮保护的房屋，则由商户自行与原住民洽谈协议。2014年，慢食文化体验街区打造完成，入驻商铺达60余家。但仅两年时间，漆桥村游客就日渐稀少，千篇一律的高淳风味小吃和旅游服务设施的缺乏，俨然成了最大的硬伤。商户为了止损纷纷关门撤离，截至2020年9月，街区闲置和歇业的店铺占比约达89%。

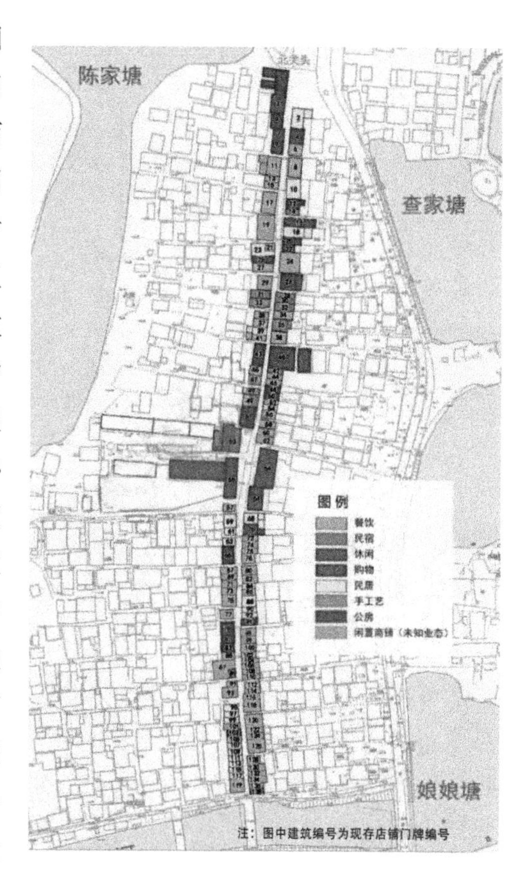

图10-20　漆桥古村落街区商铺分布现状

资料来源：高淳慢城管委会

闲置继续

2019年房屋的使用权交还给村民后，街区的发展情况似乎又打回原形。一方面，属于私人所有的房屋在街区通盘修缮打造时，通过政府的保护政策将使用权统一收回，改善了产权分散、难以管理的招商环境，但协议期间政府经营管理不善、房屋修缮不力削弱了村民对街区打造的信心，如今再现的细碎房屋产权及再破损建筑该如何处理是街区破除困局的重点。而政府与村民就破损责任、修缮出资、产权移交、利益分配等协商不合也加剧了发展的僵局，街区大部分房屋陷入长久的荒置（图 10-21）。另一方面，除去村内 15 间公房产权已移交给街道，街区内仍有多处闲置房屋产权处于界定不清的状态，既没有参与上一轮的修缮保护，也难以联系其所有产权人。这些建筑年代久远，即便有人想要修葺，也因忌于投入资金变成为人作嫁，其他产权人从天而降、坐享其成而放弃想法。错综复杂的确权保护和交易成本同样也使政府望而却步。无论是私有建筑还是公有、集体房屋，其产权交易和修缮保护单靠政府财政投入来支撑显然都无法持久，历史传统建筑的发展亟待市场化的力量加入。

图 10-21 修缮不力的房屋及产权不明的弃置建筑

开发困难

之后漆桥的古村保护纳入高淳慢城的全域旅游开发管理中，在国际慢城管委会的推介下，相关单位也曾与多家大型企业进行合作洽谈，但最终都不了了之，主要的原因是双方就开发的建设用地面积和范围无法达成一致。企业为了缩短文旅产业 5~8 年的利润回收周期，企图通过大量的商品房开发、康养度假项目来加快回本，但提出的规划方案涉及的开发建设用地大多对应原有集体农林用地和水域（图 10-22），而农林用地转建设用地受严格的指标约束，加上农村建设用地用于房地产开发受限，包含大量商品住宅建设的方案难以实现。

小结

公有产权模糊及私有产权的分散使空间价值持续耗散，乡村用地开发的制度规定则制约了乡村通过资本力量实现市场化发展，漆桥古村建设久久停滞，离乡村民的逐渐增多也使得闲置空间不断蔓延。

阶段阻滞：建设维护的可持续性缺失

（1）产权移交与乡村治理的困境

闲置发生

2012 年在江宁区政府的主导下，谷里街道、双塘社区按照相关政策规定及村民自愿原则进行大塘金村、许家坝村、刘家地村拆迁安置和土地流转，流转土地

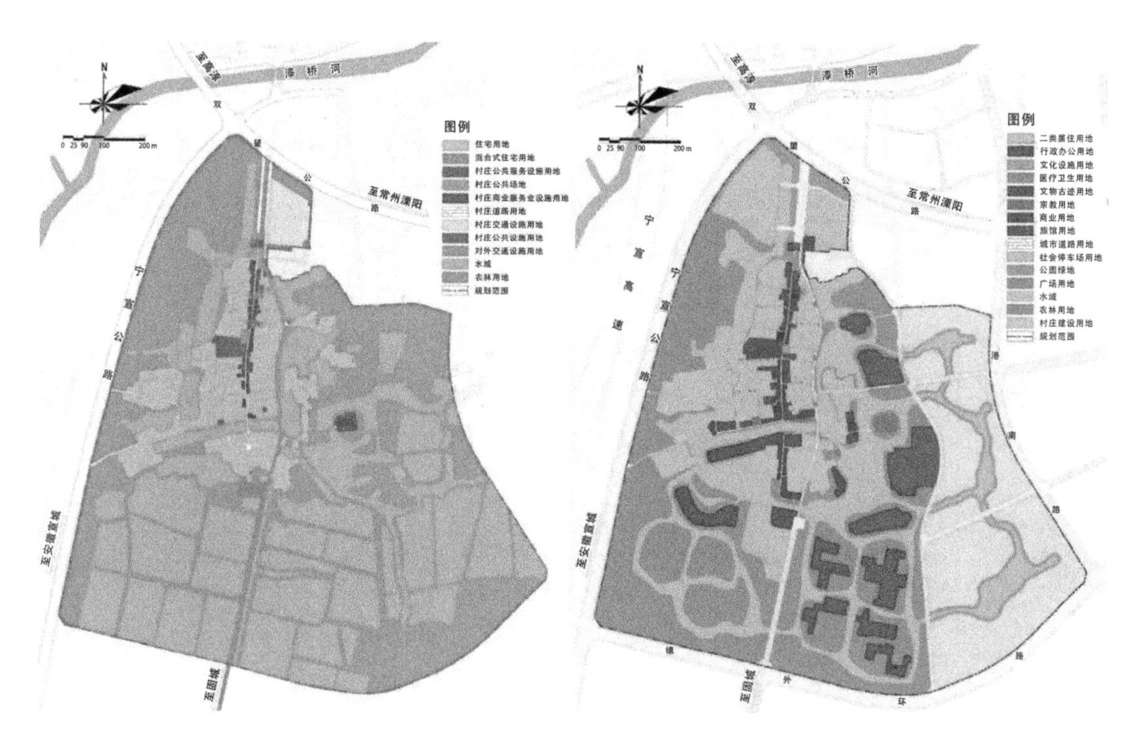

图 10-22　漆桥村规划中的土地利用现状与规划图

*资料来源：高淳慢城管委会

仍属集体资产，由街道统一管辖，企业资本通过租赁进行项目运营。2012 至 2020 年，大塘金村内的商业街及小确幸生活主题馆①由街道出资成立的南京香草谷旅游开发有限公司（简称香草谷公司）进行运营，但商业街始终没有成功吸引社会工商企业进驻。

闲置继续

2020 年，街道将商业街的产权移交给双塘社区，由社区独自管理，自负盈亏。然而，街道的行为更像是“烫手山芋”的转移，门路有限的社区招商始终没有着落，面对投入维护社区更是有心无力，商业街仍旧闲置着。小确幸生活主题馆仍旧由香草谷公司负责运营，与剩余的街区店铺相互割裂，村内还有 4 家农家乐、6 家民宿由村民或外来商户分散经营，乡村空间被分解为互无交集的若干部分（图 10-23），社区难以基于乡村的全盘打造进行招商合作，单以步行街进行招商的想法也并不理想，店铺发展一再搁置。另外，大塘金香草小镇自扩展了香草谷板块后，乡村片区和香草谷片区由街道（2020 年以后由社区）和大塘金农业旅游开发公司分别独立负责运营（图 10-24），社区每年需承担村内的景观打造、环境治理等维护成本约 200 万元，而仅依靠申报国际旅游乡村、特色田园乡村项目等专项资金来维持支出远远不够，社区的维护工作艰难维续着。

① 小确幸是香草谷公司自己打造的品牌，包含餐饮、购物、娱乐等消费项目。

总体而言，乡村建设后期的产权移交加深了商业街停滞的困境，空间治理的细碎分割及社区能力的局限更是制约了大塘金村的发展。 小结

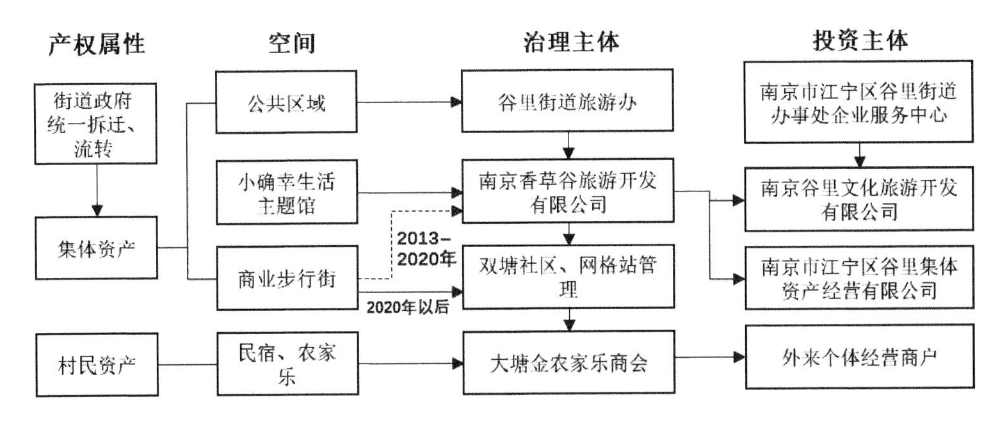

图 10–23 大塘金村空间建设治理情况

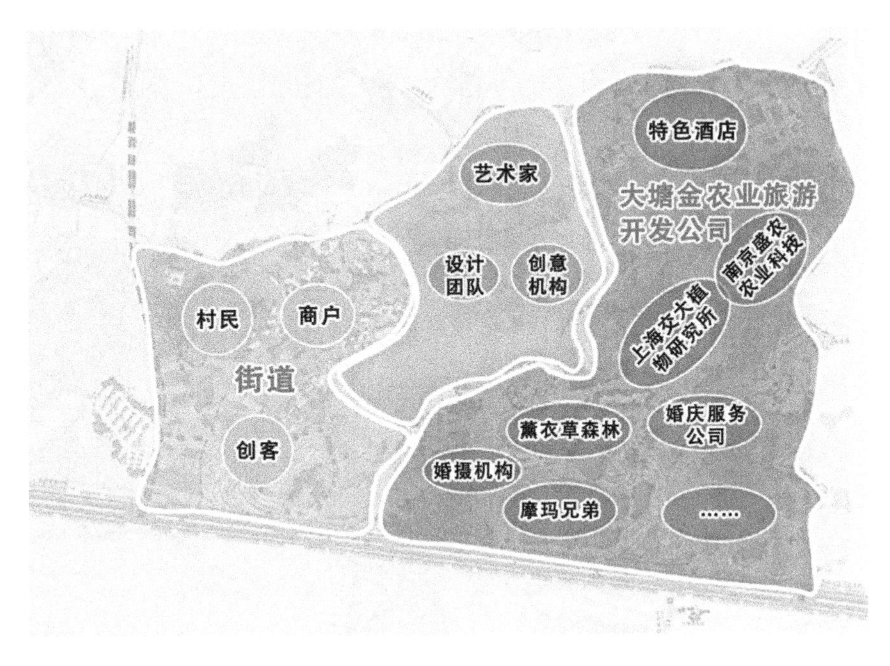

图 10–24 大塘金香草小镇管理分区

*资料来源：江宁规划局

(2) 资本与公共产品投入的不可持续

2012 年，围绕“五朵金花”的建设，江宁区政府给予每个村庄 500 万元用于建设启动，同时要求区级机关部门以结对帮扶的形式对 5 个金花村实行发展援助，金花村在短时间内取得了显著的经济效益。随后金花村的资本投入主要靠社会资本引进与政府的专项资金奖补，如旅游发展、土地整治专项资金等。 闲置发生

朱门农家虽有社会企业入驻，但整体乡村投入与治理仍由所在朱门社区负责。随着政府投资日益减少，朱门农家的基础设施、绿化环境等乡村公共产品出现了较大程度的破损，而社区也无力维护，整体萧条破败的氛围使乡村更难以吸引流量，旅游服务空间的闲置势不可挡。

闲置继续

从 2012 年建设运营以来，朱门农家陆陆续续地引进了一批建设项目，制定了整体的产业布局规划（图 10-25），但也因资本投入的困难，项目建设频频受阻，一度仅有金和园盆景区及房车营地仍在运营，大部分项目要么启动资金不足就此放弃，要么建设到一半资金链断裂不得不终止，资本投入的匮乏严重阻碍着乡村的提档升级和建设维护（表 10-4）。

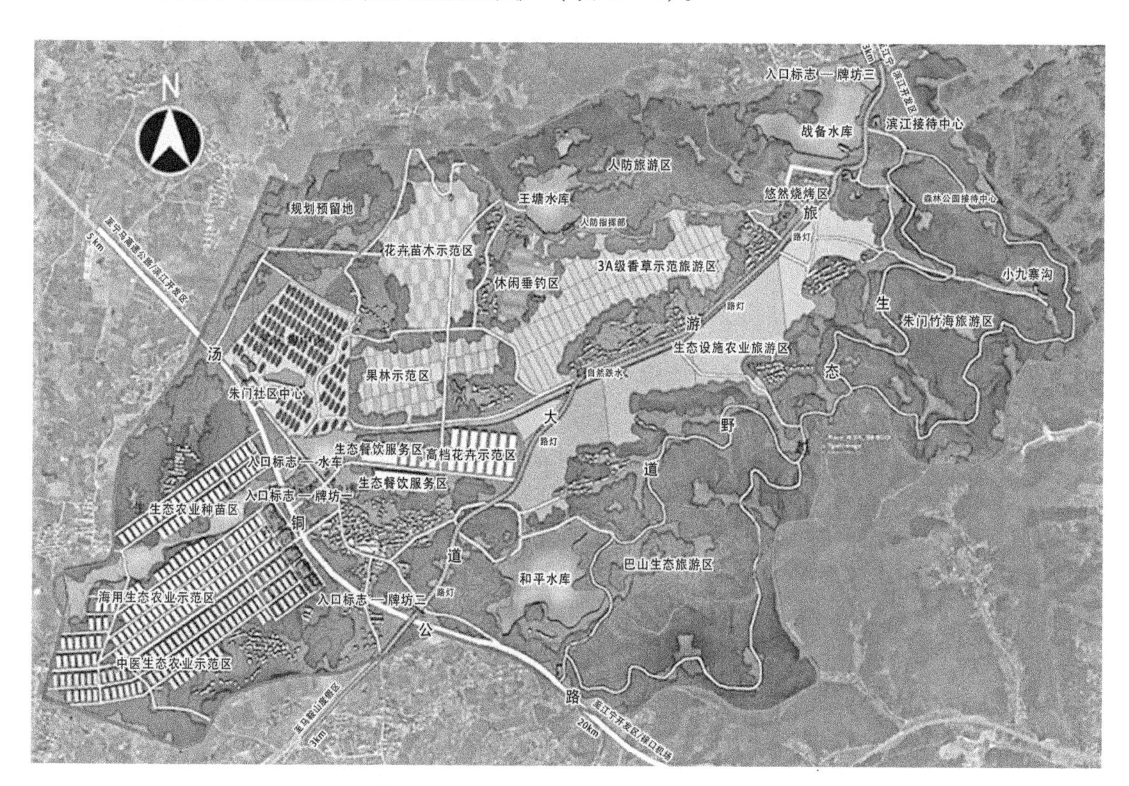

图 10-25　朱门农家产业布局规划

＊资料来源：朱门社区

表 10-4　朱门农家规划项目及实施情况统计

项目年份	规划情况	建设及运营情况（截至 2021 年）	投资情况
2014	清远风生态园：海棠花观赏园、休闲农场	已停止建设，无完整雏形	政府资本
2014	大马士革玫瑰园：景观种植及玫瑰附加产品开发	2014 年种植的 50 亩已荒废，项目停止建设	政府资本

续表

项目年份	规划情况	建设及运营情况（截至2021年）	投资情况
2014	金和园盆景区：盆景体验、购买	因农用地开发性质限制，旅游项目已被撤销，开展盆景种植销售供应	社会资本
2014	生态迷宫：面积6000 m^2	未实施	政府资本
2015	房车营地：休闲活动及住宿餐饮配套服务站	正常运营，有淡旺季	社会资本
2019	影视基地：南京爱薇庭影视文化发展有限公司入驻	基地已拆迁，企业退出	社会资本

按照美丽乡村项目的实施程序，一般由区级政府发布项目申报要求及投资额度，经街道申报后再向社区进行不同比例的资金分配，不足的部分由社区自行补贴，但资金分配存在严重的“马太效应”①，使得强者愈强、弱者愈弱的两极分化现象加剧。同属江宁街道的牌坊社区凭借着黄龙岘茶文化村的示范打造，各种公共设施建设不断完善，乡村旅游飞速发展，逐渐成为江宁街道实力雄厚的社区。利用自身的实力，牌坊社区获得了源源不断的项目申报机会和分配占比较大的资金补助，而朱门社区的财政收入在江宁街道22个社区行列里处于中下水平，属于偏贫困的社区，在奖补资金分配中只能取得极少的份额，马太效应由此出现。除资本投入之外，公益项目申报、公共产品供给、活动宣传等方面也存在倾斜分化的情况。资本供给的不足和财政实力落后使朱门的乡村建设一直处于时断时续的状态，难以兼顾社区其他乡村的基础设施提升，更不用谈论朱门农家的旅游项目发展，朱门农家衰落引发的一系列空间问题也难以被顾及。

马太效应

资本逻辑：区域发展重点的转移与竞争

资本总是利用地理差异形成增值优势，并努力突破空间差异实现资本循环。在经济利益的推动下，地缘间的空间合作关系也常常必须让位于残酷的竞争。朱门社区的没落与牌坊社区的兴起所呈现的不平衡局面，实质上遵从于资本的差异逻辑，资本以地缘迁移的形式，引发朱门特定空间的贬值，同时制造区域内新的空间生产场域，确保资本的流动增值。

空间贬值的理论

黄龙岘村作为第二代金花村，在江宁国资集团的全力打造下迅速崛起，成为区重点示范乡村，一定程度上加快了相距不远的朱门农家的衰落。区政府及街道为了改善区域内发展不协调的局面，以“特色小镇”为抓手，组织编制

空间贬值的现实

① 马太效应，源于圣经《新约·马太福音》寓言：“凡有的，还要加倍给他叫他多余；没有的，连他所有的也要夺过来。”指在某一个方面获得成功的个体会产生积累优势，就会有更多的机会取得更大的成功和进步，经济学上指收入分配不公的现象。

《江宁黄龙岘茶文化小镇规划设计》，将黄龙岘、朱门农家在内的15个村庄纳入区域统筹范围内。然而从规划层面来看，小镇规划围绕茶产业，以黄龙岘周边为产业核心发展区，以朱门周边为产业延伸发展区，仅通过一条“U”形道路串联各个村庄的规划构思（图10-26），难以打破散布村庄各自为政的现状，

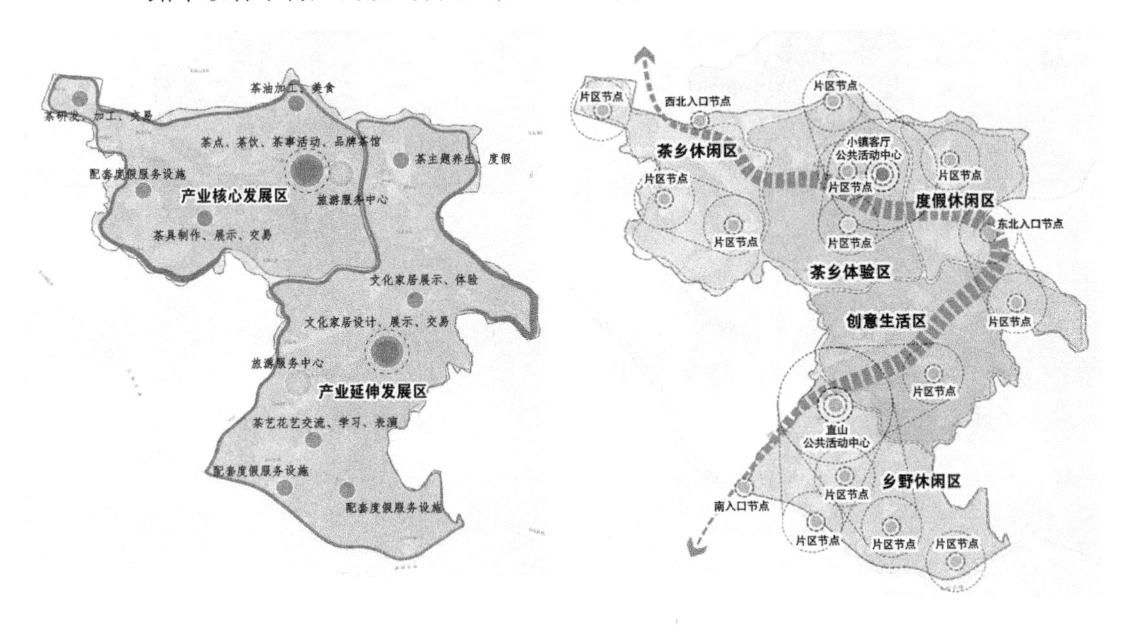

图10-26　黄龙岘茶文化小镇规划结构

15个村庄的发展方向仍旧存在大量的雷同和模糊（图10-27、表10-5）。产业分工如何接轨、同质化乡村如何有效竞争、资本合作如何共赢、区域的招商和运营如何开展等问题并没有具体的实行计划，如此规模的特色小镇规划能否落实到位不免引发质疑。从区域的乡村关系来看，特色小镇规划仍旧以黄龙岘为发展重点，其他乡村作为配角提供服务，各个乡村之间的竞争关系仍大于合作关系。总体来看，朱门农家的发展伴随着区域发展重点的转移而走向没落，缺乏具

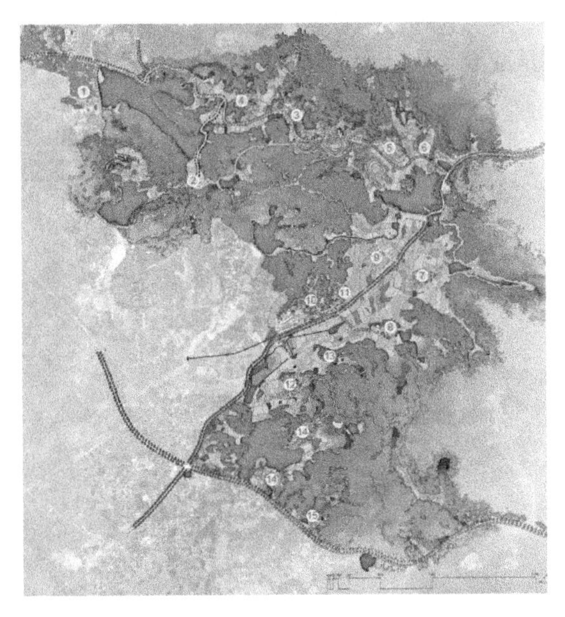

图10-27　黄龙岘茶文化小镇乡村布点

资料来源：江宁规划局

体实施部署和均衡资源分配的区域统筹，无力改变竞争激烈的不平衡发展态势，朱门农家出现了资本逻辑下的地域性空间贬值。

表 10-5 黄龙岘茶文化小镇乡村布点发展规划情况

编号	村庄	类型	发展方向
1	牌坊村	布点村	茶商品展示、交易、体验空间，茶馆、餐饮等主题业态经营
2	岘下村	非布点村	茶具等工艺器具研发、展示和体验空间，提供个性化办公空间，发展精品民宿
3	黄龙岘	2013 金花村	乡野生活旅游门户，茶专业交流与茶消费平台
4	陶家	2015 重点整治村	以茶油为切入点的融合发展，吸引健康美食相关业态入驻
5	大冯	2016 示范村	茶养生服务村落
6	晏子	2016 示范村	农家休闲体验
7	汤村	2016 重点整治村	发展新中式家居体验类民宿和配合餐饮商业服务
8	晋家坳	非布点村	新中式生活集中体验地，新中式品牌办公、展示等空间
9	小冯	2017 示范村	配合汤村提供配套服务补充
10	庙岗	2017 示范村	以新中式风格为指引，配合周边发展乡村旅游配套服务
11	高家	2014 重点整治村	以新中式风格为指引，配合周边发展乡村旅游配套服务
12	直山（朱门农家）	2012 金花村	以山茶花为切入点，打造鲜花主题休闲村，并可引入鲜花品牌，提供办公、展示空间
13	斗凹	2017 示范村	配合直山村打造精品休闲村落
14	枯桩岘	非布点村	分为两部分，北部区域转化建设用地，配合直山发展鲜花产业，南部区域打造面向家庭的综合型度假村
15	莺山	布点村	配合竹林项目的餐饮住宿服务区域

资料来源：江宁规划局

国资平台主导型乡村案例：慢城小镇、杨柳村、李巷

总体特征

国资平台主导型乡村建设具备市场化经营与政府意志导向的双重特征，但其空间建设的推进迟缓、主体缺位、公共投入不足等也引发了发展不可持续的问题。在发展阶段层面，规划定位的错乱与模糊、资本准入门槛的限制使得资

本入驻协商迟迟难以达成，招商的中断直接宣判了空间发展终止的结果。在主体的利益博弈层面，村民作为乡村主体能否分享建设成果极大影响着乡村发展的本质及成效，边缘化、排他化等忽略村民利益的乡村建设行为引发了乡村性的湮灭和主体博弈的不平衡。在价值衡量层面，公益性与营利性项目的投入结构、公共产品供给的持续性等影响着乡村维护管理，公共产品的投入不足及中止将导致缺乏造血能力的乡村陷入困境。

闲置空间特征与影响要素

（1）闲置空间情况

慢城小镇

慢城小镇为高淳国际慢城的特色板块之一，由慢城开发建设有限公司（简称“慢城公司”，现已注销）投资建设完成，总用地面积 232 亩，初始规划打造为集商业服务、教育文化、会议服务、旅游文创等于一体的模块化商住综合体社区。其现代化的建筑风格、“欧式”街巷的尺度等形成的空间特征及肌理使其成为与乡村空间迥然不同的异质化风景。2016 年竣工以后，慢城小镇长期处于完全空置的状态，内部设施、建筑已有不同程度的破损，这座耗费巨资建造的空城浪费严重。从闲置空间的分类来看，慢城小镇整体属于成规模的长久型闲置空间，包含商业、文化、景观等各种类型的预设功能（图 10-28）。

图 10-28　慢城小镇空间

*资料来源：慢城管委会及自摄

杨柳村

杨柳村为国家级历史文化名村，保留有 36 个宅院组成的明清建筑群，包含 9 处文物单位。2007—2011 年，由政府主导完成了大规模的古建修缮保护工程；2012 年由江宁交通建设集团有限公司联合南京方山森林公园投资管理有限公司、南京江宁科学园发展有限公司、南京市江宁区湖熟村镇建设综合开发有公司、江宁区文化广电局等共同成立南京杨柳湖文化发展有限公司（简称“杨柳湖公司”），全面负责杨柳村的搬迁安置、土地流转、开发建设工作；2015 年，杨柳湖公司通过招商合作引入“上元灯彩嘉年华”园区项目。至 2021 年，杨柳村内仅有九十九间半民俗博物馆、红色文化纪念馆开放运营，剩余十几座明清宅院持续空置，上元灯彩项目也陷入亏损搁置状态。从闲置空间的分类来看，杨柳村明清建筑群及开发项目为成规模的长久型商业闲置空间（图 10-29）。

图 10-29　杨柳村闲置建筑群

李巷村

李巷红色旅游村在溧水区政府引导下，由溧水区国有资产公司商旅集团投资建设完成，集团下设平台公司（南京昱达文旅发展有限公司）组织进行李巷的各项开发项目，同时吸引社会资本进行二级投资，形成国资平台主导、多元主体参与的建设模式。在平台公司的管理下，景区以红色教育培训的模式运行良好，但因明显的乡村季节性旅游间断规律，红色遗址故居、纪念馆、宗祠等公共展示空间也不免出现潮汐型闲置特征，且闲置面积大于景区面积的 2/3（图 10-30）。

图 10-30　李巷纪念馆、宗祠、艺术馆

案例综合

三个案例的闲置空间均以亏损型商业闲置空间为主，在空间的使用频率上存在明显差异（表 10-6）。慢城小镇及杨柳村的闲置空间自投入打造以来并未真正投入使用，属于彻头彻尾的闲置范畴，而李巷的闲置空间则受合理的旅游规律影响，出现普遍的潮汐型现象，在目前运营良好的情况下，景区虽有一定程度的入不敷出情况，但该类闲置空间并未造成严重的亏损及影响整体开发的消极情形。可以说，李巷闲置空间现象能修正对于闲置空间的消极认知，为闲置空间扩充了合理的范畴和解释。

表 10-6 慢城小镇、杨柳村、李巷闲置空间分类情况

闲置空间	使用频率			预设功能				资本效益		
	潮汐型	长久型	短期型	商业空间	景观空间	文化空间	宗教空间	亏损型	盈利型	潜在获利型
慢城小镇		√		√	√	√		√		
杨柳村		√		√				√		
李巷	√			√		√	√	√		

(2) 国资平台主导型乡村的矛盾锐化

原因分析

当兼具权力、资本属性的国资平台在乡村发展中占据强势话语权，其发展矛盾主要集中于主体博弈冲突、阶段断裂、价值失衡三个方面。从案例来看，慢城小镇的闲置根本在于其规划定位错乱与招商门槛约束致使整体无法开放运营，而其脱离于乡村的建设模式使其自身无根无源；杨柳村复杂的历史文化保护要求、有名无实的“村民参与”建设模式、短视的功利性开发投入等多重原因使其空间闲置无法规避，究其根本，仍是国资平台主导建设下的强势决策、疲软运作所致；李巷公共展示空间的闲置规律及特征表明该类闲置空间的影响、性质与消极闲置空间不同，国资平台对于公共项目投入与整体开发平衡的把握使李巷保持良好运营状态，出现的闲置现象仍在合理的范围内（图 10-31）。

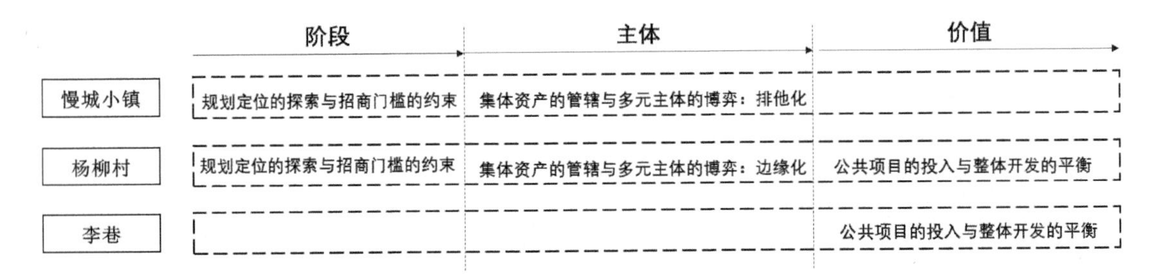

图 10-31 国资平台主导型乡村闲置空间产生的主要因素分析

阶段断裂：规划定位的探索与招商门槛的约束

闲置发生

美丽乡村的工作开展通常以规划先导的形式由政府出资完成空间主体的工程建设，再通过引入资本进行整体开发运营，或以分块招商的形式与多元资本合作，将乡村发展推进到平稳的运营轨道。慢城小镇、杨柳村的空间主体在完成规划、土地筹备、建设（保护修缮）后，就停滞在招商阶段，由于资本进驻的失败，空间生产的进程就此断裂，已形成的建成环境也因此不断丧失价值。

慢城小镇初期发展

慢城小镇的招商事务由国际慢城旅游度假区管委会负责对接洽谈，同时慢

城集团下设国际慢城小镇南京建设发展有限公司（现已注销）承担小镇板块的日常管理工作。在小镇建设的初始阶段，慢城管委会曾与上海某商业综合体开发公司洽谈，但因公司提出“一次性买断小镇建筑”的想法牵涉问题复杂及交易难度大，南京市并无此先例，最终没有合作成功。慢城管委会也曾尝试与南京艺术学院就小镇作为教学基地进行谈判，但最终仍因小镇的建筑体量无法满足学校需求，新增建筑难以实现而停止交涉。

调整策略

慢城小镇曲折的招商之路，也让主管单位意识到“高端综合体”的规划定位与慢城的“慢乡村”氛围及区域社会发展水平的格格不入，教育培训的定位更是主观臆想的混乱构思，小镇开始重新定位与扩大招商方向。在招商政策方面，慢城开发项目重点倾向文旅产业的补助扶持，提出“一事一议”、前 3~5 年租金免费等优惠条件，但因小镇处于国际慢城的重点区域，项目引进仍要遵循“慢城标准”和慢城整体规划目标，不能有快餐文化、大型连锁超市等，且要求满足定期考核的发展目标，符合条件且有实力的开发主体可遇不可求，招商工作停滞不前。

寻求出路

2017 年，高淳区政府与北京奥产投资有限公司（简称“北奥公司”）、中农国信控股集团有限公司签署慢城小镇的合作框架协议，合作期限为 3 年。由北奥公司负责小镇的整体开发运营，引进二级运营业态，规划以艺术主题旅游和医疗健康度假为两大核心主题，打造国际风情小镇（图 10-32）。然而合作以

图 10-32　慢城小镇业态示意图

资料来源：慢城管委会

后，北奥公司仅举办过几场规模较小的艺术展，并未引进合适的社会资本，发展远远没有达到预期，慢城管委会只能结束与北奥公司的合作关系，重新寻找合适的社会资本。其后，国际慢城打造国家级旅游度假区、全域旅游示范区的建设目标也对慢城小镇的招商门槛提出了更高的标准和要求，考虑到慢城整体规划仍缺少游客参与性、体验性强的项目，慢城管委会将其作为招商的重点。截至 2020 年 9 月左右，慢城管委会正在与体育、艺术、动漫三个方向的开发主体进行密集洽谈，最终将会以比选的方式选定最优方案。体育方向规划以产业基金的形式将体育品牌赛事的组织、产业项目的孵化等落到高淳，建设智慧体育创新研究院、国际体育组织中国总部等体育示范区项目；动漫定位则是打造国内首发的动漫制作、发行基地及综合性主题乐园；艺术方面的想法还未有合适的资本参与其中。慢城小镇将走向何方还未有定数，招商能否顺利推进也难以预测。

杨柳村难以招商

杨柳历史文化名村保护规划曾于 2015 年左右提出以历史文化遗产为依托发展乡村旅游的产业定位，围绕传统村落体验、民俗文化创意、田园生态观光、乡村休闲度假等功能进行业态策划与用地布局。在此基础上，杨柳湖公司为除博物馆、纪念馆以外的景区空间制订招商计划，盘算以民宿、手工坊、作坊经营等进行社会资本招募，然而杨柳湖公司管辖的建筑群内有多处文保建筑，其开放使用涉及文物保护、旅游管理、安防消防、环境治理等诸多内容，牵涉文保局、文旅局、交通集团（投资主体）、街道文保科等多个主管部门，且需要按照文物保护法和相关技术标准进行使用，该片建筑群因而难以以整体开发运营的形式进行招商，最终，分块、分栋的碎片式招商步履维艰。

文保限制

除此之外，杨柳闲置建筑群的开发利用还面临着修缮不力、开发边界模糊等阻碍，对招商工作和日常的运营管理都提出了挑战。首先，属于国有产权的文保单位的修缮一般由区级文保单位负责，以项目申报的形式由社区向区级政府、市级政府递进式申请专项资金补助。虽然政府每年在古村落保护方面都保证一定的资金投入，但相对于庞大的修缮经费、维护成本仍远远不够，保护工作只能断断续续地展开。其次，文保建筑保护管理的程序复杂、周期长、要求高，需要具备资质的单位才能施工，使得文保的修缮进程十分缓慢，挂牌建筑只能一直等待和荒置着。再次，建筑群的规划涉及大量的商业服务业设施用地，而当前的相关法规等并未清晰界定文保建筑进行商业开发的业态、范围、强度等，历史建筑的商业开发承载能力无法评估，如何探索合适的定位与产业，以避免追逐利润的超负荷开发行为也是招商工作的一个难题（图 10-33）。

小结

规划、招商阶段的阻滞使得乡村建成空间“僵尸化”，静止的空间价值不断流失，这无疑是巨大的浪费。

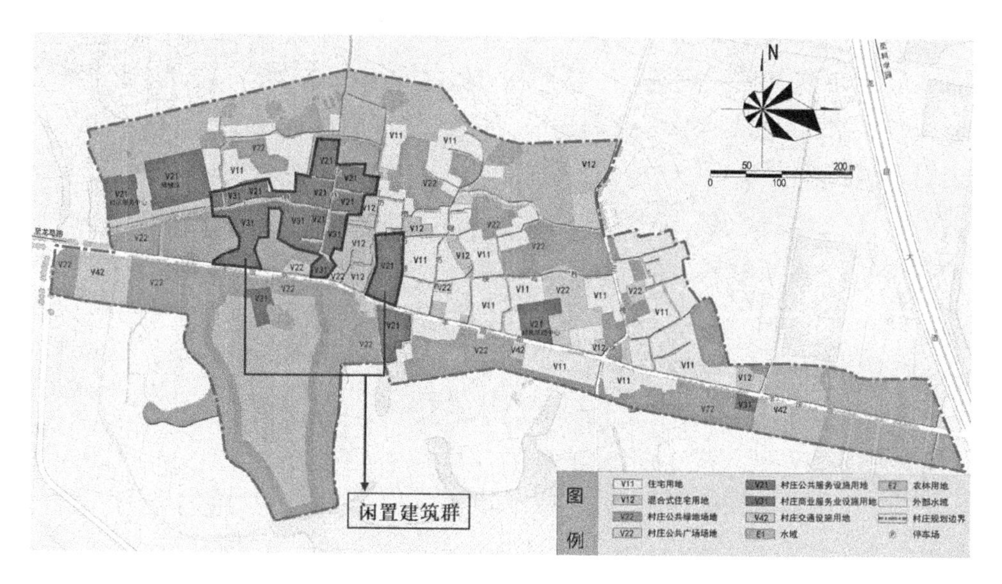

图 10-33　杨柳村闲置建筑群及其土地利用规划情况

资料来源：《南京市杨柳历史文化名村（保护）规划（2017—2030）》

主体较量：集体资产的管辖与多元主体的博弈

利益分配

以往的乡村建设实践中，国资建设平台一般以流转、租赁、入股等方式与政府、村集体或者村民签订协议，获得集体土地、房屋的经营权和使用权。由于交易方式的差异，集体资产的经营性收益分配也各不相同。在多元主体的博弈中，村民作为乡村主体能否参与到资本利益联结机制中是乡村可持续发展的关键，资本所表现的排他化、边缘化等映射到空间层面，也在不同程度上影响了空间的使用成效。

慢城小镇

慢城小镇土地由桠溪镇政府（现为桠溪街道）集中流转后，小镇土地资产于2011年转移到了当时新成立的慢城公司名下。之后，小镇以完全脱离于乡村的方式建造，因其建筑风格成为乡村空间上的异质斑块。小镇建设采取了高度城市化的空间表现和企业资本整体入驻的组织方式，当地村民并没有被纳入小镇的发展体系中，资本主体的运营损益也与村民没有直接关联。可以说，资本尝试以垄断的行为来确保空间增值收益的最大化，将村民等利益相关者排除在今后的发展格局之外。然而，单靠外来力量为小镇输入主体、注入资本的方式频频受阻，缺少村民主体参与的乡村建设只是一副没有灵魂的躯壳。很长时间内，小镇几乎没有取得任何收益，建设主体独自承担全部的管理责任和亏损。一旦小镇的管理无法为继，巨大的闲置建筑群也将成为乡村地域上难以消除的“恶疮”。

杨柳村

2012—2013 年，杨柳村完成了景区核心地段 80 户居民的搬迁安置工作、村内渔场水域的经营权回收及 300 ha 的土地流转，由杨柳湖公司统一负责景区范围的社区集体资产运营管理，而村内的私有住宅仍有村民居住使用（图 10-34）。随着景区招商工作的中断及旅游人气的下滑，村民经营的农家乐陆续关门，外出打工的村民不断增加，空置的村民房屋也持续增加。在这个过程中，虽然杨柳村坚持以“政府控股、企业主导、村民参与”的模式进行发展，但效果不佳。分析其原因，一方面，湖熟村镇建设综合开发有限公司由村集体成立，村民通过集体土地入股成为杨柳湖公司的股东，然而村民的收益却难以保障，出现收益被集体占有的不良现象。另一方面，景区的工作岗位全是由杨柳湖公司调派安排，村民没有相应获得就业机会，再加上存在大量挂牌的私有民居，村民无力承担修缮费用也无法继续居住在危房内，只能离开乡村到城市谋生。自杨柳村发展以来，非农产业化、就业异地化等使大部分的村民逐渐脱离了本村的生活和生产活动，而脱离村民的商业开发失去其赖以生存的土壤，也难以前行。

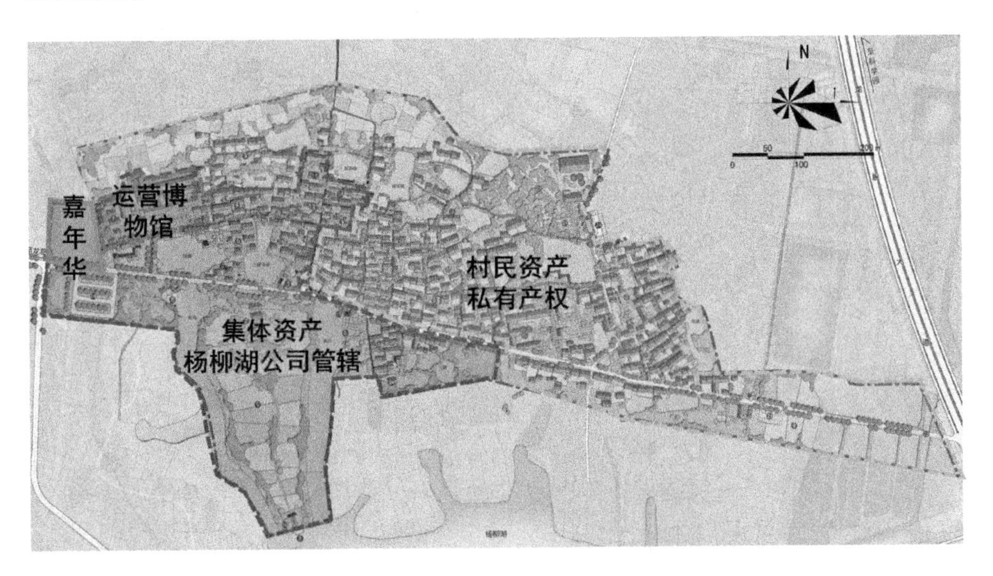

图 10-34　杨柳村空间管理划分情况

资料来源：根据街道访谈绘制

李巷

依托红色文化遗址，李巷红色旅游、教育培训等产业项目发展势头良好。截至 2020 年 4 月，累计接待游客近 38 万人次，红色教育培训 1.6 万余人次，带动了村内两莓（蓝莓、黑莓）种植、农家乐、农业休闲旅游等全面发展，为李巷全村 236 户村民户均增收 1.3 万元。李巷核心景区空间由政府收储（村民集中安置）、溧水商旅集团打造建设，运营则由商旅集团与社会资本搭建的平台公司负责，同时吸引二级社会资本合作，以资源和建设入股运营，实现投资增值和土地增值。在村庄的公共建设方面，白马镇政府投资建设两莓博物馆、数字乡村建设平台，由石头寨村委会负责管理，助力宣传两莓产业、推进建设智慧化农业。在乡村经济建设方面，石头寨村委会带动村民建设“村级主导、农民主体、社会参与”的新型经济组织（南京白马石头寨旅游服务有限公司和南京石头寨蓝莓黑莓专业合作社）（表 10-7），由村集体及农户家庭提供承包土地经营权、闲置房屋、劳动力等生产要素，重点围绕土地流转、资产租赁、旅游服务、农产品电商平台、休闲农业等方面开展统一经营。合作社的集体收益主要由“村集体收入+农业合作社粮食种植产出收益+集体门面房租金+其他经营性收入”构成，入社的村民成员按投入土地、资产、劳动力等比例优先享受收益分配，根据每年的集体收入情况增减。村民持有股价已从 2018 年的 25 元/股增长到 2019 年的 75 元/股，分配收益持续上涨。通过国资平台主导、村委带动、村民参与的发展模式，李巷的红色景区打造、公共项目建设、集体经济发展有序地展开（图 10-35），各主体获得了多种形式的增值收益（表 10-8），村民也取得了农业收入、家庭经营性收入、固定资产收入、集体收入分红、工资等收益，实现了在地经济收入的提升，形成了多元参与的可持续资本循环和共赢局面，成为特色田园乡村建设的典范。

表 10-7 石头寨农民合作社综合社建设内容和资金来源

建设内容	总投入/万元	资金来源/万元		
		区级财政拨款	镇街配套	其他（村民自筹）
成立南京石头寨旅游服务有限公司，从事旅游产品开发及相关配套服务	180	50	20	110
通过南京石头寨蓝莓黑莓专业合作社，流转土地建设大棚，开展农副产品销售	880	50	0	830

* 资料来源：石头寨村委会

小结

从慢城小镇的村民被排他化到杨柳村的村民被边缘化，村民一直被排除在资本利益联结的机制之外，与李巷村民共同分享经济成果的发展路径形成了强烈的对比。慢城小镇、杨柳村的大片空间闲置固然不止忽略村民主体要素的这一个原因，但村民作为工业时代绿水青山、文物古迹的守护者，支付了昂贵的机会成本和代价，如果在生态文明时代不能从中获益，这样的发展恐怕难以长久持续。

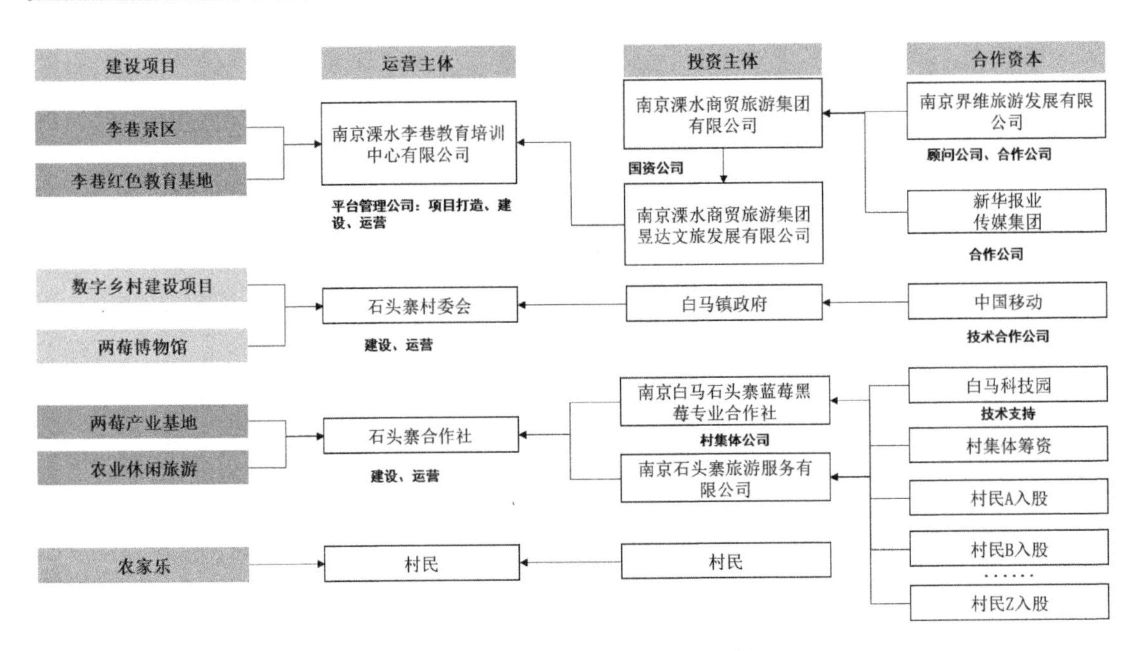

图 10-35　李巷及石头寨建设项目情况

表 10-8　李巷村项目建设各主体的利益实现形式

角色	投入	产出
一级投资资本	整合能力、理念、启动资金	融资平台、土地增值、地租、经营性基础设施项目、营利性公建配套项目、垄断性资源增值
合作资本	资金	投资收益
二级社会资本	租金、固定资产投资、流动资金	投资收益、经营利润
国家政府	财政资金	税收、股权收益
村民集体（合作社）	管理经营能力、集体资产（村集体资产、资源及农户家庭提供承包土地经营权、闲置房屋、劳动力）	租金（茶园、水面发包）、农业收入、经营性收入
本地居民	物业产权、个人资金、劳动	农业收入、家庭经营性收入（农家乐）、固定资产收益（租金）、集体收益分红、工资

价值衡量：公共项目的投入与整体开发的平衡

总体特征

政府主导的乡村建设中，公共产品的建设资金一般依赖政府的财政转移支付，伴随政府发展重点的转移与资本的抽离，公共产品的供给不断缩减直至为零。在这个过程中，缺乏造血能力的乡村无法应对外部输血断裂的困境，因而陷入众多空间使用效率低下乃至荒置的状态。政企合作的乡村建设模式中依然由政府作为基础设施、福利型服务设施等的主要供给者进行公共项目投入，企业资本也会对其运营范围内的公共产品进行管理维护，但一旦出现资本退出、逃离等情况，庞大的闲置资产加重了政府管理的负担，乡村发展无法进入良性循环，便会重蹈政府主导型乡村建设的覆辙。市场化运作的模式及受政府财政投资支配的特征，使国资平台主导型乡村建设兼具国家意志和资本理性，既关注公共利益，又强调投入收益，但总体上仍以政府支配下的乡村全面发展为主要发展诉求，也会遇到类似的闲置问题。

杨柳村

在杨柳村，国资平台公司的开发重点从建设前期的公益投入逐渐转向盈利项目的运营，而前期公共产品的建设重点围绕道路、绿化、建筑等有形的、政绩型工程，缺少关注村民生产、生活的服务型、福利型工程，公共产品的提供满足不了在地村民的需求（表 10-9）。搬迁进城的失地、失屋村民如何获得城市居民同等的生活保障，在村留守的老人、小孩如何养老、就学，留村村民如何解决就业与提高收入等问题仍阻滞着杨柳村的协同发展。同时，营利性项目的经营不善也使平台公司的运营难以良性周转，杨柳村的建设矛盾重重，整体处于捉襟见肘的存续状态。

表 10-9 杨柳村规划与建设项目情况[44]

项目年份	规划建设	2020 年实际运营情况	项目类型
2007 年	古建筑群修缮工程一、二期	修缮基本完成，后续维护缺乏，个别建筑处于半倒塌状态	公益性
2011 年	规划设计清真寺周边伊斯兰风情改造	禁止游客进入，不进行运营	营利性
2011 年	湖龙路生态绿线开发	自然景观保持较好	公益性
2013 年	规划山地自行车专用赛道 7.6 km、淡水竞技钓场	赛道位于杨柳村入口处，路面破损较多，失去原本功能	公益性/营利性
2013 年	江宁区民俗博物馆、江宁区非物质文化遗产展示馆（九十九间半）修缮后重新开放	仍在运营，博物馆内部设施陈旧	营利性
2013 年	草坪广场	缺乏绿化维护，杂草较多，基本已经成为游客或本地村民游玩场所	公益性
2013 年	民俗一条街	全部闭门紧锁，不再运营	营利性
2013 年	规划“上元灯彩”节活动	2018 年后停止开办，不对外开放	
2015 年	规划打造“恐龙主题乐园”	建设停滞	
2015 年	生态农业园	基本建设完毕，未开放	

资料来源：张天泽. 基于多层级政府行为逻辑的乡村治理机制研究：以南京江宁区杨柳村、黄龙岘村为例 [D]. 南京：南京大学，2019.

李巷

从项目的投资情况来看，李巷在基础设施、重点公共建筑改造、乡村营建、乡村服务等方面的资本投入比例明显高于红色旅游的营利性项目。尽管公共产品中有较多的政策性项目投资（旧居修缮、遗址保护）和基础设施建设，但乡村养老中心、社区服务中心、沿街可移动的商业惠民设施的规划建设也满足了村民实际需求。在景区开发方面，溧水商旅集团凭借其雄厚的经济实力和强大的统筹能力，成为李巷开发项目的主要决策者和推动者，依托红色遗址、名人故居、纪念馆、李氏宗祠等资源，打造红色教育、团队培训、旅游消费等项目，获取党性活动收费、文创产品销售、订单式农产品销售、房屋场地租赁等收益，但仅依靠景区的运营利润远远无法实现投资的良性运作。商旅集团以企业化的资本运作手法，建立乡村投融资平台，通过招商引资、融资合作等实现市场化的投资收益，来保持长周期、高投入、低效益的旅游项目及公共产品供给的运转，以达到整体开发的平衡。景区内的非营利性空间（红色资源）及公共产品的投入虽不产生实质的资本收益，但其作为乡村旅游的吸引核、热门IP，产生了强大的资产价值，吸引社会资本的投资与运营企业的加入，间接带来了开发收益。这类空间出现的潮汐型闲置特征，实质上也是合理的旅游波动现象，与一般的旅游周期性淡旺季特征相符合。总体上，李巷的国资平台建设通过公益性与营利性项目的综合开发，达到了乡村整体发展的可持续平衡，“软硬兼备”的公共项目投入也使在地村民获得乡村发展带来的满足感。

政企合作型乡村案例：石墙围、垄上

总体特征

政企合作型乡村建设通过汇聚政府及市场的力量，拓宽了资本参与的渠道，独资、合资、合作、联营、租赁等多种投融资模式推动了乡村发展走向多元化。然而在制度建设层面，非正规的空间交易和建设增加了合作的不稳定性，引致空间合法性缺失，政企合作随时面临崩溃，资本逃逸、烂尾等现象层出不穷。另一方面，处在发展期的乡村空间可能出现合理的短期闲置现象。

闲置空间特征与影响要素

（1）闲置空间情况

石墙围

石墙围村因作为电影《危险关系》的主拍摄地而名声渐起，之后以影视村为定位开展规划编制，但规划长时间未落实到位。村内仅有北京中博传媒公司投资两千万建造的影视基地（古堡）与影视主题相关，而这座影视基地也只拍摄过一次电影就不再运转，拍摄完成后传媒公司直接撤走，之后基地破损严重，已变成危房，但仍有游客慕名而来，不少摄影爱好者专门前来拍摄写真、艺术照。从闲置空间的分类来看，影视基地属于长久型商业闲置空间，虽然从影视投资的效益角度无法准确判断该空间是否盈利，但受周边旅游带动影响，影视基地可归属于潜在获利型闲置范围。

垄上

垄上村为江苏省第一批特色田园乡村试点村之一，于2018年对外开村，之后乡村的旅游经营处于快速成长的阶段，旅游流量的周期性特征明显。村内的艺术工作室、图书室、非遗制茶展览室等公共空间使用效率较低，短期闲置和潮汐型闲置特征突出（图10-36）。这两类现象实际上发生在乡村的不同发展阶段，空间短期闲置是开村初期经营起步的一种常见过渡状态，此阶段游客稀少，空间仅在节庆活动期间使用，之后随着知名度及人气的快速上升，出现与淡旺季对应的潮汐型空间闲置现象。总体上，垄上运营状况良好，空间运营收入大于其总成本费用，空间闲置现象处在能正常管理和把控范围内（表10-10）。

非遗制茶展览室

图书室

茶室

图10-36　垄上闲置空间

表10-10　石墙围、垄上闲置空间分类情况

闲置空间	使用频率			预设功能				资本效益		
	潮汐型	长久型	短期型	商业空间	景观空间	文化空间	宗教空间	亏损型	盈利型	潜在获利型
石墙围		√		√						√
垄上	√		√	√					√	

（2）政企合作型乡村的弊端凸显

原因分析

新形势下，政企合作型乡村建设模式越来越成为地方乡村振兴的优先选择，社会资本的加入为“钱从哪里来”这一核心的现实难题提供了解决方案，PPP合作模式在乡村文旅产业的应用也愈发广泛。但在实际项目运作过程中，还存在地方政府急于建设与前期缺乏论证的矛盾，对社会资本风险分担能力的高要求与实际运营能力弱之间的矛盾，市场的爆发式需求与基础设施和服务配套不平衡不充分的发展之间的矛盾，成为阻滞乡村可持续发展的障碍。总的来说，强市场化特点使该模式蕴含了更多的资本合作风险，其建设发展的矛盾集中于资本扩张、制度规范、主体博弈等方面。石墙围影视基地闲置的根本原因在于非正规建设下政府与企业合作的脆弱与短暂，缺乏制度化的准则和约束使得各主体为追求自身最大利益而采取非正式行动，乡村变成了“一次性”空间产品；垄上的空间建设是资本通过示范建设进行精品培育的大胆尝试，是资本流动与积累的表现，出现的空间闲置一定程度上是乡村正常运转下的合理现象（图 10-37）。

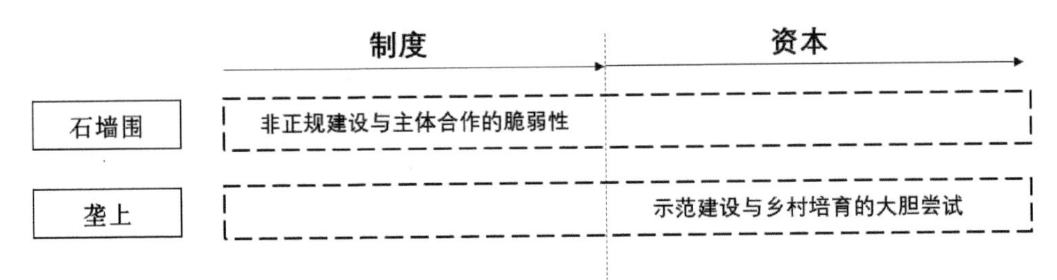

图 10-37　政企合作型乡村闲置空间产生的主要因素分析

制度缝隙：非正规建设与主体合作的脆弱性

管理变换

伴随着国际慢城的建设历程，石墙围的运营管理权限不断转移，影视基地也随之盛衰兴废。石墙围村在划入国际慢城的管辖范围之前，由桠溪镇蓝溪行政村统筹管理。2005 年，高淳国有资产经营控股集团有限公司联合高淳县桠溪集体资产经营有限公司、南京市瑶宕生态观光农业发展有限公司成立高淳县瑶池生态农业开发有限公司，承担“桠溪慢城生态之旅”景区的基础设施建设和生态项目的招商运营。2011 年，石墙围村中博影视基地的进驻和建设工作由桠溪镇政府和瑶池公司共同负责完成。随后，“国际慢城”的申报直接推动高淳县政府成立慢城管委会和慢城集团介入乡村发展，接管原来桠溪镇政府名下的“桠溪慢城生态之旅”景区，并将景区内 80% 以上的土地流转到慢城集团名下，石墙围村的招商运营自此交由慢城管委会掌管，桠溪镇政府主要承担乡村的日常事务处理。

一次性使用

伴随着石墙围村招商管理权限的变化，影视基地也经历了生产、发展、停滞、衰亡的生命周期转变。在前期招商洽谈阶段，中博传媒公司就石墙围村的村庄自然环境及布局提出了在基本农田、林地中新建影视基地的想法。之后，桠溪镇政府通过建设用地与农业用地的指标腾挪以及和村民的协商流转，将目标用地转为建设用地并交由中博传媒建设。为了缩短建造时长以赶上拍摄计划，中博传媒在桠溪镇政府的帮助下只用了三个月就完成了 1 万 m^2 的主体建筑和园林工程，不足正常工期的1/3。拍摄完成后，随着中博传媒的撤离，影视基地便不再使用，其招商权限和资产也流转到慢城管委会名下。曾有婚纱影视公司、影楼想以买断的形式包下影视基地的所有权，但慢城管委会更多的是想以租赁的形式交给企业运营，双方就使用协议没有达成共识，合作就此音讯全无。另一方面，影视基地的建设其实是在未经审批的“无证”情况下先行建设的，一直未补完程序，资产的证明无法获得，招商因此寸步难行。针对这一现象，一位桠溪街道的工作人员解释，以前建设审批程序复杂，时间过长且手续较不规范，为了缩短建设成本，都会采用“先做后补”的做法，但是由于申请时间、审批时间的不确定性，且补办手续期间政策不断变化，早先挪用建设用地指标就可以完成建设，现在已很难通过审核，影视基地程序办理因此一直无法推进。同时，随着慢城打造建设的重心转移及工程维护成本增大，影视基地处于管理维护缺失的状态，建筑损毁严重，周边环境破败萧条，已变成无人问津的荒凉之地，想活化利用更是难上加难。

脆弱的合作

在非正规的空间开发操作下，石墙围建造的影视基地迟迟无法获得土地、建筑的资产证明，阻碍了招商引资的实现。同时，因为拆迁工作涉及的程序复杂和费用昂贵，在没有下一步发展计划前，影视基地只能就此荒置。作为影视基地的发起者和建造者，政府和企业各自的行为诉求和不稳固的合作关系造成了这座基地的生产和凋亡。从前期的用地指标腾挪到“未批先建”，再到手续难补，影视基地一直处于非正规制度的灰色地带。在这过程中，地方政府作为乡村建设的开发管理者，同时又主动打破工程建设的正式制度，既是土地转换的仲裁者，又在一定程度上取代了作为土地所有者的农民集体，政府表现出的行为矛盾不仅造成了乡村民意与政府、企业在一定程度上的紧张，又为非正规操作的空间发展埋下了诸多后患。站在政府的角度，地方政府出于“求发展”“树典型”等政绩诉求，全力配合资本、效率至上、先运营再补齐手续等做法并不鲜见，且往往忽视资本退出的后续环节，从而造成主体缺位与发展停滞。从企业的逻辑来看，资本过于重视短期回报和效率，市场波动和空间生产周期变化都会使政企合作具有很大不稳定性。可以说，基于各自的利益诉求，政府急于求成的干预行为、不合章法的操作手段与企业增值至上的资本理性加剧了政企合作的脆弱性，制度缺乏也造成合作的一拍两散，石墙围巨资打造的“一次性使用”工程正演绎了这种合作关系的脆弱和短暂。

资本理性：示范建设与乡村培育的大胆尝试

发展概况

2017年底，原先属于东坝街道脱贫重点村的垄上村作为江苏省第一批特色田园乡村试点村之一启动建设，在上级财政专项资金的支持下，东坝街道牵头实施单位建设村庄内的基础设施，完成环境整治、道路建设、雨污分流、公厕、停车场、游客中心等服务设施建设。之后在村委的带领下，垄上村以村集体经济控股领办、以土地承包经营权作价入股、以全村农户为合作社成员，开展闲置宅基地、农村空置房的收储租赁工作，将村内13栋闲置农房的使用权转交给南京慢耕公司，由村委与公司以10年免租，10年之后以每栋3万元/年的租金优惠签订20年的租赁协议，同时由公司负责垄上的整体包装运营。慢耕公司在街道提供的规划方案下，依托青山茶文化，围绕“特色文艺村”定位，完成13栋农房改造，并植入田园民宿、文创艺术、休闲商业等业态，打造了咖啡馆、手工作坊、茶室、文创书屋、艺术家工作室、茶文化空间等各具特色的空间。2018年乡村正式运营后，慢耕公司通过举办文化展览、艺术节、手工活动等，吸引了一波艺术家的入驻，如物外咖啡与职业艺术家牟林童合作；联合美术学院，在垄上创建学生写作基地；举办艺术集市、茶园音乐会、国际艺术节等。社会资本的引进为村庄文化兴旺提供了养料和驱动力。

产业发展

在农业产业发展上，东坝街道立足于优势茶产业，已成功打造“漫之淳”品牌，形成垄上碧螺春、垄上红茶、精油皂等产品系列，吸纳本地村民就业70余人，其中外出务工人员返乡就业创业30余人，形成集体经济发展和村民增收的长效机制，农民同时从股金、薪金、租金“三金”中受益。

合理闲置

之后，垄上整体运行良好，入选第二批全国乡村旅游重点村名单，荣获“江苏省首批传统村落”称号和“2019年江苏人居环境范例奖”。然而2020年底对村庄的实地调查发现，垄上的艺术家工作室、书屋、茶文化空间等公共场所也出现了使用率不足的短期型闲置和潮汐型闲置特征。慢耕公司对这一现象做出解释：垄上的运营正处于成长阶段，需要有一个培育期来缓冲发展，10年免租的协议给了产业一定的培育时间，随着垄上品牌的宣传与传播，越来越多的社会企业加入其中，公司投融资形势向好，乡村旅游人气的暴涨也为垄上带来了可观的商业利润空间，总体经营状态平稳，因此这些空间的空置并不造成经济损耗影响。

资本逻辑

从资本逻辑看，特色田园乡村的孵化与创建符合资本循环与时空修复理论下资本积累、增值的思路。乡村建成环境作为一种具有地理秩序的固定资本，在生产完成后却成为资本积累的障碍，为了达到不停顿的资本流通和扩展，要么将生产从一个阶段“蛙跳”到另一个阶段，要么在进程中强制处理固定资本（价值丧失）。特色田园乡村的诞生则是将乡村建设提升到一个更高的、更全面的层面，同时创造新的空间生产方式和空间格局，来实现资本的扩张和流动循环。特色田园乡村是当前中国特定制度语境下政府、资本和空间交织作用的产物，符合新马克思主义强调的“空间生产是一种精密而复杂的政治经济过程”。地方政府利用大规模的乡村基础设施投入、土地资源、优惠政策等可支配资源的集聚，对乡村的投资环境进行政策引导、舆论宣传、试点培育等，吸引社会资本到乡村进行投资，使乡村生地变熟地，乡村经济增长、就业增加、形象改善、社会反响向好等示范效应，进一步推动了更广泛的招商引资，辐射和带动各地进行经验学习和路径借鉴，从而形成新一轮的特色乡村进化过程。垄上作为示范培育的试点，探索建立了政企合作的创新路径，政府与企业资本对垄上的大胆投入和培育较大程度实现了空间价值的积累与增值，乡村旅游增长强劲。第二批、第三批特色田园乡村紧随其后，由点及面的区域空间发展格局日益成熟。

乡村闲置空间问题识别

资本介入乡村发展的背景下，乡村空间的生产机制与资本的运作行为紧密关联。从分析的结果来看，虽有部分乡村闲置空间属于合理的市场运行或产业周期中的短暂性现象，但大多数闲置空间仍是资本运行下各类纷繁复杂的生产矛盾的表现，所以需要对空间闲置的合理性进行评估，同时对于闲置空间蕴藏的危机及资本运行的风险需时刻警惕。

空间闲置的合理性评估

正反两面

对闲置空间的界定并没有绝对标准，闲置空间的存在也并非全然不合理。从资本的角度，技术变革、生产组织方式变化、消费方式改变和资本迁移均会引发空间闲置。从具体企业的角度，企业改制或产业结构转变、因市场缩小使得产能无法充分实现，或者企业的经营不善等，都会直接导致闲置。在现实中存在源于市场主体的合理试错行为，或是整个社会资源配置过程中的要素试配行为，所以不能决然说空间闲置不合理，也无法完全避免。但另一方面，如果是政府过度投资和决策失误，或是受政府补贴激励促发的市场投机行为，或是地方政府间恶性竞争的结果，则存在纠偏的必要性和可能。

多种情形

从建设发展的阶段而言，一些投资项目在开始会存在不同程度的空间闲置，期待之后对市场的培育、对消费习惯的引导，和消费者对新事物的适应等。反之，另一些乡村旅游项目在初始阶段兴盛一时，其后沦于沉寂，既与消费市场的喜新厌旧有关，也与项目经营策划不能与时俱进有关，还可能与利益冲突、政企纠纷、资本逃逸等有关。有些投资行为可能从企业战略的角度，重视优势区位垄断，先占据好的位置，或者是趁政策松动能拿到用地，实质性的建设则徐徐图之，其本质是对土地发展权的掌控和变现。因操作不规范引发利益冲突及企业土地投机等带来的空间闲置，都是显著不合理并应力求避免的。

闲置空间蕴藏的危机

多重危机

由资本引发的乡村空间闲置不仅直接对应着资源浪费，还会引发运营风险，造成地方活力丧失和村民对乡村建设的信心降低，对更大区域范围造成不良影响，甚至会危害到公共安全，以及产生其他消极影响等。

（1）资源损耗与运营风险

不可持续

空间的闲置往往伴随着自身价值的流失，反映了空间物理状况、功能布局等与投资价值、市场需求的脱节。长期的闲置不仅造成投入资源的极大浪费，还会引发空间运营的财务风险。一方面，乡村建成环境是过去的资本交易、项目投入形成的由特定主体拥有或控制的资产，无论是否闲置，都需要相应的管理运营成本，包括固定资产折旧费用、日常管理费用等。根据访谈调研，一个中等规模的乡村运营项目每年的维护成本一般在 50 万～200 万元不等，这笔费用对于原本经营不善的企业或是财政实力薄弱的乡镇政府来说都是沉重的负担。一旦管理投入无法再继续，空间价值便会快速消亡。另一方面，空间资产作为资本运营的对象，反映了开发主体的财务能力和信息，能为投资者和债权人提供有用的参考价值，而闲置资产的大量存在会引起财务信息的失真，造成资产虚增、利润空挂等现象，从而误导资本市场上利益相关各方的行为，阻碍此地的长期发展。

（2）周边及整体发展受限

整体影响

闲置空间的长期存在会对乡村整体发展产生一定的消极影响，包括会损害周边村民及乡村的福祉。首先，闲置空间会牵动周边空间的使用价值、财产价值显著降低。以漆桥村为例，在商业美食街运营初期，由村民自行租赁的店铺租金可以达到每个店面 5000 元/年，自店铺陆续关门以后租金不停下降，到 2020 年已低至 2000 元/年，仍很难出租使用。闲置店铺自身的价值不断递减，抑制了投资，进一步引发闲置蔓延和恶化。而对于农地来说，闲置不止会减少农产品产量，还可能会降低耕地质量，影响农业生产。其次，缺乏维护管理的闲置空间不仅会损害周边的景观、生态、绿化环境，降低周边村民的居住质量，严重的甚至还会造成公众健康、公共治安、消防安全等方面的危害，同时影响乡村的整体形象和口碑。人们对于乡村振兴的美好愿景与现实呈现的大片闲置空间形成鲜明的对比，也会引发关于政府建设能力、资本投入成效的质疑，对政府形象造成负面影响。最后，规划或预设功能丧失的闲置空间在乡村空间中犹如一个空白，占据乡村发展的优势区位却无法得到合理及时的开发利用，使乡村空间的布局无法发挥整体性作用，阻碍乡村多功能的有效实现。

闲置空间关联的资本风险探讨

资本定义乡村的单一视野忽略了乡村的多元价值，易造成建设与空间发展需求的错位。资本的大量投入无法持续和惠及广大乡村，过于依赖资本扶持的乡村将面临发展断裂。资本的投机行为还可能引发圈地、囤地的空间烂尾风险及资本逃逸的金融风险，造成一系列空间矛盾。

（1）资本定义乡村的单一与空间需求错位

资本是不是唯一途径

在资本的推动下，乡村建设紧紧围绕消费空间的打造给乡村贴上了商品标签。一方面过度强调商业价值的建设视野格外单一，忽略了乡村本身蕴含的家园价值、腹地价值、文化价值，以乡村旅游为导向的产业发展并不具备普适性。另一方面，以消费为导向带动产业发展进而提升乡村经济的想法是否符合大多数村民对于乡村的愿景仍存在较大争议。村民对乡村宁静的生活被消费入侵打破时常感到困扰。如何提高乡村内部的集体经济、如何实现地方发展的真实需求仍是一大难题，人们对于乡村复兴的期盼和追寻是否只能寄托单一的资本化商业手段来达成亟待进一步探索。

（2）资本投入的有限与空间的不可持续

依赖外来资本的局限

通过示范建设的投入与培育，带动一批后发乡村是地方开展乡村振兴的主要思路之一。在实践中，大量政策性的试点村不计成本地打造亮点和示范性项目，开展场面宏大的布景建设，单个乡村的投资规模甚至高达上亿元，一般规模的特色田园综合体的投入则更是在 20 亿元以上，譬如江苏无锡“田园东方”的总投资达到了 50 亿元。然而，资本的流动性、增值性等决定了其在生产领域中不断转移的特征，当示范村的聚光灯移开，政策性的投入缩紧之后，大多数乡村自我运营的经济账就算不过来了，乡村发展每况愈下的现象不免令人质疑资本大量投入的可持续性和可推广性。其一，能享受巨大资本投入待遇的乡村几乎是凤毛麟角，即使是成功的建设经验，也无法适用于广大的未得到政策眷顾、资本青睐的乡村，无法在有限的投入下探索出适用于广大乡村的普惠性道路，其政策和资金的使用仍是特定政治经济环境下的少数待遇，是否具备公平性仍有待商榷。其二，依赖资本大量投入的乡村建设过于强调外来力量的扶持效应，忽略了乡村内生的自我激活，资本有限投入的不可持续问题十分突出。要避免资本对乡村的政策性谋利以及短期的功利追逐造成乡村失衡等问题，培养乡村发展能动性和自主性应置于发展的优先位置，加强对资本经营的监管也不容忽视。

（3）资本投机行为与空间烂尾风险

投机与跑路

在向乡村倾斜的政策导向下，资本大量涌入并集聚在乡村地域。资本对价值积累的狂热追求和宽松的监管环境使得资本投机的激进行为难以避免。大量的资本假借发展乡村旅游、特色小镇的名义大肆“跑马圈地”，要么在拿到土地之后根据市场动态有意放缓开发进度，意在获得乡村经济发展带来的土地增值收益，要么转而进行商品房开发。一旦经营困难，不仅难以回收成本，还欠下许多农民的土地租金，引发一系列矛盾纠纷，烂尾、跑路等现象频频发生。甚至有企业虚报项目，实际并不经营，在套取国家涉农补贴和项目建设扶持资金后，迅速逃逸，既损害农民利益，又削弱资本建设乡村的可信力。

过度金融化风险

从乡村资本运营的盈利模式来看，一般包含旅游经营、地产销售、金融运作、土地寻租、品牌售卖等类型，其中旅游经营、地产销售是基础的盈利环节，金融运作以及土地寻租成为资本迅猛增值的新途径，对抗着乡村建设项目投入大、回报周期长的特点。越来越多的开发商将更多精力投入谋求金融化的经济收益中。然而，资本的金融化手段极有可能诱发乡村实体产业无心从事主业，片面追求金融扩张，引发乡村资本虚拟化、投机化、泡沫化等畸形风险。农村的土地金融市场初露苗头之际，农房、承包地的抵押贷款正在逐步推广，土地金融改革在不断优化，高流动性的金融运作模式极易诱致资本的激进行为。无论是地方政府迫于政绩压力，还是社会资本的贪婪本性，抑或是农民的短视，都十分容易造成农村土地抵押过度，进而引发资本急于套现、放弃经营、失信逃逸等金融风险，后果将不堪设想。警惕乡村资本过度金融化，探索适度的市场化乡村发展之路任重而道远。

乡村闲置空间应对策略

针对进入乡村的资本，在上部第六章已经建立的应对策略的基础上，为避免闲置空间的产生，降低闲置空间的危害，并对已产生的消极闲置空间做出处理，还需在以下方面做出探索。

制度设计层面

（1）制度导向

三方面建议

聚焦资本推动形成的乡村闲置空间问题，制度变革需要把握几个大方向：第一，在乡村发展进程中，政府完成了初始的第一推动力之后，需要对市场和社会进行更多的权利和行为空间的让渡，以避免政府长期和全面充当投资人和经营者的内在缺陷。第二，为资本和乡村的有效结合建构适宜的制度环境。进入乡村的资本同时带来了机会和潜在的破坏力，既可能因为资本定义乡村的利益导向与村民需求的错位，造成对村民利益的挤压；也可能因为资本的择机流动，带来地方发展的巨大不确定性；还可能因为资本投机直接带来房地空置或烂尾风险，所以需要政府对资本的引导和规制，在乡村土地资本化的大潮中谨慎前行。第三，在一些配套政策上，也需要有积极的导向作用。譬如为减少金融机构针对建设开发的过度放贷以及解决非对称信息引发的“逆向选择”和“道德风险”问题，信息的公开透明和建立企业及个人的诚信体制至关重要。

（2）完善闲置空间的认定标准和惩处机制

认定标准

在法律、法规上制定统一的闲置空间认定标准，包含闲置空间的类型和表现、闲置起算时间、有效计算时长、已建设开发面积以及不必要处置的闲置情形（非消极闲置）等认定标准。对于不可抗力或免于处罚的具体情形也要详细罗列出来，明确闲置处罚相关的责任主体和责任范围等认定标准。

奖惩标准

建立空间管理的奖惩机制，制定地方性的闲置空间处置相关办法，明确空间闲置的惩罚范围。对于闲置时长、闲置面积等超过规定界限的收取一定的空间闲置费，并统一征收标准。对于有效解决闲置空间，完成建设指标的企业给予适当资金奖励，对于没有在规定期限内处理闲置空间的，情节严重的予以约谈、现金处罚、媒体曝光，同时村民集体及政府有权依法处理空间。

（3）严格控制项目供地规模和用途

严格供地

需要严格审核项目开发的用地需求及规模。对于企业所需土地进行定性定量指标核算，防止供地过剩造成资源浪费和供给压力，提高用地的集约利用效率。同时探索灵活的用地出让和租赁方式，让差别化、弹性化、递进式的土地供应方式取代“大尺寸”的供地模式。强化用地的用途管制，严格按照《土地管理法》、国土空间总体规划、乡村规划等规定的空间用途进行开发，对农地的非农化建设、纯资本化运作、破坏耕地等行为进行严厉处罚。此外，进一步明确历史文化开发、商业开发、公共配套的界限，对空间开发强度、开发边界、功能配置比例等划定分类标准，结合实际项目情况选择适宜的开发模式。

（4）推行空间发展验收机制

项目验收

创建完善空间建设验收机制，即空间使用权人在获得可建设空间后，需要及时完成对空间的开发利用，按照规定的空间开发强度、用途及投资规模等要求完成建设，通过验收以后才可以继续运营使用。建立专门的空间建设验收部门或第三方机构。具体的做法包括：开发人签订包含建设期限、使用期限及其他限定条件的建设合同，并标注容积率、配套比例、功能占比等考核指标，由专门的建设审核部门验收合格后开放运营。若企业没有达到指标，有明显的、超过标准的闲置空间未开发，则需说明原因。由主观原因造成的闲置，责令其在规定时间内完成建设，其他原因视情况处置，坚决遏制圈地、囤地、违约烂尾等恶性行为。

动态监管层面

（1）建立发展动态监管平台

监测平台

需要加强乡村空间运营的跟踪管理，对空间数据进行动态监测。其一，引入监管机构，成立由政府相关部门成员、村集体代表、专家等组成的评估小组，明确监督职责及控制权等，全面落实空间开发的责任制度，积极推进空间利用状况的年度更新评估，对乡村核心开发区域重点调查。其二，建立开发空间动态监测数据库，登记确认空间的基本信息，包括空间的类型、位置、面积、开发指标和控制指标、开发进度、数量、权属、责任主体等相关内容。同时建立先进的网络空间技术平台，利用遥感技术、空间监测技术等对登记在库的闲置空间实施动态监测，并进行科学的定性定量分析。其三，创建闲置预警和快速反应机制。将闲置空间产生的影响因素、信息指标、解决方案进行全面梳理描述，形成记录档案的“工具箱”，当动态监测平台出现闲置的预警时，按实际情况予以警示、责令整改，及时提供相关的解决备选方案，同时根据空间具体情况进行方案的优劣比选，辅助决策，及时排除警患。此外，数据库记录在案的储备土地过多或有其他不良开发行为的企业，应将其列入“黑名单”，该名单内的企业将无法再参与乡村建设合作。

（2）分类处置

分类处理

在网络空间技术平台的监测下，一经发现闲置空间，监管机构应当第一时间介入调查核实，针对各类闲置空间的成因进行分类处理，及时制止闲置空间的蔓延。同时，依据制度层面确定的惩处标准，区别闲置空间的行为性质和闲置程度，予以行政处理、行政处罚等差别化处置。证实由开发主体主观因素（拖延完成规划方案、招商推迟、资金投入不足、融资困难、治理不善等）造成的闲置，应严格按照规定进行处理。譬如：闲置时长低于两年的，应督促其通过延长建设时间、改变空间用途、安排临时使用、引入新的合作伙伴、置换等价空间等措施尽快开发使用；闲置时间超过两年的，应坚决依法收回空间使用权，由政府部门或空间所有权人另作处置。确认为非主观因素（行政审批拖延、产权确认困难等）或政府原因造成的闲置，可协商重新确定开发建设期限，鼓励采用项目整体转让、收购纳入政府储备、联合开发、等价置换等多种方式妥善处置。

活化利用层面

在空间的具体操作层面，针对已形成的闲置空间的修复和再利用，可进行分类处置并尝试应用各种更新策略。注重借鉴城市闲置空间处置经验，结合乡村实际环境特性，进行措施优化与改良，探索适宜的闲置空间应对办法。

（1）综合策略

多种方案

针对闲置空间，可以借鉴诸多方案[45][46][47]：譬如促进交易的土地银行或闲置房银行经验，和遏制占而不用或进行土地投机的履约保证金、空置税/闲置费方案；或是鼓励市民"移居体验旅行"和不定期使用等；或采取使用权人私力救济的延期开发、重组开发、转移开发等手段，可签订各种租借契约，允许和其他企业进行资产置换使用等；当条件不利时，亦可申请资产报废和确认损失，空间归还乡村的系统性使用。就土地银行的方案而言，参考美国经验，其土地银行通常以收集各种类型的空置资产并将其合法转让给第三方组织或开发商进一步重新使用，达到空间经济效益再造的目的[48]。乡村在完成土地确权的基础上，可以以"乡村闲置空间银行"的方式，实现乡村空间指标的自由流转、质押和融资，同时设定优先开发闲置空间银行内的闲置空间来增强空间资源的集约利用。

（2）更新策略

更新小组及项目

在乡村管理层面，可成立闲置空间更新小组，对涉及空置和废弃的空间采取行动，同时可联合政府部门、规划专家、媒体、村民等创立"闲置空间更新项目"，广泛采纳各方建议、了解各方需求。此外，还可以颁布闲置更新的模式手册，制定各类空间的活化建议，详细说明如何可持续再利用空间的要点。

多样化更新策略

在具体操作层面，根据闲置空间的自身条件，在保留原有高价值特性的同时，对已经退化或者荒废的功能进行转型改变，结合多主体分时使用的复合空间和共享空间等思路，力求最大限度挖掘空间的再生潜力与价值。借鉴先进的城市闲置空间再利用经验，针对有文化价值的建筑空间或场地，以公共艺术媒介，赋予空间艺术展览、临时文创活动、艺术市集等功能，构成新的吸引物，如 2016 年成都蓝顶艺术区在闲置空间里举办的"COART 在路上"艺术活动，汇集了演出、市集、音乐、Pop-up Store① 等各种活动，有效地实现了可移动、可回收、高效快捷等空间使用效果。针对有生态价值的空地，考虑以种植绿

---

① Pop-up Store，快闪店，具有开店位置临时性、营业短暂性特点。其主要目的在于通过营销策划和高水平的艺术设计，在快闪期间营造一种"不可错过"的态度，让消费者与品牌之间产生关联，并且通过艺术表现和媒体传达，接收品牌内涵的延展产生的混合体验。

化、增加公共活动设施形成开放绿地或村民活动场所等公共空间。针对有价值农地或细碎的荒地，可借鉴武汉市黄陂区涂大村的“庭院经济”策略[49]，在开敞空间种植庭院经济作物、果蔬等形成复合型公共空间，采取“就地均分”“谁投资、谁收益”等原则，促进环境美化与村民增收双赢。针对因产权问题、利益分配问题等难以协调处置的空间，由政府部门进行收储，再交由闲置空间更新小组活化改造。

案例借鉴

在闲置空间再利用实践中，美国马里兰州巴尔的摩市的西南行动（Operation Reach Out South West，OROSW）也有较大的参考价值。OROSW 通过举办闲置空间的开放管理项目，汇集志愿者、社区工作人员、合作组织和各种资金来源，同时以“清洁、绿色”设计竞赛和其他社区活动吸引大量居民参与行动，将 185 块城市空地转变成绿地或公园，引来周边社区居民的积极使用。随着项目有效性的显现，活动也逐渐获得市政府的广泛支持。OROSW 的经验展示了项目引领及多元参与的重要作用，也为盘活当前的乡村闲置空间提供了指导性思路。

本章小结

闲置空间的出现，一方面是资本积累的空间表征，另一方面还根植于历经变革的政策制度安排、各具特色的内部环境和持续演进的乡村价值取向。闲置空间既有乡村建设过程中各类矛盾危机表现的消极意义，又有其存在的合理性和非负面价值。乡村闲置空间是多种因素共同作用的结果，是复杂又细密的政治经济产物。空间闲置不仅损耗资源，也会破坏周边及整体发展质量。资本关联的乡村建设显现了商品化主导建设的单一性、广泛持续投入的有限性、投机行为与金融化的风险性等局限。为了规避资本风险及闲置的负面效应，需要从制度设计、动态监管和对既成闲置空间的活化使用等方面做出努力。

第十一章
资本收编乡村的古雷案例

古雷得名于“潮音时至，声如鼓雷”。其原本为一片小渔村，拍岸而来的潮水日夜鼓噪着渔民的耳朵，因此早期得名“鼓雷”，历经岁月逐渐演变成现今的“古雷”。古雷半岛位于福建省南部地区，与台湾隔海相望，以传统水产养殖业为主导产业。其自身的独特区位和建港条件与台湾石化产业转移的需求相合，在政府的积极决策下，古雷地区原本“稳态”的平衡被打破，多元资本纷纷介入，造成古雷地区空间和经济的突变。古雷整体呈现出“半城镇化”的现象，具体表现在发达的工业与传统农渔业、现代型城市社区与传统乡村聚落、城市型空间与自然生态型空间并存的局面。古雷的经济和空间快速转型引发了众多社会矛盾，随着时间的累积日益显现。

石化资本向古雷地区的转移

概况

台湾石化资本在台湾岛内经过长时间的发展，日益面对利润缩减、土地资源紧张以及环保争议频发等局面，迫切需要向其他地区转移，随之大陆受到青睐。于中国地方政府而言，石化资本的高额投资不仅能带来大量税收，还能加快地方社会经济的转型发展，因而成为政府眼中的香饽饽。台湾石化资本也辗转各个地区，利用不同区域之间的竞争为自身谋取更大的优势。在福建省内，石化资本经历厦门波折之后，迁移至漳州古雷地区，由此开启了古雷地区由传统渔村快速转型之路。

国内外石化资本的发展概况

国际石化产业发展

石化产业一般指以原油、天然气为原料，生产各类能源和化学用品的加工制造业，石化产业的发展与全球化经济紧密相关。至20世纪末，国际石化集团大多已经完成资本的初步积累，但是在初始区域受制于环境保护以及产业整合等，进一步发展受限，于是资本开始通过跨国并购、投资重组的方式向包括亚太和南美国家在内的新兴经济体转移。这些新兴经济体一般具备较强的土地和劳动力红利，有助于资本进行扩大再积累。

国内石化产业发展

进入21世纪后，中国经济进入增长速度换挡、结构调整的时期，石化行业也开始面临各种风险与挑战，增速有一定波动，但仍有较大的市场空间可以拓展。在总量与质量提升的同时，中国石化产业与发达国家相比仍有差距，具体表现在行业创新能力不足、结构性矛盾突出、产业布局不尽合理等。同时由于公民环保意识增强，政府与企业的安全环保压力增大，市民抗议事件频频爆发，表明行业发展与社会生活的矛盾开始凸显，这也倒逼石化行业在区域布局、企业升级等方面实施多方位战略调整，加快转型升级。

闽台石化产业的联动态势

台湾岛内产业发展

以利用外资和引进成套的技术设备起步，之后通过并购与吸收先进技术，台湾石化逐步实现产业的本土化，并一度成为台湾的支柱产业。2016年台湾石化上中游企业有近500家，在世界市场具有较强的竞争力，也解决了当地大量的就业。但是石化产业在台湾岛内发展开始面临严峻的环保争议、利润缩减、石化原料日益短缺、土地资源紧张以及劳动力成本上升等不利局面。“五轻关停”“八轻下马”[①] 等事件表明石化产业在岛内的投资与运营频频受阻，导致台湾石化产业外移寻找新的原料产地、建设炼化一体化项目的意愿逐渐加强，大陆在这种语境下开始受到台湾石化资本的青睐。

福建省产业发展

福建省地处东南沿海，与台湾隔海相望，二者早期的民间往来、经济联系十分密切，造就福建独特的对台交往优势。随着与台湾经济联系日益紧密，福建已经成为台湾石化、机电等资金和技术密集型企业向外转移的首要选址。石化产业是福建省六大主导产业之一，但因其起步较晚，产业的结构性矛盾较为突出，尚未形成上、中、下游项目配套的产业发展格局。化工园区建设也存在规划理念相对落后、管理粗放等一系列问题。

产业互补的潜力

综合来看，福建石化产业缺少高附加值和高技术含量的产品，产业格局不完善，竞争力较弱。台湾石化资本向福建地区的转移，可以促使闽台石化通过产业互补，延伸双方现有的产业链条，发挥规模效益与产业集聚效应，进而提升闽台石化产业在全球区域分工中的竞争力。

---

① “五轻关停”指中国石油公司于台湾高雄建立的第五套轻油裂解厂由于一系列环境保护抗争运动最终于2015年11月1日停工；“八轻下马”指国光石化科技园区，其投资方辗转于云林县、彰化县，最终由于环保争议、石化产业竞争力下降等问题，投资方案中止。

石化资本在古雷的曲折落地

石化项目由于投资速度快、投资量与经济贡献大，一直以来都是各地方政府争夺的焦点。动辄上千亿的石化投资，可预期的大量税收，以及大量就业机会能为地方政府收获可观的经济与政治利益。而对于资本企业方而言，廉价的土地与劳动力，各项优惠政策的支持，交通以及其他基础设施的便利为企业发展提供了优良的土壤。

双赢潜力

自2005年始，由台资腾龙芳烃公司投资的PX（对二甲苯）项目拟在厦门海沧区投资建设，但是由于整个项目运作过程中的不透明，加之厦门居民对石化工业可能引发环境风险的担忧，最终爆发大规模的集体抗议行为。PX项目几经周转之后迁居漳州（表11-1），由此拉开了古雷地区由传统渔村转型的序幕。

从厦门迁到漳州

表11-1 PX事件始末

日期	具体事件
2005年7月	项目通过国家环保总局的环评报告审查
2006年7月	国家发改委核准通过厦门PX项目报告
2006年11月	项目正式动工，计划2008年12月完成投产
2007年3月	在全国人大和政协会议上，中国科学院院士赵玉芬等105名全国政协委员联名签署建议厦门PX项目迁址的提案，进而引发民众和媒体的广泛关注
2007年5~6月	项目信息在社交媒体与网络上疯传，部分居民以“散步”形式于市政府前抗议示威
2007年6月	厦门市政府决定缓建项目，并由国家环保局对厦门市全区域进行规划环评，通过发放宣传册向市民普及PX相关知识
2007年12月	厦门市政府开启公众参与程序，积极开展座谈会，但是多数人仍持反对态度，协商无果。政府不得不召开专项会议，做出迁建PX项目的决定，项目最终落户漳州古雷开发区
2008年3月	邻近古雷半岛的东山县发生市民抗议游行事件
2008年5月	漳州市与腾龙芳烃（厦门）有限公司正式签订投资协议书
2011年	漳州政府启动古雷整岛搬迁工作，在开发区北部高标准建设古雷新港城
2013年7月	古雷石化（PX项目）厂区发生爆炸
2014年6月	经国务院批准，古雷被确认为全国七大石化产业基地之一
2015年4月	古雷腾龙芳烃PX项目联合装置区发生爆炸

资料来源：根据网络资料整理

厦门落地利弊

厦门海沧PX计划号称厦门“有史以来最大的工业项目”，但是自立项以来就饱受质疑。在厦门市地方政府眼中，PX项目是有助于城市发展的巨型工程，能带动相关产业集聚，促进当地经济发展，政府自身也能获取巨大利益。但是厦门PX项目原计划落户的海沧区紧邻厦门岛，其选址10 km范围内覆盖厦门整个西海域、部分中心城区、风景名胜保护区以及海沧主要的居住区等。拟建设的石化码头紧邻厦门海洋珍稀物种国家级自然保护区，一旦发生环境危害将对厦门本地社会以及海洋环境生态造成极大的冲击。这类环境风险工业项目与厦门市“以环境著称的风景旅游城市”定位有所冲突。

厦门争议

就PX项目本身分析，PX本身毒性较弱，但是其生产过程中会出现具有一定毒性的副产物，如果因管理不当引发泄漏将会产生环境污染。由于民众缺乏对化工知识的深入了解，偶尔呈现在公众视野中的安全事故也加深了居民对石化工业的恐惧，再加上当地民众直至项目开工建设才获知相关信息，导致其对政府与资本方充斥着不信任的态度，最终当地市民自发组织抗议游行，明确提出反对PX项目建厂的诉求。厦门市政府通过举办公听会等一系列措施仍旧协商无果之后，无奈选择“维稳”的方式，以“停建”作为妥协换取事件的平息。之后福建省政府召开临时会议，漳州市政府也极力接洽石化资本，PX项目最终落户漳州古雷地区。

漳州背景

漳州古雷半岛原先为生态渔镇，当地村民以渔业养殖为生，海洋经济发达。2002年漳州转变发展思路，提出工业立市的口号，试图将原本的“鱼米之乡”转变为“工业强市”。2003年，漳州市政府决定成立“古雷港口经济开发区”，利用古雷优越的地理优势，拟发展产业涵盖石化、建材、港口物流、轻工产品等。PX项目就是在此背景下，通过漳州政府的努力进驻古雷半岛。

平稳落地

PX项目起初并没有在古雷当地受到强烈的抵制，这既是因为当地居民对PX项目避讳不深，也是由于漳州市政府在项目开展初期即通过积极的宣传手段以及补偿机制减弱了当地居民的排斥感。但是与古雷仅一水之隔的东山县曾爆发一定程度的游行抗议，这是由于虽然潜在的PX项目风险源头在古雷，但是受潮流与风向的影响，一旦发生环境污染，对邻近古雷以渔业为主导的东山县诸乡镇的冲击尤甚。这类抗议事件后续在政府的干预下最终平息。

台湾资本转移的经验借鉴

历史的相似

有趣的是，历史总是惊人的相似。相比于PX项目历经厦门市民运动的抵制以及政府妥协，最终在漳州政府的极力争取下迁居漳浦古雷区域这一过程，在 20 世纪 80 年代末，台湾的石化工业也经历了由于地方团体与相关政治人物抵制，被迫放弃观光型城市宜兰的选址，最终向工业型城市云林转移的过程。

由于环保议题，台湾岛内大型化工厂的设厂是个敏感问题。出于经济效益的考量，石化产业的选址建设一般要符合以下要求：靠近港口，方便原料以及成品的运输；厂区之间邻近，进而可以节省运输成本并且避免运输过程中的危险；厂区建设需要大片的用地，以便扩大园区规模，产业链下游的公司也能够进驻其中。基于上述考量，台塑集团（简称“台塑”）宣称可能在屏南工业区、台南七股、宜兰利泽工业区等地择一建厂，并结合实地勘测，认为沿海的利泽工业区是最佳选择。此后台塑积极开展游说活动，一方面承诺生产过程中的环保安全，另一方面则保证为当地提供众多就业机会，主动完善基础设施以及提升港口服务能力等。在面临当地政府更加严苛的要求时，台塑甚至与台湾当局直接沟通，利用拥有两个可能的设厂点作为要挟地方同意的筹码。换而言之，对台塑而言，“并非静态的评估不同选址的损益比，更重要的是在投资过程中，试图形成区位间的竞争，迫使政府进行干预，进而创造有利的投资环境”[50]。

故事开始

之后由于地方政府对台塑提交的环保评估报告存疑，邀请社会专家加入评审。同时提出宜兰未来将以旅游观光为主要发展方向，安全与污染隐患较强的化工投资与这一定位存在冲突，加上“台湾环保联盟宜兰分会”① 的成立，当地反化工力量逐渐形成，迫使台塑放弃在宜兰设厂计划。

中断

台塑六轻从宜兰撤退之后，资本方开始意识到地方政府的态度关乎整个投资项目的成败。对外部资本而言，由于自身的高移动性，如何利用不同区域之间的竞争为自身获取投资优势便成为其主要的投资手段。台塑遂游离于岛内宜兰、桃园、云林乃至大陆之间投资，这一过程迫使台湾当局和各地方政府在土地、税收以及产业政策等方面提供政策支持。

创造竞争的氛围

1990 年台湾行政主管部门重组，推迟多年的台塑六轻计划又开始受到重视，行政主管部门负责人表示“一定要建六轻”的态度。云林当地政府于此时也提出新的转型政策——“使云林摆脱贫穷落后困境，全力朝工商业发展方向努力”。在各级权力系统运作下，云林主动对外表示欢迎六轻的进驻，同时也通过一定的手段压制反对力量。具体行动上，地方政府运用所掌握的行政资源，充分引导民间舆论，通过界定问题与目标凝聚社会共识，贬低反对力量存

落地

① 台湾环保联盟宜兰分会：由教师、医生、政治工作人员、学生以及民进党员组建，透过散发宣传品投入反六轻阵营，面对支持六轻设厂的多为国民党籍政治人物组建的“公害防治协会”，蕴含政治对抗的意味。

在的正当性。事实上，支持力量的核心主要是与土地相关的利益群体，所谓云林的发展计划实质上也是围绕土地利益而建构的新同盟。而反对的声音主要以当地渔会团体为主，由于缺乏固定组织及力量，即使有外来专业人士以及社会舆论的支持，其还是被地方增长联盟势力反制。

古雷的资本吸聚及其区域影响

概况

漳州政府与石化资本在吸取厦门投资失败经验的基础上，非常重视与当地群众的沟通工作，通过凝聚集体共识、提供高额拆迁安置补偿以及与社会资本合作等方式推动古雷地区快速转变。在这个过程中，古雷以重大项目为触媒，日益成为漳州区域经济的核心，也不断吸引周边地区的各类发展要素，推动了区域一体化发展。

古雷的区位和地理

区位

位于闽南区域的古雷开发区由福建省漳州市管辖，在中国的经济板块中属于较为发达的区域。古雷地区地处闽南金三角南端，介于厦门与汕头两大经济特区之间，区位优势显著（图 11-1）。由于与台湾地区地理临近、血缘相亲、文化相近，具有对台交往的独特优势。

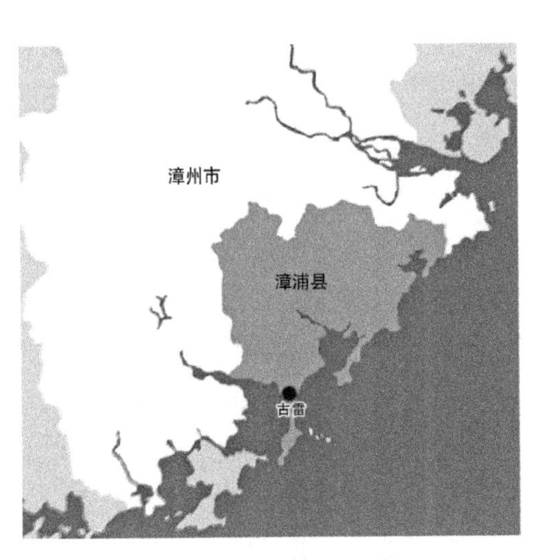

图 11-1　古雷地区区位

地形

古雷地区靠山面海临湾，具备山地、海域、滩涂、平原等多种地貌，“山—原—海”的景观空间风貌格局清晰（图 11-2）。其北侧为梁山山脉丘陵地带，山系连绵不断呈现东西向走势，平均海拔约 400 m，既充当古雷地区良好的自然屏障，也丰富了区域景观形态，具备极高的生态价值以及旅游开发前景。古雷半岛三面环海，位于东山湾与浮头湾之间，基本呈“T”字形。半岛长约 20 km，宽 1~4 km，最狭窄部分只有几百米宽。半岛东北部有几处起伏较大的山体，部分坡度大于 25%。中部地势较为平坦，大部分地区坡度小于 5%。南部以台地、丘陵为主，平均海拔在 50 m 左右，其中最高峰古雷山海拔为 272 m，较为连续的低矮山丘成为天然屏障，阻挡了强常风向，也使得东山湾成为良好的避风锚地（图 11-3）。

半岛两侧海湾地质差异较大，形成不同的滨海景观风貌（图 11-4）。东岸为风沙地貌，为防止土地被风沙进一步侵蚀，当地政府已沿岸种植大量的防风固沙林。狭长的沙地海滩可作为休闲场所，适合发展滨海旅游度假。西岸临东山湾，受东山湾非正规半日潮影响，海岸大多为海积平原和滩涂，土地利用以农业、养殖、盐田为主。早期沿海居民大多于西岸围海养殖，形成众多的海产养殖基地。除此之外古雷海域风景秀丽，旅游资源丰富。特别是莱屿列岛，岛上散落众多形状各异的石景群，周围的海底蕴藏着珊瑚、铁树等多种海底藻类植物以及品类繁多的鱼群，形成缤纷多彩的海底世界，具有极高的观赏价值和旅游开发前景。

风貌

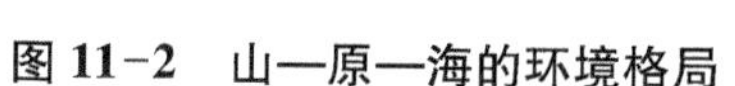
图 11-2　山—原—海的环境格局

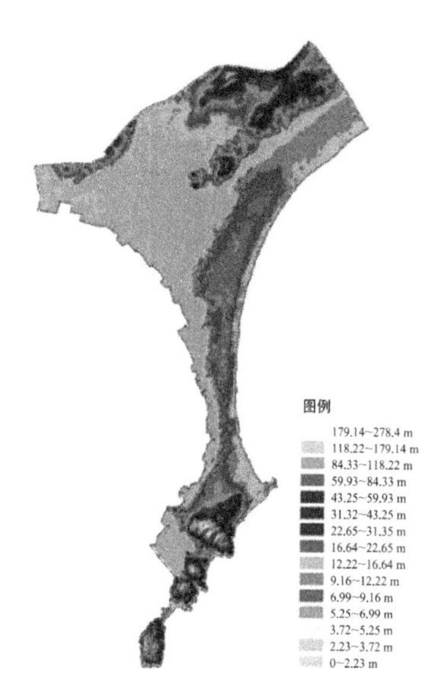

图 11-3　古雷地区高程图

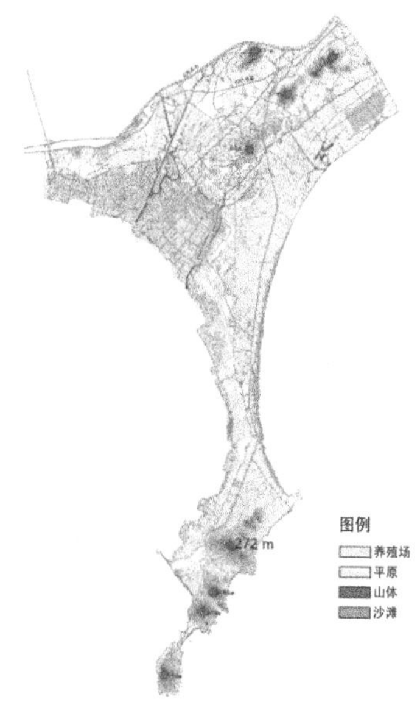

图 11-4　古雷地区生态基底

古雷吸引投资的原因

传统地方社会内部存在不同的利益趋向，导致面对新的投资计划时，如何将自己的利益与新的计划相结合，不同群体往往有着不同的考量。但对于新加入的工业资本而言，其行动逻辑较为简单，即追求成本的最小化以及利益的最大化，特定地方只是他们追求利润以及资本再增值的选择而已。在经济全球化的当下，地域差异性不断缩小，资本在与地方的谈判中往往占据优势，特定地区能否吸引乃至留住资本，政府以及地方利益集团扮演关键性角色。无论是 PX 项目辗转厦门、漳州之间，还是台塑游离于宜兰与云林的过程，国家或者地方

政府作用

政府的直接支持以及针对地方各利益团体的协调作用显著。

工业立市

对于古雷而言，政府强有力的支持成为关键因素，漳州市“工业立市”与云林政府的“工商业发展计划”一样，表达了政府坚定的意图。国家于 2010 年公布古雷地区为“全国唯一台湾石化产业园区”，台商享有投资的一系列优惠政策，这使得古雷对于台湾石化资本有极大的吸引力。而且不同于厦门“国际知名的花园城市”发展定位，自 2002 年起，漳州市政府就以“工业立市”的口号提出一系列发展计划，试图转变原本“鱼米之乡”的漳州印象。石化工业的进驻正是漳州政府所需要的，十分契合地方政府对于漳州自身的发展规划。

区位条件

优越的地理与交通条件是吸引资本的基础条件。古雷地区位于福建省沿海发展轴南侧，地处厦门和汕头两个经济特区之间，其距离厦门水路为 77 n mile、公路为 138 km，距离汕头水路为 72 n mile、公路为 146 km。古雷与台湾隔海相望，直线距离澎湖港 98 n mile、高雄港 143 n mile、台中港 140 n mile。独特的区位优势使古雷地区成为承接国外及港澳台地区产业转移的优良之选。此外，古雷半岛三面环海，海岸线狭长，是天然的深水避风良港，也是我国为数不多的可供建设 20 万吨级以上泊位的深水港之一，具有水位深、不淤积、航道宽、风浪小、航泊条件好、紧靠国际航线和拥有锚地等突出优点[51]，具有周边港口难以媲美的综合自然优势。沈海高速公路和省道 201 横贯半岛，区域交通联系通道——沿海大通道漳浦段已建成通车，高速公路杜浔互通口至古雷港已建成 26 km 的疏港公路，加上厦深铁路从古雷地区北部经过，并规划有古雷港口经济区支线，形成了古雷优越的交通条件。海陆联动的交通运输体系有助于原材料的获取以及产品的输送，这都是工业资本最初衡量损益比的重要内容。

开发成本

古雷属于乡村地区，大量未转换的农地资源以及可供开发的陆域土地，对应着充裕的工业用地储备。征地拆迁成本较为低廉，乡村地域拥有大量较为廉价的劳动力，也有助于企业与政府完成先期建设。就协商成本而言，古雷地区远离城市发展中心，仍属于传统乡村区域。当地民众受教育程度以及经济收入水平普遍较低，对污染的敏感性不高，对于经济发展极为期待。能代表本地居民利益的力量薄弱，导致在征地拆迁工作上受到的阻力较小，政府和企业更容易与本地居民达成协议。

古雷地区的起步过程

形成共识

如果将古雷石化产业发展的起步过程细分为若干步，则第一步是凝聚地方共识。石化工业由于其涉及污染、安全等隐患，虽然对社会整体发展而言是必要的，但是对建设当地或者周边邻近区域而言却不讨喜，因而在石化工业选址乃至建设过程中常常充满争议，频繁发生集体抗议、游行示威现象，这也是学界所描述的邻避现象。古雷地区的开发属于政府主导的全面改造模式。发展初期，漳州市政府便邀请石化专家做 PX 知识的报告，并在详细权衡利弊之后决定举全市之力支持古雷石化项目建设发展。同时也吸取石化项目在厦门失败的经验，通过一系列手段提高当地居民的认可度（表 11–2），引导古雷及周边乡镇的群众由疑惑、反对，到支持 PX 落地建设。

表 11–2　地方政府的主要协调工作

项目	具体工作
干部驻村	县直部门、镇村干部进村入户，解除当地群众的疑惑，获取他们的认可
知识普及	编写科普读本《石油化工项目——对二甲苯小常识》进学校，入农户 组织部分村民前往南京、福州等地实地参观石化项目建设与运营情况
联系关键人物	获取受教育水平较高或能力较为出众的乡贤能人、外出师生等的认可，进而由其说服其他村民

资料来源：漳浦县人民政府网站

拆迁安置

第二步是拆迁安置。在政府发展规划中，石化基地、安置住宅区以及各类基础设施存在大量建设用地需求，这就涉及大规模的土地征用。其中补偿安置工作是整个过程的重点，也是冲突矛盾的多发地带。合理的补偿安置政策有望安抚群众，并支撑当地民众成功实现生计转型，维持社会的稳定。一般而言，补偿的多寡由土地价值与居民收入水平而定。古雷地区未开发前为传统的农村地区，人均收入水平以及土地利用效率远无法同城市地区相比较，因而在补偿程度上低于城市地区。但相较于当地经济水平，补偿款无疑令迁居移民“一夜暴富”。古雷补偿安置过程采用一次性的货币补偿与住房安置形式，在就业安置以及社会保障上关注力度较弱。

附：各种补偿办法

生产用地补偿方面，已取得土地使用权的，属出让方式取得的按 195 元/m^2 补偿；属划拨方式取得的按 177 元/m^2 补偿。未取得土地使用权的，属水产养殖设施农用地的按 14 430 元/亩补偿；属水产养殖设施之外的其他土地（耕地、园地、林地等）按杜浔镇征地标准补偿（表 11–3）。

表 11–3　杜浔镇征地补偿标准

用地类型	耕地	果园和其他经济林	非经济林	盐田	未利用地
补偿标准/（元/亩）	14 920	11 936	8952	7460	2238

资料来源：漳浦县人民政府网站

建筑物拆迁补偿方面，对于征收范围内的建筑物，政府采取货币补偿以及产权调换的手段征收，涉及征收范围内的房屋及构筑物的所有权人和建设用地使用权人。集体房产、临时建筑物以及附属物等的补偿一律采用货币补偿形式。被征收人选择货币补偿，按被征收房屋可产权调换建筑面积1000元/m^2的标准给予奖励。选择产权调换则以户为单位，根据产权置换套数规定调换古雷新港城（福晟钱隆滨海城、世纪金源漳州海滨城）中的安置套房。产权置换套数规定为：可产权调换面积在132 m^2以内（含）的，只可选一套面积最大不得超过132 m^2的安置房；在132 m^2以上264 m^2以下（含）的可选择二套安置房，但安置房总面积不得超过可产权调换面积；在264 m^2以上的，最多只可选择三套安置房，但安置房总面积不得超过可产权调换面积，且最大不超过360 m^2。实行被征收房产补偿价值与安置房价值总额对抵差额互补的结算方式，可产权调换建筑面积扣除调换的安置房建筑面积仍有剩余的，剩余部分可享受1000元/m^2奖励。征收房产价值计算以及其他奖励与补助详见表11-4、11-5。

表11-4　古雷地区建筑物拆迁补偿价值计算

类别	补偿标准
土地使用权补偿	土地按权属分类根据有效证明中载明的面积分别以完全权属200元/m^2、二级手续180元/m^2、一级手续160元/m^2对应标准给予搬迁奖励
住宅房屋重置价	按住宅房屋的建设档次进行补偿，最高为1560元/m^2，最低为960元/m^2
二次装修	按装修档次补偿，最高档次为640元/m^2，最低档次为240元/m^2
停业补偿	沿杜古线两侧临路具备门面结构的底层房屋（作为营业场所），有办理营业执照且持续经营的，因搬迁造成停业按底层面积以50元/（m^2·月）的标准一次性给予6个月停业补偿
搬迁费用	按被征收原建筑面积15元/m^2的标准给予一次性搬迁补助费，被征收人在安置房交付前搬迁到临时安置区域的，增发一次搬迁费
临时安置费	在签约期限内签订协议并搬迁，按被征收原建筑面积15元/（m^2·月）的标准一次性给予6个月临时安置补偿费

注：补偿价值=土地使用权+房屋重置价+二次装修+停业补偿+搬迁费+临时安置费

表11-5　其他补助与奖励

类别	奖励标准
异地购房装修补助	被征收人放弃在安置区域调换安置房而选择异地自行购房，按允许用于产权调换的建筑面积（以户为产权单位，且最大不超过360 m^2），以600元/m^2的标准发给被征收人作为异地购房装修补助

续表

类别	奖励标准
搬迁奖励	在签约期限内签约并按期完成搬迁腾房的，对其被征收的原建房和该房屋对应的有权属土地给予奖励，其中原建房按建筑面积以 400 元/m^2 的标准给予奖励
提前搬迁临时安置房奖励	按搬迁人口一次性发放 6 个月、每月 1200 元/人的临时安置奖励

资料来源：根据《古雷石化产业区搬迁补偿安置实施方案》（2014 年）整理

社会补助方面，政府主要通过生活补助的形式提供一定程度的保障。补助对象和标准见表 11-6。补助资金由古雷港经济开发区管理委员会统筹，搬迁人口补助标准根据年龄变化实行动态调整管理。拆迁过程虽然令农户实现了市民化的身份转换，但是与市民身份相匹配的福利保障却缺乏，社会保障实施仅针对老人与小孩。

表 11-6　古雷地区搬迁人口生产生活安置补助标准

对象	标准	期限	发放方式
16 周岁（不含）以下未成年搬迁人口	500 元/（人·月）	五年	一次性
16 周岁至 60 周岁（不含）劳动力搬迁人口	2000 元/（人·月）	五年	一次性
年龄已届满或今后届满 60 周岁的搬迁人口	800 元/（人·月）	终身（无期限）	逐月发放

资料来源：根据《古雷石化产业区搬迁补偿安置实施方案》（2014 年）整理

克服财政拮据之举

第三步才进入具体的建设过程。截至 2015 年，漳州市公共财政总收入、地方财政总收入已位列福建九地市第四位，地方经济以及政府财政呈现持续增长的态势。但是即便如此，地方财政面对高额的建设费用仍旧捉襟见肘，石化项目工程投产延缓也导致预期的大量税收迟迟未能入账，地方政府不得不寻求资本的帮助。为了筹集各类设施建设所需的资金，地方政府采取搭建融资平台、吸引社会资本共同参与的运作方式。

建设融资

具体操作上，由社会资本与该项目政府出资人代表——古雷管委会财政局共同注资成立漳州市古雷公用事业发展有限公司，负责项目融资、建设以及运营管理，设计施工任务再交由其他社会资本承担。为了推动石化中下游产业的开发，政府将主要的填海造陆、公共码头建设等项目打包采用 PPP 模式建设。其中由于填海造陆属于非经营性项目，建设完成之后由当地政府购买，还款来源主要是土地出让收入以及地方政府的财政收入。码头工程为准经营性项目，码头由项目公司运营，经营期资金主要来源于运营收入，若收入不足以支付建设和运营费用，则通过财政补贴的形式予以支持。

古雷崛起的区域影响

海西发展

自20世纪以来，中央政府开始将海峡西岸的规划建设上升至国家战略层面，进而扭转其早期受地缘政治影响经济发展较为缓慢的局面。在这种背景下，古雷新区崛起所起的作用无疑是显著的，既能够增进两岸合作与经济协同，也能够迅速地累积资金与资源等要素，发挥极化效应，进而推动区域协调发展。

漳州发展

漳州自古以来以鱼米之乡著称，相较于周边经济较为发达的厦门与泉州而言，漳州区域经济总量不大，除漳州开发区以及龙海具备一定的工业基础之外，其余地区产业结构较为单一。古雷地区地处厦漳泉都市圈边缘，在区域经济体系中更多承担以农渔业为主的经济活动。但是国家海西新区战略的提出以及国内外石化资本的转移，为漳浦古雷区域的发展带来契机。古雷地区是理想的工业以及港口开发地，也是漳州市政府实现“依港立市、工业强市”战略的重要区域。自2008年始，在政府的发展计划下，古雷一步步由传统的渔业小城镇向现代化临港产业基地转变。

空间增长极

古雷地区依托高效的区域交通网络通道，以国家重点建设项目为触媒，逐步成为地区新的增长极（图11-5）。其既承接台湾以及大陆部分石化资本的转移，也不断吸引周边地区的各类发展要素，充当起设施建设以及城乡一体化发展的主战场。

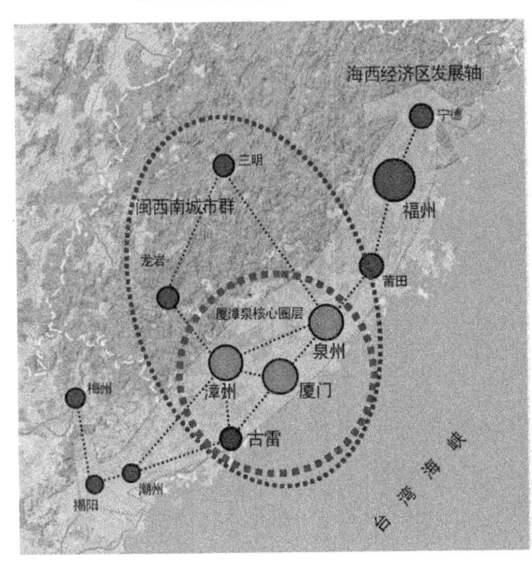

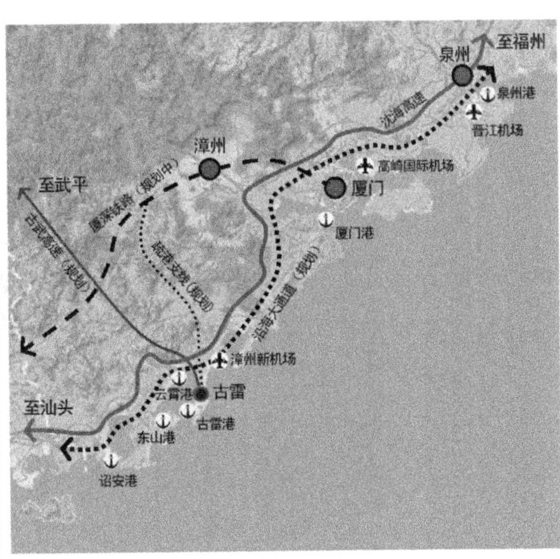

图11-5　古雷所处的大区域发展格局

资料来源：根据相关规划资料整理

规划定位

从区域规划定位的角度，古雷地区是海西经济建设的先行试验区、对接台湾的重要基地平台。在厦漳泉都市圈层面，古雷地区与西南部的东山岛以及东北处的漳浦县城共同形成厦漳泉都市圈的副中心，为新型功能片区和重要城镇密集带上的核心节点。在漳州市层面，漳州市本身由于石化项目的落地，发展定位发生转变。《海峡西岸经济区发展规划纲要》将漳州定位为“海西临港重化基地、装备制造业基地、对台产业合作基地和滨海旅游休闲基地”，漳州市政府也在此基础上确立“依港立市、工业强市”的战略。而古雷地区将成为漳州市域南部新兴的城市副中心和产业服务基地，成为连接厦门以及汕头两大经济特区的触媒。至于在漳浦县域层面，借助地形特征和周边环境资源条件的优势，古雷地区将沿沈海高速向东辐射，与东部旧镇区域联动发展，共同构成漳浦县域范围的新兴发展极核（图 11-6）。

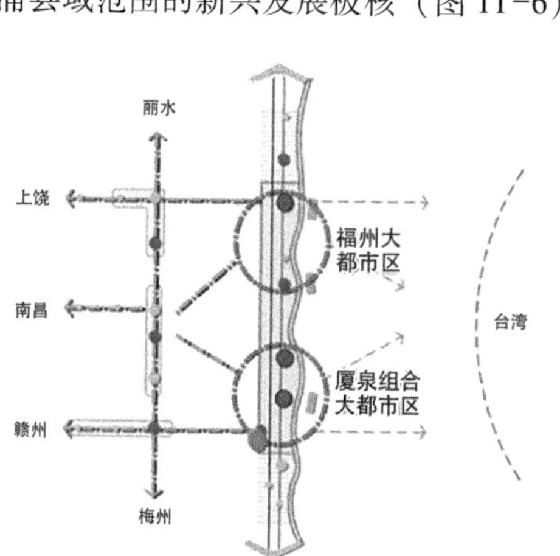

海西层面

厦漳泉都市圈层面

漳州市层面

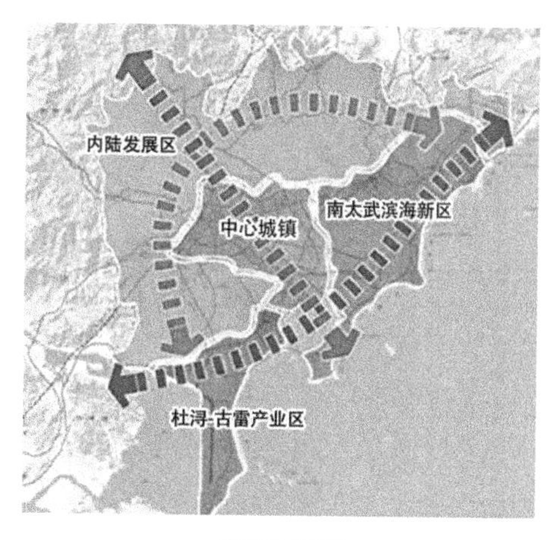

漳浦县层面

图 11-6　古雷在不同空间尺度的定位

资料来源：根据相关规划资料整理

多元资本驱动与古雷空间演变

概况

在多元资本及政府意志的干预下，古雷地区实现由传统乡村向“半城镇化”地区的转变。土地利用呈现半城镇化的过渡特征，空间结构也由原本均质化的乡村空间向“南工北居”的产城分离格局转化。历经数年建设，南部农业生产空间明显收缩，取而代之的是人工化、规模化、集聚化的工业园区。而在北部生活区域，居民点分布整体实现由分散到集中、无序到有序的转变。居住形态呈现城市型住区与乡村聚落复合的局面，现代化的新港城住宅区被周边乡村景观所围合，仿似屹立于乡村地域中的“城市孤岛”。

空间结构的变化

空间模式

石化基地建设属于高环境风险项目，其原料和生产副产品大多数为有毒、易爆的有害物质，生产过程又多处于高温或者高负荷运作状态，潜在危险性较大。借鉴国内外化工园区建设的先进经验，严格控制周边居民区的建设是降低区域风险的有效途径。出于安全的考量，古雷地区采取职住分离的封闭园区发展模式，呈现为整齐有序的交通网络、分离式的生产片区以及集中安置住宅区。

空间结构

自 2008 年始，历经数年的规划建设，古雷地区已经演变为南工北居的产城分离空间格局，石化园区与居住区在地域上分离，中间以沿海大通道以及宽度 1 km 的绿化带分隔。未来古雷将逐步形成“一轴三带，一城五组团”的空间布局结构（图 11-7、11-8）。一轴为依托疏港大道的南北向产城功能组织轴；三带为古雷新城与石化基地之间以及石化基地内部各组团之间的三条生态红线防护带，起到生态隔离的作用；一城为依托北部生活区形成的现代化新城；五组团分别为新城南侧的铁路物流组团、港口物流组团、综合产业组团、石油中下游产业组团和石化产业组团。

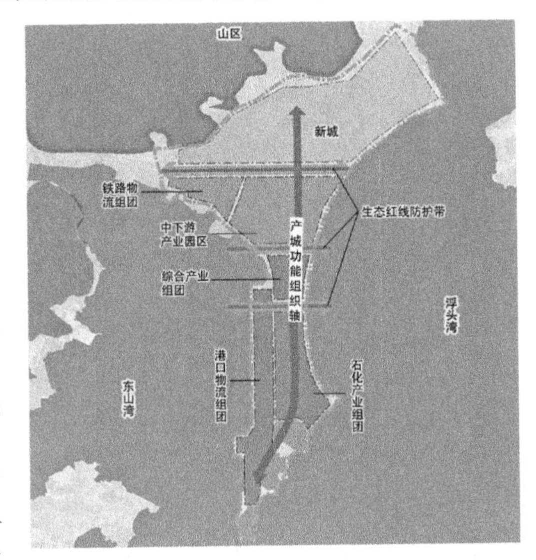

图 11-7　古雷地区规划空间结构

大型集中住宅区

在北部生活区建设方面，政府将涉及古雷镇的西辽村、半湖村、岱仔村等 11 个居民点、接近 4 万人的古雷镇人口统一安置到大型集中住宅区——新港城（图 11-9），配置较为完善的基础设施和公共服务设施。快速“造城”过程存在与当地社会脱节的现象，集中安置区犹如嵌在周边乡村空间中的高层住宅孤岛，具备了典型的城市风貌。

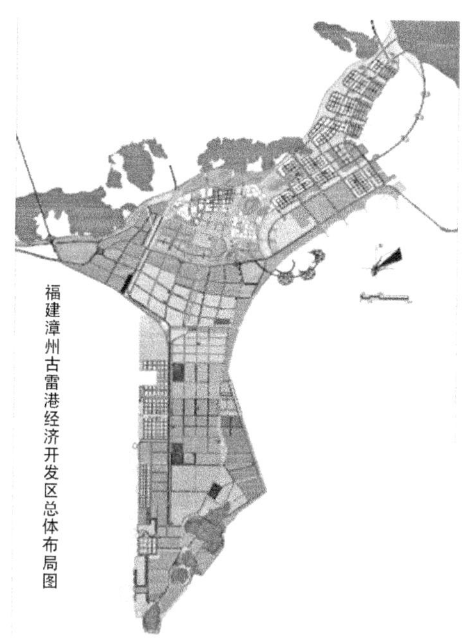

图 11-8 古雷地区用地规划

图 11-9 新港城住宅区卫星图

资料来源：《古雷开发区总体规划（2014—2030）》

土地利用的变化

数据分析

随着一系列征地乃至填海行为的开展以及大量设施的建设，古雷地区的土地利用发生了显著变化。根据卫星遥感数据覆盖范围大、能够周期性反映地表覆盖信息的特点，提取 2002 年（Landsat7 ETM，精度 30 m）、2009 年（Landsat 4-5 TM，精度 30 m）以及 2017 年（Landsat8 OLI，精度 30 m）三个时间段的遥感影像，利用 ENVI 以及 ArcGIS 等卫星遥感影像处理软件分析十几年来古雷土地利用的变化情况。再结合土地利用现状图以及当地实地踏勘调研资料等，分析土地利用变化结果如表 11-7、图 11-10 所示。

表 11-7 2002—2017 年研究区土地利用变化

用地类型	2002 年		2009 年		2017 年	
	面积/ha	占比/%	面积/ha	占比/%	面积/ha	占比/%
建设用地	1672. 1	10. 52	1952. 5	12. 29	4975. 6	31. 31

续表

用地类型	2002 年		2009 年		2017 年	
	面积/ha	占比/%	面积/ha	占比/%	面积/ha	占比/%
林地	3319.7	20.89	3466.5	21.82	3071.6	19.33
耕地	6967.3	43.85	6269.4	39.46	5247.7	33.03
水域	1940.2	12.21	1270.6	8.00	250.0	1.57
养殖用地	1572.6	9.90	2273.7	14.31	2105.7	13.25
其他土地	415.7	2.62	655.0	4.12	237.1	1.49
合计	15 887.7	100	15 887.7	100	15 887.7	100

资料来源：根据分析数据整理

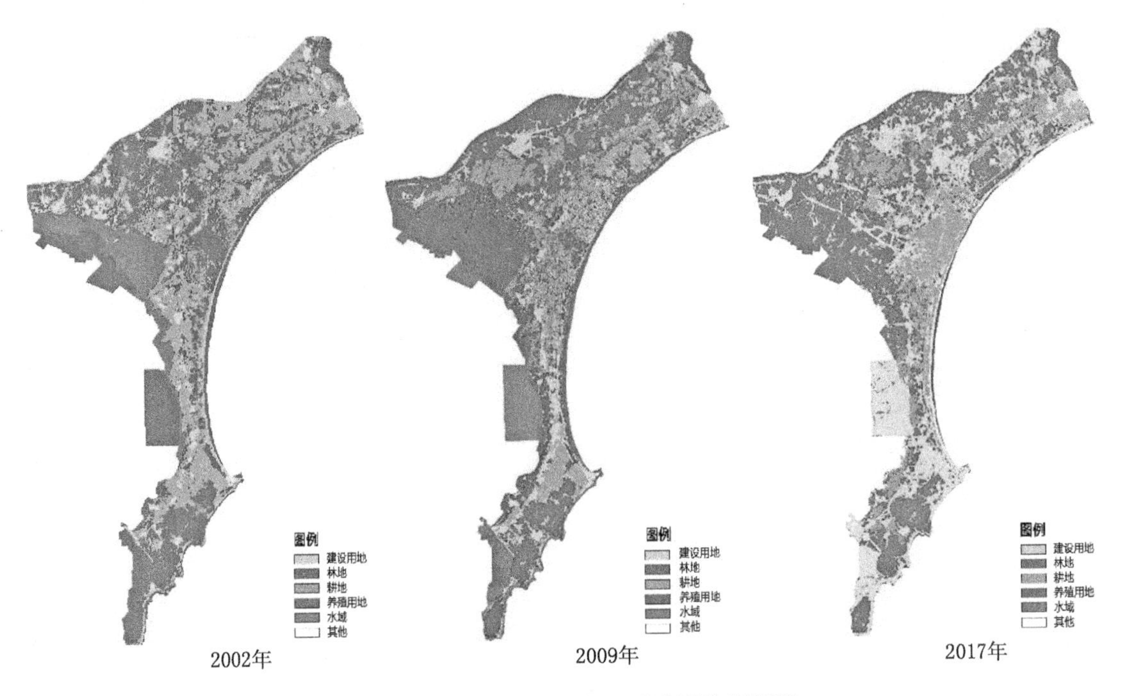

图 11-10　不同年度研究区遥感图像解析图

单一土地类型的动态度可以定量描述研究区在一定时间间隔内的土地利用变化速度，其公式为：

$$K = \frac{U_b - U_n}{U_a} \times \frac{1}{T} \times 100\%$$

用地计算

其中 U_a、U_b 分别表示研究初期和末期特定土地利用类型的数量，T 表示研究时间间隔。根据单一土地类型动态度公式计算古雷区域 2002—2009 年、

2009—2017 年两个时期的变化情况如表 11-8 所示。

表 11-8　古雷区域 2002—2017 年土地利用动态度

年份	耕地	林地	建设用地	渔业养殖用地	水体	其他
2002—2009 年	-0.014 3	0.006 3	0.023 9	0.063 7	-0.043 1	0.082 2
2009—2017 年	-0.020 3	-0.014 2	0.193 6	-0.009 2	-0.089 2	-0.079 7

资料来源：根据数据分析整理

用地变化

在研究期间，古雷地区的建设用地一直处于增长之中，尤其是社会资本与政府推动实施的征地拆迁及填海造陆，更是导致建设用地规模成倍增长。耕地则一直呈现减少趋势，十五年间减少至原本的七成左右。其他诸如林地与渔业养殖用地则呈现先增后减的现象，这主要与不同时期地方的发展策略有关。2008 年以前渔业处于升温态势，考虑到发展海洋经济以及保护当地生态要素，土地变化主要体现在耕地向林地、渔业养殖用地以及建设用地的转换。之后，包含石化资本在内的多元资本陆续进驻，原本的农业生产和生态空间被逐渐侵蚀。

建设用地

建设用地的增长在外部力量尚未介入的传统发展时期，主要表现在村落以及乡镇建设规模的扩张，整体变化较为缓慢。大开发开启之后的短短八年期间，新增建设用地 3023 ha，总增长率为 154.8%，土地利用强度和集约化程度也明显提高。新增用地主要用于建设与工业、生活相关的设施，包含安置区、旅游园区、仓储物流区、大型港口以及工业厂区等，石化基地内传统的乡村痕迹被粗暴地抹去。

耕地和林地

2008 年以前古雷地区以生态旅游、现代农渔业为主要发展方向。考虑到保护海洋生态以及古雷狭长海岸线的需要，政府开展退耕还林活动，一方面保护土地不被侵蚀，另一方面减少当地在台风期间所受的伤害。具体工作方面，将质量较差、靠近海域的耕地置换成大片的防风林，同时也栽种具有一定经济价值的果树。大开发之后，耕地、林地都有较大面积的减少。一方面由于工业对生态岸线、土壤条件的依赖性较弱，因而石化基地内部除了对部分丘陵高地予以保存之外，耕地与林地基本被征用。另一方面由于居民安置区建设、旅游园区建设以及其他与发展相关的用地需求，石化基地周边的耕地、林地也被大量征用。

养殖用地

工业未开发前，当地渔业正处于升温阶段。通过对海域浅滩的扩张，养殖规模急剧上涨。大开发后，古雷石化基地内部渔业养殖用地全被征用，再加上政府对养殖场用地再扩张的诸多限制，渔业的发展开始减缓甚至趋于停滞。

水域

水域用地在内陆地区变化不大，但是研究范围内的海岸线附近水域与滩涂早期受渔业养殖场扩张，近期受工业填海造陆行为的影响，都存在一定规模的衰减。无论是哪种土地开发行为，对海洋生态的负面影响都是存在的。

空间形态的变化

空间重构

空间始终处于建构之中，古雷地区的开发建设亦是如此。在不同的发展阶段，地方的不同利益团体之间常常呈现出一种动态的平衡，而一旦新的投资计划进驻必将打破这种平衡，造成利益的重新洗牌。早期古雷地区的农渔业生产及乡土关系网络造就了古雷区域独特的空间形态特征。随着工业发展计划的推动，在外来工商资本与政府发展计划的运作下，古雷稳态的乡土演替过程被打破，空间也在这个过程中经历着重构。

公路

早期农渔业社会中，古雷地区以海岸线和公路网构成总体骨架，在空间布局、景观形态、建筑特征等方面都具有独特性。古雷地区渔业产品在满足当地需求的情况下，基本外销至漳州、厦门市区等人口密度较大的区域，便捷的交通体系是渔业发展所需要的。在短途运输方面，公路运输的效率又大于水路运输，所以公路交通体系得以完善。整体上，古雷以东西向的省道 201 与南北向的老杜古线为骨架，呈 T 字形交通格局（图 11-11）。省道 201 是古雷对外联系的重要通道，此后伴随沈海高速于 2010 年通车，区域对外联系性进一步增强。而受地形地貌的限制，古雷南北向道路较为稀少。南部众多的道路多为质量较差的土路，以便捷邻近为原则、以老杜古线为轴呈树枝状延伸至半岛各个区域。

海岸线

海岸线是陆域和海域的交汇地带，包含一定范围的滨海陆地、沿海滩涂以及近海水域等。海岸线还是一个动态概念：一方面海岸线受自然因素影响较大，例如潮汐运动、风沙侵蚀以及水平面变化等；另一方面，海岸线因具有开发潜力也经常受到人工力量的影响，如码头兴建、填海造陆、生态防护等。在岸线开发利用方

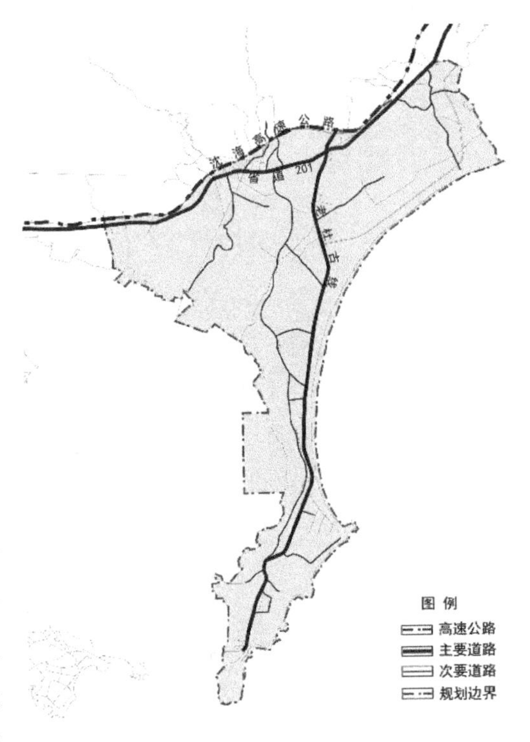

图 11-11　古雷地区早期道路

面，由于地质特征的不同，其适合开发的类型也有较大差异。由于古雷半岛南岸与西岸多为基岩型与淤泥型岸线，早期多是发展渔港、滩涂养殖等与渔业生产相关的活动。而半岛东岸更多是砂质型岸线，成为当地的休闲沙滩，进行部分旅游开发。

生活区

在农渔业经济的影响下，生产与生活区多以邻近布置为原则，以便提高工作效率。古雷地区作为传统渔业型乡村亦是如此，众多居民点基本呈现围绕半岛西侧渔业养殖基地布置的格局。

养殖区

古雷渔业生产活动主要分为两类，其一是水产品养殖，主要通过滩涂围垦的方式进行。数量众多的养殖场密密麻麻出现在淤泥型的西海岸中，一些特殊的养殖场甚至深入海域。曾经地处东山湾的几万亩吊养鲍鱼和筏式养殖，构成一望无际的“海上田园”。最终产生了“海域—海上养殖—滩涂养殖—村庄居民点”的分布格局（图 11-12）。

图 11-12 “海域—养殖场—村庄”格局

捕捞活动区

此外，古雷渔业生产活动还包含出海捕捞，这类活动与码头港口等要素关系较大。古雷区域南部基岩型岸线包含部分港口，其中位于半岛最南端的杏林渔港是早期古雷最繁华的区域之一。杏林渔港聚集捕捞与相关配套职能形成综合型渔港，贯穿渔业生产和服务的各环节，如水产品交易、仓库以及餐饮服务等。其既是捕捞业的起终点，也是渔业加工服务活动的起点。

灯塔和庙宇

除了生产、生活区之外，古雷地区还有构成城镇空间形态核心的众多空间节点。其中与当地早期经济与社会形态关系较为紧密的主要有灯塔与庙宇。现今由于科学技术的进步，各种先进的定位技术逐渐取代了灯塔的作用。但是灯塔不仅曾为外出捕捞的渔民指引方向，也是当地渔民重要的精神寄托，是海洋文化中必不可少的一环。古雷地区最大型的灯塔位于南部区域制高点，是当地重要的旅游景点。庙宇是闽南乡村地区民俗文化的核心。由于气象与海洋因素多变，渔民出海捕捞前或者逢年过节都会祭拜海神“妈祖”。妈祖是东南沿海地区共同信奉的神祇，供奉妈祖的庙宇也成为重要的节点空间，是渔业文化在空间上的体现。早期古雷最大的一座妈祖庙位于港口村，始建于元代，是重要的历史保护建筑。可惜在征地拆迁过程中，所有的庙宇均被拆毁。

转变

在工业资本介入之后，情况发生了转变。大体量工厂空间、综合运输管廊、大运量交通通道、现代化港口以及各类仓储空间等开始出现，促使空间由自然向人工、由分散向集约转化。工业相关配套职能也开始向周边乡村空间渗透，导致周边乡村空间的调整更新。此外，以填海造陆为代表的人工开发以及工业生产的副产物对当地生态带来较大的冲击。

交通

古雷半岛拥有狭长的深水岸线，适合重化工业以及港口物流的发展。考虑到工业大运量的交通运输需求，传统的乡间小路已整体进行优化升级，取而代之的是规模宏大的整齐路网（图 11-13）。沟通南北生活与生产片区的疏港大道取代了原本的老杜古线，成为古雷地区重要的纵向联系通道。横向区域性道路——沿海大通道漳浦段也已建设完成，二者共同构成区域重要的对外交通联系通道。工业基地内部道路两侧规划布置 25～100 m 不等的绿化带，起到隔离噪声、粉尘污染的作用。未来考虑到古雷地区的部分生活性要求，规划在半岛西侧建设与疏港大道平行的地区主干道，分散客、货交通流以提升交通效率。

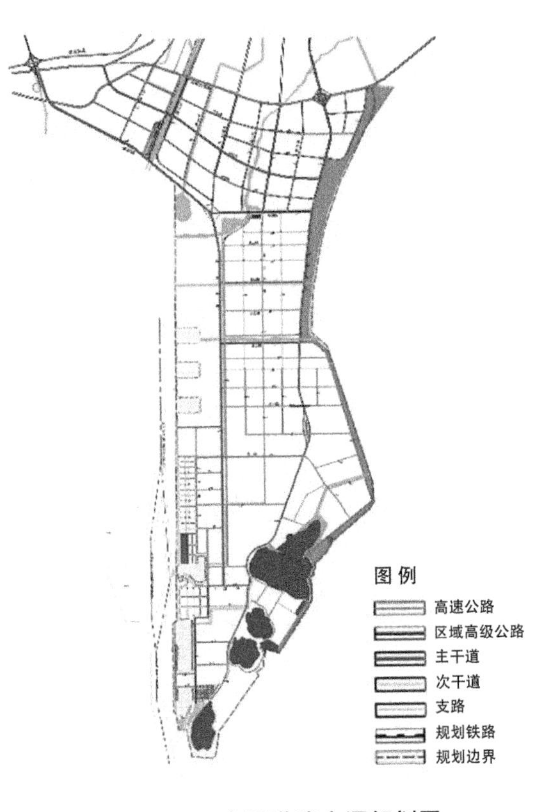

图 11-13 古雷道路交通规划图

资料来源：古雷经开区管委会

岸线利用

在农渔业主导时期，岸线开发利用往往要受到地质、气候等诸多限制，对自然环境的依赖较大。工业利用岸线的方式则有所不同，更加青睐以人工化的方式创造适合自身发展的环境。在古雷建设过程中，受制于用地的不足，通过填海造陆的方式获取工业的发展空间，这种方式既改变了古雷半岛海岸线的长度与形态，

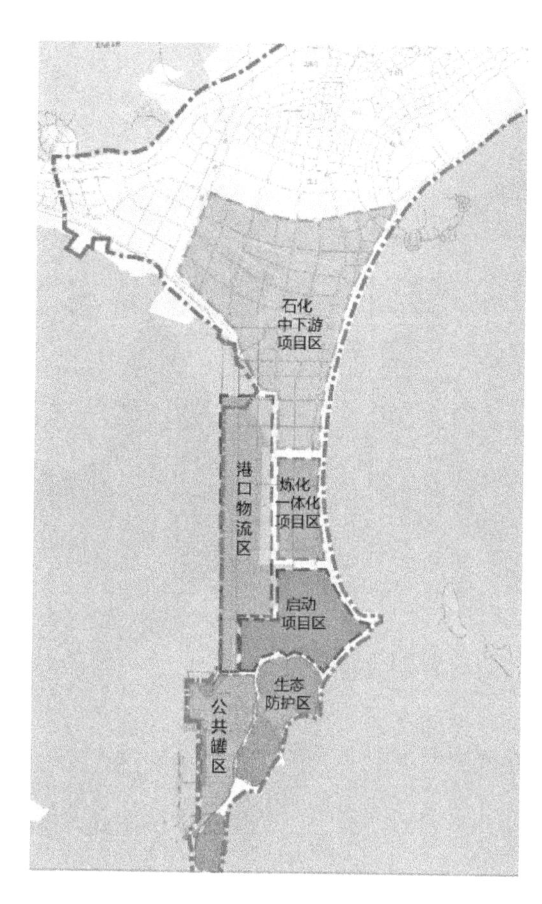

图 11-14 石化基地规划分区

资料来源：根据相关资料绘制、整理

也导致湾区底部地形发生改变，对海洋生态造成一定的影响。

产城分离

由于石化行业的特殊性，古雷地区采取“产城分离”的建设模式。成套住宅、招待所以及培训中心等非生产性配套设施在北侧地区设置。南侧的石化基地内部全部规划建设成为产业及配套设施用地，根据地形地貌以及产业运作流程由南至北依次划分公共罐区、仓储物流区以及生产区，各分区间通过生态绿化带进行分隔（图 11-14）。

公共罐区

石化基地南部原本为山体丘陵地带，现已建成生态防护区与公共罐区。生态防护区包括锅盖山、观音山、大山、古雷山及周边用地，区内的几处山体是保障古雷港区作业的天然屏障，也使东山湾成为良好的避风锚地。公共罐区采用相对封闭的布置方式，内部设置原油、成品油及其他大宗液体化工品罐区，主要提供原油及化工品装卸与存储中转服务，同时通过管廊为大型炼油及乙烯等重化工产业项目提供原材料输送和成品出运保障。罐区与北侧石化生产区之间布局宽 100 m 以上的绿化带进行安全隔离，以降低安全风险。

生产区和仓储区

古雷半岛中部为物流仓储区和工业生产区，按照“油头化尾”的思路进行了产业布局。从减少运营成本、增强原料和产品联系的角度考虑，南侧原油罐区向北依次布局 PX 项目、炼油乙烯及石化下游加工项目，形成启动项目区、炼化一体化及配套项目区、石化中下游项目区三大片区。工业生产区西侧为物流仓储区，主要为石化基地的原材料和成品提供集疏运服务。由于古雷为一狭长的半岛，尤其是中部区域存在用地不足的问题，港口物流区建设需要通过后期填海造陆工程获取所需土地。

庙宇和灯塔

石化基地建设过程中，原本构成地区形态核心的空间节点——庙宇、灯塔等被大量破坏。同时由于基地采取封闭式管理模式，即使有部分节点得到保留，也变得无人问津。

居住形态的变化

居民点分布

古雷地区曾经在海洋经济的影响下，依据地形地貌、气候等自然条件以及特定的风水观念、宗族、信仰等人文要素形成独特的聚居形态。早期古雷地区各村落之间的联系较弱，没有明显的发展优劣之分。这就导致众多大小相仿的村庄点近乎均质地散落着，各村落内部拥有较强的领域感及归属感。整体而言，村落多沿半岛西侧与南侧布置（图 11-15），这是综合当地亚热带季风气候、岸线地质特征以及劳作方式等因素形成的。受东南季风影响，古雷地区夏季多台风灾害。由于半岛东侧已种植大规模防风固沙林，再加上南部山体众多，居民点于西侧布局能最大程度避免季风灾害。另一方面，养殖场大多位于半岛西侧，港口则位于半岛南侧，居民点邻近生产空间的布置方式便于村民就近劳作，减少通勤成本，提高工作效率。

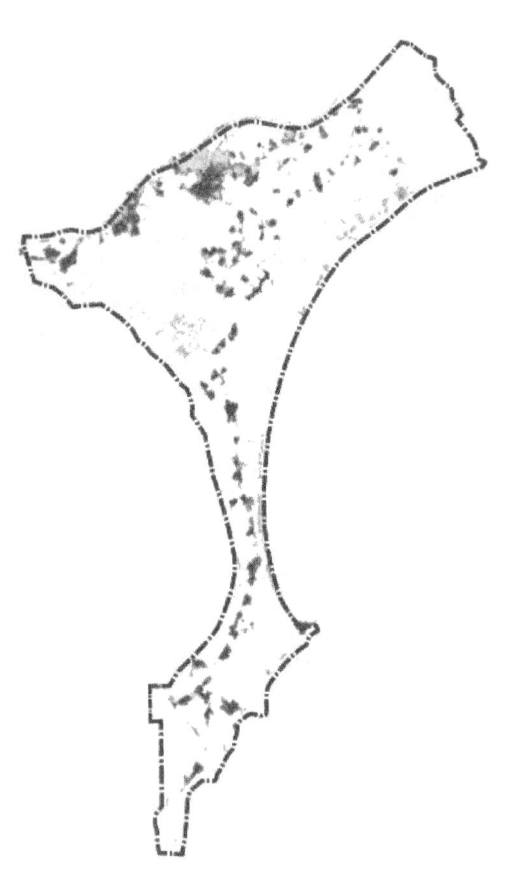

图 11-15　早期居民点分布图

村落格局

宗族是当地社会组织的基础，民间信仰是乡土社会日常生活的重要部分，二者是古雷乡村地区独特的聚落空间格局的灵魂。闽南民俗信仰中有着祭拜鬼神的特性，除了祭祀源自道教、佛教以及传统神话的神灵之外，也重视祭拜祖先。由于古雷乡村地域普遍文化教育水平偏低，宗教信仰往往成为人们精神的寄托，最终演变成“十村九庙”的现象。此外，早期各乡村居民点基本以同姓氏为主，基本上每个姓氏都能找到对应的祠堂。在这种独特的氏族与宗教文化影响下，村落也形成了以宗祠、庙宇为核心的空间组织格局。

路打村

以古雷地区路打村为例，祖屋宗祠位于村庄中心，建筑风格为闽南传统古厝形式。随着宗族家族的分化生长，聚落空间也同步发生改变，具体表现在分

图 11-16　路打村错落空间扩张示意

房形成的新家庭环绕古厝片区进行空间的扩张建设，建筑形式也更加多元（图 11-16）。

民居建筑

俗话说“一方水土养一方人”，各地独特的自然环境造就特殊的人文环境，也衍生出独特的建筑风貌。多山临海的地理环境导致闽南区域耕地稀缺，农耕文化相对滞后，反之海洋文化凸显。古雷地区地处夏季台风频发地带，为适应当地气候特征，民居建筑主要以低层为主，密度较高。建筑在迎风面多建设单层，屋面不做屋檐呈现硬山式。建筑形式上大多采用合院方式布局，合院以天井为中心，以中厅为主轴，左右对称。这样中轴对称的房屋建造方式也契合传统儒家理学“内外有别、长幼有序”的观念，满足大家族聚居的需要。

闽南古厝

古雷地区建筑以闽南传统古厝为代表，因地制宜地结合当地环境风貌并融合多方建造技艺最终形成较为固定的风格。闽南古厝是闽南地区历经海外商贸活动以及多方交流的体现，大多见于寺庙、祠堂以及早期建设的民居，其历史传承可追溯到中原。自唐宋时期起，闽南人民下南洋风气较重，独特的海洋贸易文化也造就了闽南人敢于冒险以及炫耀激进的性格。独特的红砖建筑元素、丰富绚丽的装饰与色彩、复杂精致的浮雕艺术形成五彩缤纷的建筑形象，是闽南人炫富攀比的产物，也是多元文化融合的体现。

居住变化

随着快速城镇化的推进，古雷地区居住环境开始呈现类城市化的特征。整体而言，传统的乡村风貌被粗暴地抹去，形成了多样化的建筑肌理。功能上，城市型的公共服务设施配套日益完善，但是也引发生活成本的激增。形式上，“新式洋楼”以及高层住宅取代原本的传统住宅，建筑风貌呈现多样性。

投机性建房

面对资本与政府合力推动的迁居安置，当地人被迫离开熟悉的土地。除了原杜浔镇区以及新港城集中安置区建设用地较为紧凑集中之外，周边乡村开始了见缝插针的建设行为，导致建筑肌理散乱无序，建筑风格也较为紊乱（图 11-17）。这类疯狂建设行为的实质是居民自发的、为了谋求下一轮开发的拆迁补偿而进行的投机行为。开发前期政府在土地交易和建设管理方面缺乏有效管控，导致主要交通干道沿线、土地附加值高的区域涌现出大量的简单装修房或毛坯房。

镇区肌理

道路沿线生长肌理

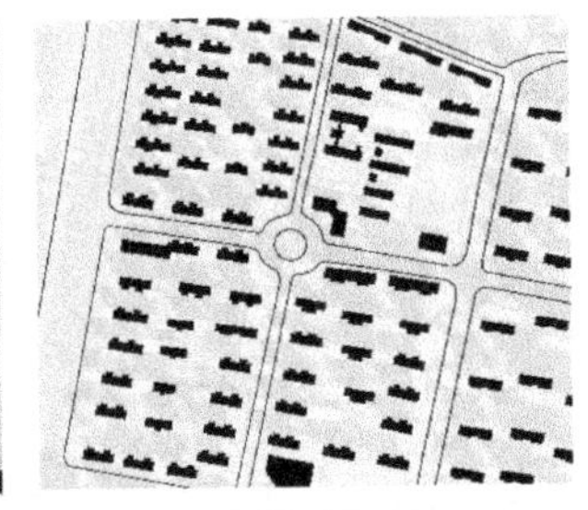

新港城肌理

图 11-17　多样化的城镇肌理

集体搬迁

古雷移民由于集体搬迁产生大量的居住空间需求，这类人群主要有三种迁居形式：第一，转移到政府与资本共同建设的新港城安置区，其配置了较为完善的基础与公共服务设施；第二，移居古雷地区内部较发达的原杜浔镇镇区附近；第三，移居县城、市区或者其他城市地区，其中新港城住宅安置区承载近九成的古雷移民。

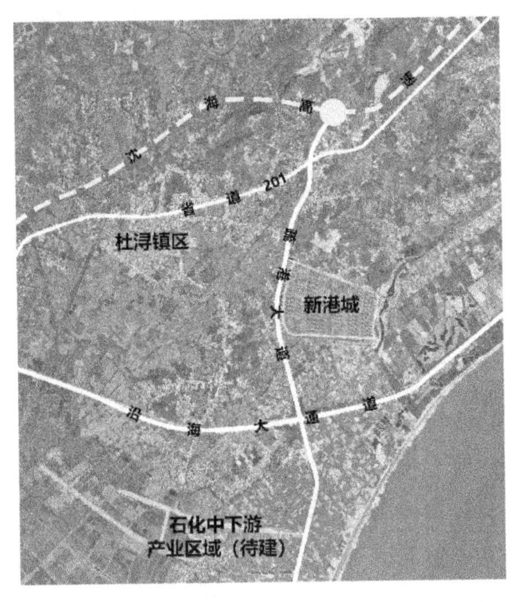

图 11-18　新港城安置区区位

新型住区

原本适合乡土社会运行的聚落空间格局，以及与闽南家族聚居相契合的传统建筑在大开发过程中已全部被拆毁，取而代之的是集中型的新港城住宅区以及社区内部遍布的高层建筑。新港城位于古雷地区中北部，邻近两条重要区域联系道路（沿海大通道以及疏港大道）交汇处以及沈海高速出入口，区位优势显著（图 11-18），但是此高层住宅区仿似被乡村环绕的“城市孤岛”。在外部形态上，层层叠叠的高层住宅、较为完善的基础设施与公共服务设施、统一制式和标准的城市建设布局彰显着外部的华丽，但是社区内核仍旧承载着传统的乡土秩序与社会网络，巨大的历史惯性造就了现今“形变质不变”的状态。新港城住区内部的建筑风格统一但整体视觉效果较为单调。尤其是整齐划一的天际轮廓线在“山—原—海”的区域格局中显得尤为突兀，跟周边与自然风貌和谐共生的乡村风貌产生了鲜明的对比（图 11-19）。

图 11-19 天际线对比

与空间关联的经济转变

概况

在外来工商资本的驱动下，古雷地区由原本较为封闭的农业型经济向工商型经济转化，其日益成为漳州区域经济的核心，并融入更大尺度的经济体系中。但在其快速发展中，出现了两次“爆炸意外”导致地区工业发展放缓，工业对地方经济的拉动效应减弱。同时政府缺乏对内外资本的有效控制与引导，“灰色”和“不正规”经济现象开始盛行，整体经济经历了由兴盛而停滞的发展阶段。

产业结构的变化

农业经济

工业资本介入前，古雷地区海洋经济发展势头良好。在政府对农村、农业日益重视以及城镇消费水平逐步提升的背景下，高经济附加值的水产养殖显著提高了农民的经济收入，居民生活水平也逐渐提升。据统计，古雷镇 2000 年工农业总产值达 52 160 万元，其中工业总产值 10 087 万元，农业总产值 42 073 万元，农业对地区经济贡献较大。

渔业发展

古雷镇早期农业以渔业为主，种植业辅之。在渔业发展方面，又以海水和滩涂养殖为主，海洋捕捞为次。据不完全统计，2000 年左右古雷就建成了 5. 8 万亩“海上田园”，是当地重要的海产品养殖基地，种类涵盖鲍鱼、牡蛎、对虾、海带、紫菜等。其中"古雷鲍鱼"是周边区域中响亮的名片，2000年鲍鱼养殖年产值就接近8000万元，至2005年更是攀升至1亿元。但是整体而言古雷地区渔业发展层次较为传统，存在产业链条短、资源消耗大以及效率低下等问题。生产工具与技术的落后也导致养殖区水质的恶化，对海洋生态造成一定的影响。

第二、三产业兴起

若无外部力量的介入，古雷地区可能会逐步实现向现代农渔业城镇的转化。但是台湾石化资本转移造成发展的转向。自2008年始，石化项目落户古雷地区，开启了古雷地区快速工业化进程。随着外来工商资本的推动，传统农渔业被逐渐挤出。截至2016年，古雷镇农业从业人员仅余325人。反之第二、三产业经济迅速升温，通过PX启动项目、炼化一体化项目以及北部滨海旅游度假项目，以及国家海洋三所、漳州科技兴海研发中心等科研平台的建设，以石化产业为支柱、战略性新兴产业为先导、现代服务业为支撑的产业体系初现雏形（表11-9）。立足于"小区域、大产业"，古雷地区被寄予了成为拉动漳州地区经济的新增长点的期待。

表11-9　古雷地区主要进驻项目

进驻时间	资本类型	主要企业名称	投资项目
2009年	台湾工业资本	翔鹭集团、腾龙芳烃	石化（PX、PTA）项目
2011年	房地产资本	福晟集团、世纪金源集团	钱隆滨海城、漳州海滨城生活区；城市综合体
2012年	工业资本	海顺德、星誉化工	特种油；沥青
2013年	旅游地产资本	漳州碧海置业	古雷Hooray欢乐岛特色旅游小镇，含高尔夫球场、度假地产、康养中心、游乐园等
2013年	消费娱乐资本	——	购物中心、KTV、娱乐会所等

土地经济的变化

土地的利益

在古雷开发过程中，与土地相关的利益集团迅速崛起。一方面由于工业园区、生活区以及各类基础设施的开发存在大量施工建设需求，另一方面，众多投资者看到古雷拆迁户"一夜暴富"以及古雷地区广阔的发展前景之后，纷纷投身于土地与房地产投机活动之中，寄希望在之后的开发建设中获取巨大的土地增值收益。土地的市场化以及宽松的金融政策也助推了房地产的投机性需求，导致当地"炒房炒铺"行为层出不穷。

开发初期，古雷房地产市场快速增长。以房价和店铺租金为代表，2008 年古雷地区主要街道寻常铺面（建筑面积约 60 m^2）租金大致为 4 万~5 万/三年，2014 年左右迅速涨至平均 10 万/三年。新港城安置区房价也在同时间内由原先的 2500 元/m^2 涨至近乎 6000 元/m^2，基本等同漳浦县城水平。周边乡村自建房交易价格也近乎涨至两倍。这一方面是由于人工费以及材料费略有增长，但更多与投机行为有关。在投机风气盛行下，土地市场的虚假泡沫持续累积。

炒房风气

其后，一方面由于石化行业发展受挫，外部资本流入开始放缓；另一方面，古雷群众大量的奢侈消费行为导致补偿款即将挥霍殆尽，众多的财富被外来商业资本掠夺和转移，导致社会流动资金日益减少。政府对不正规投机现象的限制也加速了泡沫的崩解，土地经济发展自此陷入停滞。高额的店铺租金难以为继，店铺不得不被低价转租。截至 2018 年，主要街道寻常店铺租金已回落到平均 6 万/三年的水平。古雷一度高昂的房价也存在一定的回落，社会大众拥有的固定资产迅速贬值。

回落

消费经济的变化

早期古雷地区一直维持较为封闭的农业型经济，受宏观经济的影响较小，呈现一种缓慢增长的稳态。但是自工业发展起始，以石化与地产为核心的城市工商资本纷至沓来，外部投资规模显著增加，再加上巨额补偿款的刺激，地方消费经济迅速繁荣发展。但是好景不长，各类奢侈娱乐消费、赌博借贷以及土地投机等“灰色”、不正规行为使得资金频繁外流，工业发展滞缓更是引发投资低迷，当地消费经济开始回落。

波动起伏

商贸自古就是乡镇最重要的职能之一，镇区的商业主要是为当地居民提供日常服务以及生活必需品，以饮食、服装、五金以及其他日用品等为主，商铺大多呈现底层沿街布局。一般而言，商铺的数量是与人口规模高度相关的。古雷地区开发前期，近 5 万人的拆迁集中安置以及不断涌入的外来人口极大刺激了古雷地区的消费经济，商铺的数量呈现爆发式增长。店铺类型也日益丰富，大型商场、专业卖场、娱乐消费场所等城市型业态开始涌现。参考相关研究方法①，将古雷地区商业类型分为日常零售、家居建材、餐饮、小型综合、电子商务服务、康体娱乐以及住宿服务七类。结合大数据以及实地调查方法，对 2018 年古雷地区主要街道的商业调查结果见表 11-10。整体而言，在古雷地区众多商业

商铺

① 在住房和城乡建设部组织对全国 121 个小城镇开展详细调查的基础上形成的成果［M］//赵晖等. 说清小城镇. 北京：中国建筑工业出版社，2017.

类型中，传统日用零售类商业仍占据主体地位，其次为家居服务以及生活服务类。由于迁居安置引发的居住、生活需求提升，家居服务与生活服务类商业均出现较大的涨幅。

表 11-10　2018 年古雷地区主要街道不同类型商铺数量统计

编号	类型	内容	数量/个
1	住宿服务类	酒店、宾馆	29
2	康体娱乐	KTV、酒吧、会所、健身中心	24
3	家居服务类	家居建材、家电商店	131
4	日常零售	百货、五金、农资	227
5	生活服务	餐饮、服装、妆发	126
7	电商服务类	物流服务点、农村电商	27
8	综合超市	购物广场、中小型超市、专业卖场	27（含 2 所综合购物广场，7 所中型超市）

资料来源：根据高德地图 POI（兴趣点）数据以及实地调查数据整理

消费方式

在大量商业资本的介入下，古雷居民消费结构逐渐由原本的生存型消费向享乐型消费转变。娱乐类商业兴起，KTV、健身以及娱乐场所等层出不穷，掀起一股奢靡与灰色消费风气。综合型购物广场、专业卖场也频繁涌现，取代了传统的日杂百货。但是据观察与访谈，综合商场与专业卖场普遍盈利不佳，这一方面是由于网络经济的冲击，另一方面是因为居民消费多集中于日常消费品，对品牌和品质的要求不高。当新鲜感过去之后，他们更愿意回到传统的消费渠道进行消费。

公服设施

通过大数据筛选的方法，提取古雷地区各类 POI 数据共计 1543 项，具体包含餐饮、购物、金融、娱乐、教育、医疗六个类别。通过核密度分析法分析其空间分布特征，借用 ArcGIS 平台中的空间分析模块—密度分析完成（图 11-20）。公共服务设施由原本的“一心”——杜浔镇区演变成如今的“两区一带”分布格局（图 11-21）。两区为杜浔镇区与新港城安置区，一带为分布在省道 201 上的设施集聚带。新港城安置区包含了服务于古雷移民以及外来工业人口的各类功能，而杜浔镇区仍旧是漳浦南部商贸中心，承载大量的商贸服务职能。沿着省道 201 线，开发初期众多商业设施在街道两侧接连冒出，但是至 2018 年，原本繁荣的各类设施快速萎缩，尤其是娱乐设施变得几乎无人问津，只剩下遍地空壳。

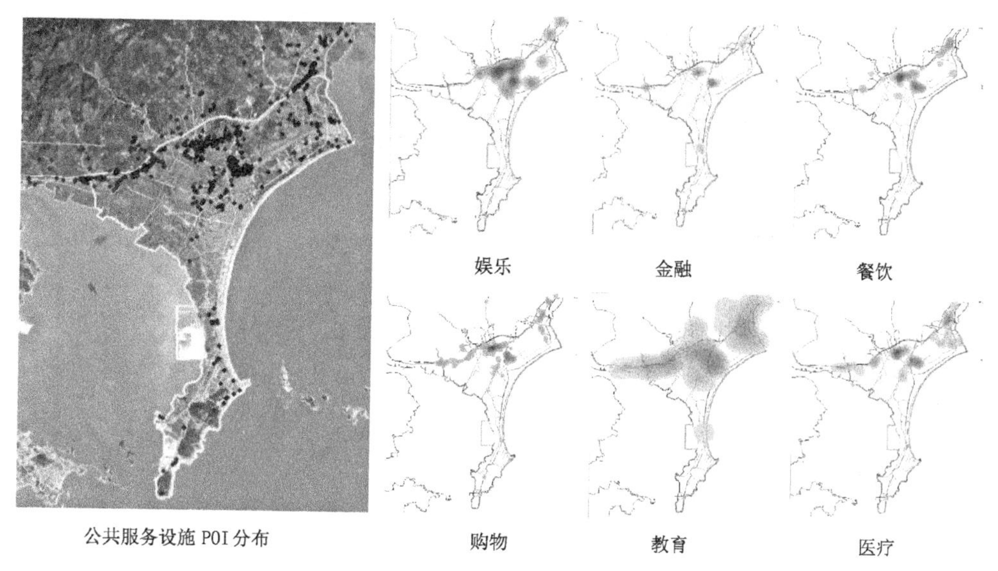

图 11-20　公共服务设施核密度分析

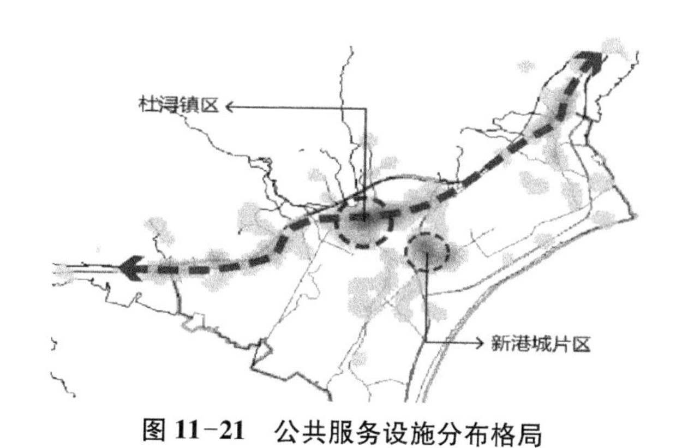

图 11-21　公共服务设施分布格局

与空间关联的社会转变

古雷地区属于海西闽南文化区，传统闽南乡村集体意识较为浓厚，社会架构与民俗文化得到较好的传递与保留。伴随石化项目的落地，以资本为主导的大量外部力量开始侵入，古雷社会形态发生显著的变化。大部分农民被迫或主动离开赖以生存的土地，引发当地人口与就业的重新调整。正在形成的城市型秩序逐渐取代原本的乡土社会，传统的社会关系日益瓦解，进而引发在人际交往、社会治理以及日常生活等方面的改变。（概况）

人口就业的变化

古雷地区的主体由古雷、杜浔二镇构成。2008 年至 2015 年期间，常住人口由 9.5 万人逐渐增长至 10.2 万人，其后开始回落，与当地经济的变化相契（人口变化）

合。在发展初期，由于设施的建设以及消费需求的上涨，就业市场良好，涌入大量从事建筑业与服务业的外来务工人口，当地非农人口的比重逐步提升。至2015年，由于经济发展滞缓，非农就业能力逐渐减弱，开始出现大量的失业人群。部分本地居民为了生存不得不外出就业，引发常住人口的衰减。截至2018年，古雷常住人口稳定在10万人左右。

原就业状况

在资本未介入前，杜浔镇更多承担区域商贸职能，第二、三产业从业人员占总就业人数的六成。而古雷镇为传统渔业乡镇，近乎九成的当地劳动力以农渔业为主要生计来源，而且兼业现象普遍。农业劳动者在农业活动闲暇之余，就在邻近镇区（主要是杜浔镇）从事短期的体力劳动，没有固定岗位与收入，也缺乏相应的劳动保障。

失去土地

进入大开发阶段后，政府开始推动古雷镇的整体征地拆迁。古雷拆迁户的内心是充满矛盾的，一方面他们大多因为巨额的拆迁补偿款不抵制甚至庆幸拆迁，另一方面他们对今后的生活又很彷徨，失去了赖以生存的土地与生计，又不愿意颠沛流离选择外出打工。虽然集中安置解决了动迁居民的居住问题，但是失地农民的培训和再就业的扶持却被忽略，其长久的生活无法保障。

就业转换

古雷地区引进的石化产业多为具有一定规模的大中型企业，员工主要为技术与管理型人才，企业能够有效吸纳的当地劳动力有限（图11－22）。虽然古雷发展过程中也有部分旅游、地产以及商业服务等资本涌入，但是其吸纳的工作人员多为具备一定知识水平的年轻群体。早期农业劳动者普遍年龄偏大、文化素质较低、非农劳动技能欠缺（尤其是女性），即使从事简单的服务业都有些力不从心。据政府调查数据，2017年古雷拆迁户中仍存在15 833个未就业人员以及2482户“零就业”家庭。

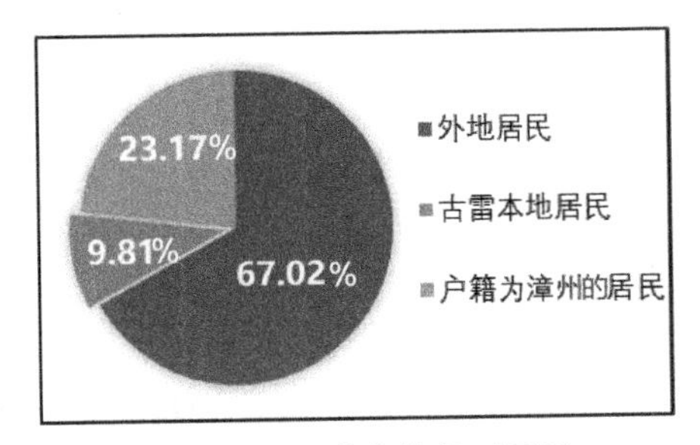

图11－22　腾龙芳烃（PX）企业员工构成

资料来源：企业访谈

形势严峻

在工业开发初期，大规模的土地开发建设以及消费经济的提升能解决多数人的临时就业。但是当建筑业发展放缓，整体经济陷入停滞，就业问题即刻严峻起来。面对较低的社会保障以及因奢侈无度的消费而所剩无几的补偿款，古雷拆迁户的生存前景堪忧。

人际交往的变化

传统状态

正如费孝通先生所言的“差序格局”，传统的闽南乡村中人们以血缘、地缘关系为纽带，乡族观念浓厚，人与人之间的信任感强。社会交往过程主要依赖于人情往来，需要投入的附加资源比较少，没有现代社会中的相互戒备。而且由于乡土社会居住的基本是土生土长、与社会环境高度融合的人，整体稳定性以及人民的生活满足度较高。

分散与断裂

历经开发之后，古雷地区的人们开始由乡村走向“半都市”生活。传统居住形式、集体生活方式以及以农渔业为主导的就业结构等均发生改变，导致社会交往也随之变化。在新港城住宅区，商品房取代了原本独门独户的乡村民居，压缩式的高层“格子楼房”虽然改善了物质环境，但是楼房的私密性也阻碍了邻里间的互动，压缩了交往空间。原本聚族而居的生活形态被打散，集体生活开始衰落，紧凑的社会结构、亲密的人际关系不复存在，社会越发“家庭化”“原子化”。而且由于场所的改变以及严格的社区管理模式，原村集体对民俗活动举办的热衷开始淡化，导致社会连接进一步断裂。

安置区居民访谈（节选）：

“以前我们住的自家宅院，环境很好，大家也都相互熟悉。平时孩子都一起玩，交流也比较多。搬进楼房之后，楼上楼下很多之前都不认识，平时不会去别人家串门，大多数在楼下公园休憩。逢年过节仍会有村委广播通知我们去庙里参与活动，但是气氛没以前那么好。”

集体协作的弱化

除此之外，原本以农业生产为主的就业方式逐渐演变成以第二、三产为主，甚至出现大规模流动就业、失业人群，社会集体协作的必要性减弱。以上种种变化叠加，影响人们沟通交往的时间、频率、深度以及方式等。

社会治理的变化

庙宇理事会

古雷地区隶属的闽南地区历经岁月形成自身独特的社会治理方式——“庙宇理事会”，其是维系乡村稳定以及开展乡村建设不可或缺的力量。庙宇理事会一定程度上实现了乡村治理的职能，能维系社会的稳定。理事会这类乡村社会组织带有一定的“迷信”色彩，初创目的是筹备祭祀神灵的集体活动，包含筹募资金以及挑选负责人等。之后理事会的功能逐渐渗透到乡村建设中，开展道路硬化、庙宇翻新、养老会建设等，甚至提供一定的社会保障功能（图11-23）。理事会影响范围一般局限于某个自然村内，成立初期，负责人由当地具备较高经济实力以及社会威望的乡贤能人担任，几乎由全部村民组成的理事会其成员每年需向理事会缴纳一定的资金（具体数目根据当时建设情况来定，一般为400~800元不等）。之后理事会负责人在众多缴纳资金的村集体成员中抽签选出，任期一年。

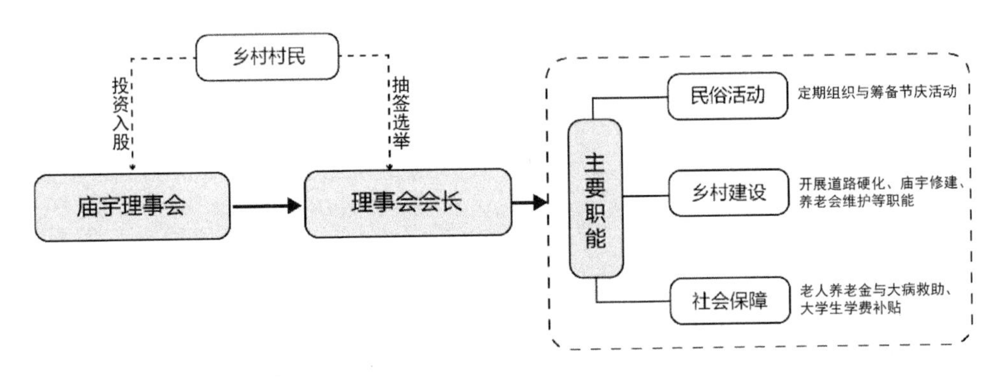

图 11-23　理事会运作模式

节庆活动

在乡村理事会的运作下，一年之中有大大小小的庙会节庆活动（图 11-24）。以杜浔镇范阳村元宵节庆为例，具体活动包含抬神巡安、排宵及唱戏。首先抬神从卢氏宗祠观海堂出发，沿着杜浔镇主要道路进行巡街表演。之后回到宗祠进行排宵，家家户户都带上自家的供品前来祭拜，上千张桌子整齐地摆放在宗祠门前，极尽奢华。这类活动演变到现今不免带上很多攀比、金钱至上的不良风气，但在快速城镇化进程中，这类民俗活动的开展能让当地社会延续传统文化、提升社会凝聚力。

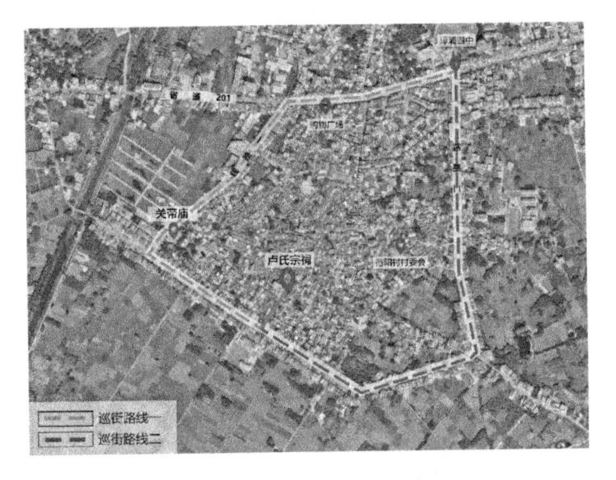

图 11-24　元宵节庆活动

资料来源：根据相关资料整理

纳入大系统

上述社会治理模式在古雷大开发之后出现变化。搬迁过程中原本的乡村集体被打散，人与人之间的情感联结日益消失，理事会的职能也被削弱。虽然在搬迁初期原本的乡村运行体制仍然得到一定程度的保留，但是后期逐渐被新设立的 18 个社区居委会所取代，融入国家治理体系之中。人们得逐步适应各种“规则”，在确定的框架下精确做事。

日常生活的变化

传统的消费方式

早年古雷地区居民绝大多数为低消费群体，这主要同生活消费习惯、较低的物价与住房成本等因素相关。在当时较为闭塞的环境中，人们靠人情礼俗形成互帮互助的生活方式，用情、义这样的非市场规则处理大部分事宜。同时人们生存压力较小，具备一定的积累财富与应对风险能力。在具体消费上，生存型的消费比重较大，日常开支主要用于满足衣食住行等日常生活，用于享乐型、投资型的消费比重较低。

消费增长

随着资本的频繁流动以及城市消费空间的扩张，古雷地区的消费行为发生了重大改变。首先，在大量资金涌入引发当地经济水平提升的背景下，人们的消费观念与欲望都有较大提升，对大额消费例如房、车、手机的投入比重上升。信息化、电子商务的普及也进一步刺激消费的增长，释放了更大的内需市场。其次，消费结构开始由原本的生存型消费向享乐型消费转变。具体表现在娱乐消费上，KTV、会所、高档餐厅等场所层出不穷。古雷动迁居民由于收获了大量的补偿款，在娱乐消费上尤为大度，一度被周边人调侃为“雷哥”“雷爷”。最后，投资支出开始占据主要份额，社会大众纷纷参与到土地投机活动中，房屋建设、商铺买卖的支出明显增多，以谋求未来可能的土地增值收益。

从人情变成交易

在大量补偿款流入以及“一夜暴富”现象的刺激下，金钱至上、利益为先的风气开始冲击传统的生活秩序。传统乡土社会中的人情、面子等与市场理性化的行为逻辑格格不入。在具体消费交易方式上，原本互惠互利的人情往来逐渐演变成精于算计的利益纠葛。

居民访谈（节选）：

“以前因为家家搞养殖或出海捕捞，收入较为稳定。遇到资金周转不开的情况可以通过赊欠的方式进行购物交易，相互之间信任感很强。现在商场里买东西谁能让你欠着？再加上你又没工作，而且那么多欠债的人都是原本关系特别近的亲戚，导致我们在借钱和消费上越来越谨慎。”

传统的出行方式

居民日常出行主要分为两类：一是与工作相关的通勤，包含日常上下班或者务农；二是生活休闲类的出行，包含购物、社交以及娱乐等。在农业经济主导时期，无论是渔业养殖还是农耕种植，工作与居住区域相邻，通勤出行并不占主导。居民大部分的日常出行主要是购物与走亲访友，一般处于20分钟出行圈内。绿色出行的特征也较为明显，以步行、自行车或者摩托车为主。

出行转变

古雷大开发之后，居民日常出行的频率和距离都有较大的变化。高速公路以及沿海大通道等交通设施日益完善，漳浦县城区也开始融入古雷半小时出行圈，居民日常出行的距离显著增加。对于年轻人而言，日常出行开始以小汽车为主，消耗在工作与日常生活娱乐方面的出行较以往提高不少。而对于被拆迁安置的中老年人而言，由于其大多处于失业或待业的境况，再加上对现代交通工具不熟悉，日常出行基本限制于新港城住区内部。

生活转变

早期古雷地区在公共产品供给与社会保障方面较为缺乏，但是居民拥有融洽的邻里氛围、舒适的自然环境以及保存完好的传统文化，社会满意度较高。尤其是故土情结较深的中老年人，往往拥有更强的地域归属感以及幸福感。但是在面临“粗暴”的征地拆迁之后，这一切均发生较大的变化。在新港城安置区中，统一规划的居住区设施配套齐全，可提供较好的生活服务与保障。但新式整洁的商场带来了生活成本的激增，在生活日益拮据的境况下，安置区居民更多延续传统的集市购物方式。社区内部精心打造的邻里公园、干净整洁的居住内部空间较符合当地年轻人的需求，但是对于年纪较大的人群而言，由于不适应城市型社区生活，其日常交往能力被极大削弱，大多被迫困在独立的单元内无所事事。所幸早期精神寄托的载体——寺庙旧貌换新颜重新出现，一定程度上充实了当地传统的精神文化生活（图 11-25）。

居住区环境

传统购物方式

新建寺庙群

图 11-25　2018 年新港城安置区实况

社会分化

实地访谈显示，年轻人与老年人呈现两极分化的格局。年轻人几乎均认同自己是城里人，也愿意将农村户口转化成城镇户口。这主要是由于他们对土地的依赖性较弱，也早已接触或融入城市文化，适应城市型的生活规则。但是对于习惯传统生活的大多数中老年群体而言，他们被迫游离于城乡两种模式之间，对“非城非乡”的身份只是被迫认同，制度性角色与自我角色认同产生了巨大的断裂，导致其自我认知失调。面对快速变迁，他们内心十分矛盾，一方面寄希望于这些变化能够带动自身经济的发展，渴望获取拆迁安置补偿费；另一方面对于今后的生活较为迷茫，特别是面对市场经济下日益激烈的竞争环境和严峻的再就业形势，越发地无法产生安全感。生活环境也大不同于以往，具体表现在“方格式”楼房没有自建住房宽敞舒适，单元式的私密住区导致人与人的隔离增强，石化工业排放的废气影响着空气质量。在城市社区型的管理模式下，传统的文化风俗逐步消逝，人们的精神生活得不到满足，当地社会开始呈现分化趋势。

社会排斥

诸如欢乐岛等高端度假娱乐场所的建设，则与周边村民的需求相背离。高端会员制的管理模式将大部分村民拒之门外，村民们既不能享受优越的环境，也不能分享项目开发带来的收益。整个建设过程甚至对当地生态环境以及村民生活造成负面的影响。

周边村民访谈（节选）：

“高尔夫球场看起来虽美，但是利用的却是原本林场的沿海防护林，未来面对台风灾害将更难抵挡。而且我们村大多数人以下海为生，项目建设过程中强占了渔民出海捕捞的道路，对工作产生负面影响。”

多元主体博弈与空间生产过程

政府角色

古雷地区的空间演变是多方利益主体相互博弈的结果。其中，地方政府是空间生产的主要推动者之一，兼具行政管理主体、资本经营主体双重身份。政府先期通过计划制订与政策调控明晰区域发展方向，致力于战略性空间的打造，之后其通过搭建融资平台，积极开展与社会资本的合作，确保各项建设顺利进行，为自身收获了可观的经济和政治利益。

资本角色

资本方的行为逻辑是寻求利益最大化和价值增值。古雷地区在发展前期前景良好，多元资本陆续进驻投资工业、地产、旅游以及消费娱乐等领域。在投资与运营过程中，与资本相契合的功能空间被不断生成，推动了空间的多元化发展。

地方角色

面对政府与资本的强势，社会面对剧烈的变化往往只是被动应对。地方社会对古雷空间演变的影响主要集中在基于个体意愿的迁居和投机行为，以及为了重塑记忆中的场所、维系集体力量的主动空间营造，这也反映出社会方具有追求个体经济理性和维护集体延续的双重运作逻辑。

概况

整体而言，政府、企业和社会通过影响资本流动，重塑着古雷的空间。作为空间演变的主要推动者，大量的增值收益被资本所攫取，社会方由于缺少足够的话语权，在利益重新分配上显得弱势，存在利益被剥夺的可能性。

政府作用下的空间再生产

前情

类似于几十年来发生的“中国式发展奇迹”，古雷地区的发展也是依赖于资本的转移与政府的“企业化”运作。石化资本在中国乃至全球都是极为重要的战略资源，台湾石化资本在台湾岛内发展受限，开始在全球市场上转移流动，试图寻找更有利于自身发展的新场所。基于地理、文化以及经济因素的考量，大陆往往成为其首选之地。而对于大陆地方政府而言，石化行业可期的巨额税收是他们所希求的。石化项目在厦门投资计划失败之后，漳州政府迅速抓住机会积极与台湾石化资本交涉，最终在激烈的竞争环境中争取到石化启动项目——PX项目，同时也借此吸引中石化、中石油预期在福建展开的投资，由此拉动了古雷地区快速工业化进程的序幕。

政府作为

在古雷地区快速工业化与城镇化的进程中，地方政府通过建立开发区和制订发展计划，主动选择主导产业，进而明确古雷地区的发展方向与思路。由于财政资源紧张，政府通过搭建融资平台的方式吸引外界工商资本进行合作，共同参与到开发建设过程中。同时，为了提升区域发展效率以及塑造地区正面印象，政府着力于核心性、战略性空间的建设，进而发挥此类空间的极化效应与品牌效应。

制订计划

政府行为首先体现在制订发展计划、确立空间再生产方向上。古雷地区由传统滨海渔村到现代石化新城的转变依赖地方政府的计划得以实施。从设立工业开发区到升格为国家级重要的临港石化产业基地，古雷地区几乎与漳州市政府从"工业立市"到"依港立市、工业强市"的转变"同频共振"。

编制规划

政府先期邀请天津大学研究编制《古雷半岛概念性发展规划》，又组织大规模招标编制《古雷新区概念性城市设计》，之后组织了多次专家讨论并在不同层次展开规划编制工作，包括《古雷石化基地发展规划》以及更为详细的《古雷石化基地控制性详细规划》等（表11-11）。在此过程中，规划专业人士成为推动空间再生产的技术性参谋，地方政府通过发展规划的制定确立了古雷地区的发展方向和空间布局，推动空间变迁的同时也进行着空间资源的再分配。

表11-11　古雷地区历年相关规划

年份	规划名称
2006	《古雷镇土地利用总体规划（2006—2020）》《杜浔镇土地利用总体规划（2006—2020）》
2008	《漳州古雷区域发展建设规划（2008—2020）》
2010	《古雷半岛概念性发展规划》《福建古雷半岛生态新城城市概念设计》《福建古雷经济开发区总体城市设计及核心区详细设计》
2011	《漳浦县杜浔（古雷港新城）综合改革试点镇总体规划（2011—2030）》 《漳州古雷石化基地发展规划（2011—2020）》
2014	《漳州古雷石化基地总体发展规划（2013—2030）》
2015	《古雷开发区总体规划（2014—2030）》
2017	《古雷石化基地控制性详细规划》

资料来源：根据相关资料整理

搭平台融资

政府行为还体现在搭建融资平台、加大基础设施建设方面。基于现行的财政体制，地方政府创设预算外收入受到的限制越来越严格，有限的财政收入难以负担大开发所需的巨额资金，再加上政府直接参与建设项目运作也受限较多，因此地方政府不得不寻求外界资本的帮助。从政府“经营城市”的视角出发，在具体项目建设上，政府往往建立融资平台，即成立城市发展投资公司，通过与市场资本合作的形式在短时期内迅速筹集资金。

融资方式

大项目落地与政策支持是古雷地区得以顺利融资的前提。发展初期，古雷开发区管委会面临“无土地、无财政”的双重困境。为此，人民银行漳浦支行介入，设立古雷港开发区乡镇级支库，为各项工作的开展建立财税基础。之后古雷开辟了“负债开发、滚动发展”的融资模式，即以财政为支撑，依靠市场运作，统贷统还。开发区管委会出资 3.5 亿元，通过控股的形式建立了“漳州市古雷公用事业发展有限公司”（图 11-26），其实质是吸引社会资本投入城镇建设的融资平台，主要承担开发区内道路、绿化、环卫等设施的建设、运营及管理任务，其下辖企业包含环卫、园林、市政、港务、运输服务等。其中政府在港口发展和燃气等子公司中持股较低，更多依赖社会资本支持。这类城投公司能有效缓解地方财力的不足，维系空间开发—收益的资金循环，提升设施供给的质量。当地政府通过对基础以及公共服务设施的投入促进当地经济增长的同时，也为自身收获政绩和经济利益。

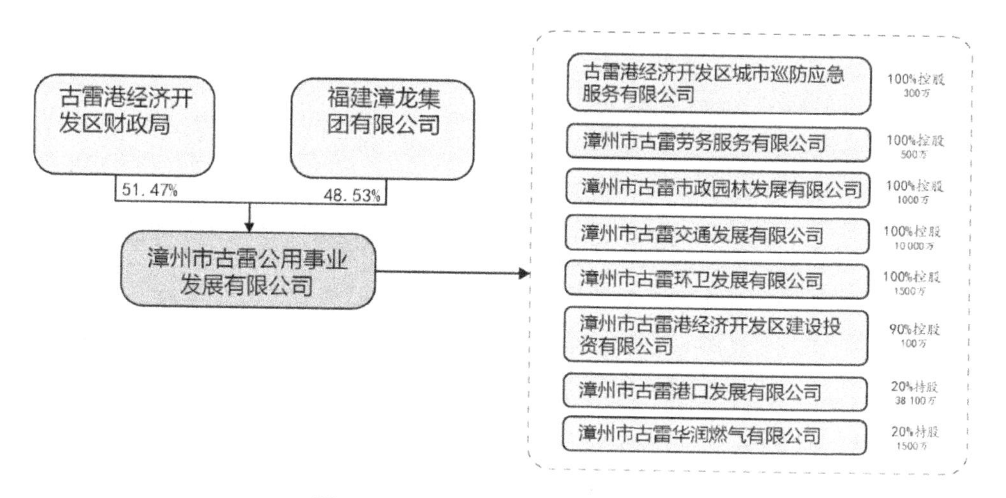

图 11-26　政府融资平台建设情况

打造战略性空间

在建设新区的过程中，政府首先汇集资源建设对区域带动性强的战略性场所，譬如显著提升交通效率的区域联系通道——沿海大通道、临港经济的核心——古雷国家级港口以及新城生活区等，这些场所具有较强的增长性与发展潜力，能成为区域发展的触媒，进而带动古雷地区的整体转变。

空间成效

短短几年间，古雷地区就实现空间上由分散到集聚、由乡村向城市风貌的转变，这一过程历时短且成效显著。政府对于古雷地区的空间再生产由土地征用与拆迁工作开始，实现了土地的国有化以及用途的更换，以便按照既定的发展计划推动地区空间重构。在工业化时代，空间的生产主要是为工业产业服务，但是在当今消费文化盛行、人们日益追求更高生活品质的背景下，政府对空间的再生产也势必与消费需求的扩张相对应。政府对古雷地区的发展定位不是单一化的工业开发区，而是功能齐全、生产与消费兼备的现代化产业新城。事实上，地方政府除了拓展工业空间，也充分利用古雷地区的自然和人文资源，发展旅游、商贸职能，积极拓展消费空间。欢乐岛特色小镇项目就是这类型的代表。作为古雷港开发建设的重要配套项目，古雷欢乐岛定位为集高尔夫、酒店、房地产、休闲、康养、娱乐于一体的旅游小镇。地方政府还积极举办地方文化节等类型的活动，通过与知名电台合作开展宣传，提升古雷地区的知名度与正面形象，消解快速变迁过程中的诸多负面影响，进而塑造古雷地区“产业兴旺、生态宜居”的品牌形象。

资本作用下的空间再生产

固定资产的投资

自 2009 年始，以石化行业为核心的各类工商资本开始介入古雷乡村地域。资本进行再生产的方式不仅着眼于工业生产规模的扩张，还关注在建成环境方面的投资，试图获取丰厚的土地增值收益。古雷的固定资产投资自 2013 年回温提升之后趋于稳定，且投资规模庞大，几乎占据漳浦县整体投资的一半份额。

石化工业的投资

古雷案例中，石化工业资本的利润主要来源于工业制造规模的生产扩张。据估计，古雷地区石化启动项目 PX、PTA（精对苯二甲酸）以及海顺德溶剂油三个项目投产后年产值就可达 500 亿元，大规模超越 2014 年整个漳浦县的工业产值 188 亿元。之后陆续签约的中石化、中石油等投资更是达到千亿规模，对整个区域的经济贡献是不可估量的。古雷工业资本投资整体经历由兴盛而停滞的发展阶段，发展初期由于建设与管理不当延长了工业项目的建设周期，引发之后工业投资的低迷与停滞。但是随着舆论平息，以及之后中石化、中石油等巨型工业资本陆续进驻，工业即将迎来新一轮的发展高潮。

石化产业的空间需求

石化产业是国民经济的重要支柱产业，能快速吸纳周边的要素发挥强大的集聚效应，包括吸引众多的关联企业前来投资建厂。但是此类项目对建成环境的需求较大，在资本进驻古雷的过程中，资本与政府在建成环境上的投入力度也是空前的，譬如运输原料的综合管廊、高效便捷的交通体系、仓储物流设施以及厂区建设等均需要大量投入。不同于其他小型资本可以随时通过寻找新型原料场地、迁移等方式获取新的生产交易网络，石化资本由于先期在建成环境上付出庞大的投资，空间流动性较弱，空间惯性强大。

在石化资本的驱动下，城镇建设的框架拉开，空间整体实现由分散向集聚、由自然向人工的转变（图 11-27），但是发展过程中也出现生态环境受到建设性破坏、用地呈现“半城镇化”过渡特征以及部分土地低效开发等问题。首先，石化基地内部历经征地拆迁与工业园区建设之后，传统聚落肌理与农业生产空间被破坏。同时，为了利于大型石化产业的发展，客货分离、方格网式的大运量交通体系、规模庞大的厂区以及大规模的生态隔离绿化带逐步建立。其次，受限于半岛用地的不足，古雷通过填海造陆的建造方式拓展工业空间，对当地的海洋生态环境造成冲击。最后，随着工业不断开发，工业的生活配套、仓储等功能开始向石化基地外部的生活区渗透，促成周边乡村空间的更新置换，石化基地北部的新城区域开始呈现工业、居住以及商业等土地混合利用的特征。

石化资本驱动空间转变

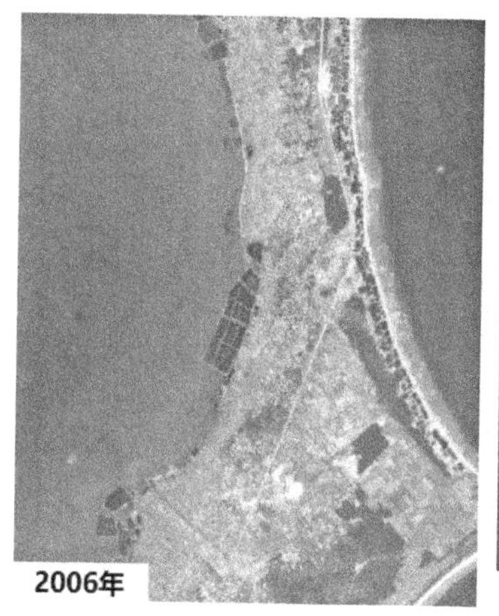

图 11-27　不同时期古雷石化基地局部卫星图

资料来源：谷歌历史卫星影像

开发初期房地产项目的投资与日俱增，这主要是由于拆迁安置与外来人口涌入衍生大量的居住需求，以漳州海滨城、钱隆滨海城的建设为典型代表。随着“新港城”住区建设的完成以及政府对新建建筑管控力度的提升，房地产投资开始减缓。其他商业资本迎合居民逐步膨胀的生活消费需求，在消费和旅游项目上的投资层出不穷，譬如欢乐岛特色小镇、新港城民俗文化园等。在两大居住片区的主要联系道路两侧，关乎居民日常生活的消费型空间包括商业广场、超市、娱乐会所等如雨后春笋般冒出，促使整体用地类型多元化。地方政府对此也提供大量的支持，寄希望于通过文化、旅游产业的建设带动古雷区域产城同步、协调发展。

房地产及其他投资

消费主义日渐盛行的背景下，乡村地域凭借其优美的生态环境与传统特色

欢乐岛项目

成为重要的资源，被资本竞相追逐。古雷“Hooray 欢乐岛旅游度假区”项目就是此类型的典型代表，其属于海顺德集团[①]旗下漳州碧海置业开发项目，入选国家 AAA 级景区，主要开发高尔夫球场、五星级度假酒店、高尔夫会所、高档住宅等。开发期约 10 年，总投资额 100 多亿元。在资本的逻辑下，空间如同商品，只有源源不断被消费才能使企业方获取财富。因为单纯的旅游开发难以诱导消费者持续的兴趣，在欢乐岛旅游项目开发中，企业利用度假地产的开发以及会员制的手段获取消费者对空间的持续性消费回馈，实现空间更高效率的利用，并为自身争取更多的收益。原本承担生活生产功能的乡村区域也开始转化成承接城市中产阶级消费的旅游景区。

地方社会的空间再生产

三方面

地方社会对当地空间演变的影响主要体现在三个方面，一是个体行为对于空间的主动影响，包含基于个体意愿的迁居以及投机行为；二是居民消费转变对空间的反馈调节；三是维系社会传统的集体性空间生产，表现在为了重塑记忆中的场所、维系集体力量的主动空间营造行为。

迁居

征地拆迁迫使原古雷居民不得不进行迁居，衍生出大量的居住空间需求。根据前文，大部分居民在补偿安置方式上选择“产权置换+资金补偿”的方式，就近迁居到新港城住宅区中。还有一小部分居民选择资金补偿迁居到周边乡镇地区或者城市地区，推动了当地居住空间的扩张。

私自建房

根据古雷地区发展规划，古雷地区的发展尚处于起步阶段，未来仍然需要较大规模的征地拆迁。当地居民目睹巨大的土地增值收益特别是古雷拆迁安置户“暴富”之后，纷纷开展私自建设行为。建筑增量一方面可以满足部分古雷移民的居住需求，另一方面也可以留待下一轮的土地拆迁。新港城周边乡村地区建设行为层出不穷，较为富裕的村集体甚至集资建设成片民房，导致古雷地区人均房产拥有量远高于县域平均水平，房地产市场充斥了投机炒作。众多违章搭盖绝大部分只是粗坯房，只完成主体工程甚至没有进行简单装修，更加表明众多的建设行为不是为了使用价值，而是为了投机炒作需要。最终政府不得不加强管制才让这场土地炒作得以减缓。但是自此经济的发展也陷入停滞，之前积累的经济泡沫终于显现，居民手握的固定资产迅速贬值。

消费引导

社会大众的消费行为与地方经济是相互关联的，消费行为会改变消费支出结构，从而刺激就业与产业结构的转变。消费与就业结构的转变对空间的扩张

---

① 北京海顺德集团是国内炼油催化剂行业的旗舰企业，该公司联合中铎国际投资有限公司等在古雷石化启动区投资 11 亿元，属于首批进驻的石化资本。

也存在激励作用。在消费市场的推动下，各类服务设施开始在新港城住区、杜浔镇区以及两者之间的主要道路两侧密集出现。商业类型也日益丰富，大型商场、专业卖场、娱乐消费场所等城市型业态开始涌现，推动了古雷地区空间的多元化发展。

集体营造

即便古雷经历整镇拆迁，原本的自然与社会环境已经不复存在，但是原住民仍然表现出对故土的眷念，尝试去重新营造原本记忆中的场所，传承乡土文化与记忆。这类为传承社会文化而进行的场所空间再造，在古雷案例中以寺庙重建为典型代表。前文曾提到在闽南传统乡村社会中，庙宇是绝大多人的情感联结所在。不仅是集体生活（例如逢年过节的节庆活动）围绕庙宇展开，平时庙宇也是人们交往沟通的场所。此外，以庙宇为纽带建构起的村民自治组织——庙宇理事会也在一定程度上维系了乡村原本的社会关系，保证乡村众多文化仪式以及互助帮扶的民风得到保存，对当地居民的精神生活产生慰藉。虽然在上一轮的征地拆迁过程中所有的庙宇已被拆毁，但原村集体人员通过集资，在政府统一划出的用地上按照“以庙建庙”的原则进行建设，最终形成了具备一定规模的庙宇群（图11-28）。社区老人闲来无事便到庙里烧香拜佛，祈求心安。也许正是这些精神上的期盼与日常生活的联结才能在生活日益窘迫的当下给予他们一定的满足感，传统的社会秩序也在这个过程中得到延续。

图 11-28　重建的庙宇群

行为主体间的互动博弈

非良性循环

古雷发展中出现的“半城镇化”以及经济波动现象实质上受制于资本的非良性循环。石化项目在开发初期受挫，严重影响了资本的投资热情与强度，引发投资疲软。政府已经将大量的财政资金投入建成环境，石化工业带来的预期税收却迟迟未能兑现，导致政府负债日益沉重，缺乏足够的财政能力去继续完善基础设施和公共服务设施，古雷地区发展陷入停滞。为了破除此局面，政府不得不极力争取中石化、中石油以及台湾石化等巨型资本的进驻，通过各种手段提升资本的投资信心，试图维持较为良性的资本循环。

强弱势对比

古雷地区空间演变的主要影响者分别是权力方（中央与地方政府）、资本方（石化工业资本相关的企业、土地利益相关的开发商、商业经营投资者）以及社会方（当地居民和村集体）。纵观整个乡村演变过程，政府与资本属于强势的一方，社会方整体偏于弱势。利益博弈过程中，资本逐步侵蚀社会，社会处于被动之中，而政府既有促进公平的举措，也在某种程度上与资本合作侵占社会群体的利益。

权力与资本主导

总体而言，古雷地区从传统乡村向开发区角色转变，很大程度是权力与资本力量主导下的结果。政府出于发展地方经济以及谋求自身政治利益的动机，通过发展规划以及政策调控等手段明晰区域发展路径。但无论是先期的投入还是后期的税收，政府在很大程度上都要仰赖资本。政府的让步导致资本在新一轮的利益分配上占尽优势，获得了更多话语权。把持核心竞争力的资本更是通过在不同地方政府间游离获取更好的谈判优势，迫使政府不得不通过一系列承诺、优惠政策（诸如更好的区位条件、土地出让条件与开发强度等等）才能留下资本。当资本进入后，也可能以退出作为威胁，迫使政府保持合作的姿态。为了保证政企联盟的利益，经常以牺牲社会利益为代价。而且随着征地拆迁与安置过程的进行，传统的乡村集体关系逐步解体，社区凝聚力减弱，以至于一旦发生利益冲突，缺乏话语权和自治能力的社会与政府博弈显得更加力不从心。

政府与社会的博弈

政府具备强制性力量，政府既有围绕政绩的利益诉求，也希望这一切能够建立在稳定、和谐的基础上。但是乡村的快速城镇化进程是一个矛盾频发的区域，尤其体现在征地环节，更是利益博弈最激烈的环节。政府为了推进开发，经常得通过各种方式实现对土地的征收，而农民抓住政府渴求土地的心理，往往漫天要价，寄希望于在这个过程中暴富。同时随着拆迁建设持续进行，也会刺激周边村民的欲望，周边居民纷纷开展私宅加建、加盖等违章建设行为，试图获取更多的补偿款，政府在这个时候不得不采取更加严格的控制手段去制止这类行为的发生。总之，在这个空间交易的过程中，充斥着过多的纠纷。政府始终面临发展与稳定的矛盾。

资本与社会的博弈

资本提升了社会生产力，带动了区域经济发展，提高了社会生活水平，这一切都可以用经济成效来衡量。资本下乡一旦遭遇社会频繁的抵制与抗议行为，将会给资本增添过多的协调成本。出于自身利益最大化的考量，资本下乡往往采用与社会方合作的形式，譬如“公司+农户”“公司+合作社”等。部分资本甚至选择嵌入乡村社会中，通过投资、参与乡村公共事业成为乡村社会的一员，真正实现与乡村的协同发展。但是资本对社会的消极影响也是随处可见的。在资本的逻辑下，逐利是资本的天性，企业方总是不断追求利益，其力量深入乡村的方方面面。面对强势的外部资本，社会多处于弱势的一方，很大程度上只能被迫防御。资本带来的新型经济体系导致传统乡村半自然的经济开始解体，人与人之间的关系也由于市场力量的介入开始变化，以上一系列行为逐步分化、削弱了社会方力量。

资本与地方结合的古雷教训

概况

包含石化资本在内的众多工商资本进驻为古雷地区跨越式发展提供了充足的动力，对区域经济整体提升以及城镇化建设有巨大贡献。在强有力的资本以及政府介入下，区域经济在短时间内实现增长，各类基础设施的建设以及社会公共服务产品的供给逐步完善，居民生活更加便利。但是在这个过程中，由于缺乏对资本的有效干预与限制，再加上石化工业本身的局限性，衍生出传统文化消逝、就业困难、社会秩序紊乱以及环境污染等众多问题，这些“城镇化危机”日益威胁着古雷居民以及社会的可持续发展。

石化项目建设引发的产城失调

双重的产城分离

石化企业规模往往较为庞大，厂区建设需要大片的用地，再考虑到石化项目本身具有较大的环境风险，因而其选址大多位于远离中心城区的乡村地域，且与周边人口密集地保持一定距离。基于上述特点，石化项目所在地容易演化成双重“产城分离”的空间布局（图 11–29），不仅园区与中心城市相隔甚远，跟邻近新城（经常与石化园区相距数千米）也显著分离。

图 11–29 古雷地区产城分离模式

就业带动弱

在石化资本驱动的古雷地区演变中，石化企业本身具备优秀的经营与管理理念、拥有较为充足的资金支持，能在短期内迅速发展。但是由于石化属于资金与技术密集型产业，能够吸纳的劳动力有限，当地民众因受教育水平较低，也较少能够参与其中，导致石化产业难以产生地方根植性。工业收益没能跟当地居民的利益有效结合，工业园区经济发展迅猛，但周边乡镇的经济仍较为薄弱。

损益不均

新城空间环境虽然依赖大量财政投入能短期建成，但新城的功能和内涵需要长时间的累积才能成长。随着“粗暴”的整镇拆迁、集中安置等措施，快速“造城”运动与历史文脉割裂，不仅传统的空间肌理与环境场所不复存在，基于亲缘、地缘关系形成的社会结构也濒临崩解，原本稳态的模式被打破，衍生出众多的社会矛盾。少数资本者攫取了大量的资本增值收益，生产过程中的环境安全代价却主要由当地民众买单，大部分当地居民俨然成为“造城”背后的受害者而非得益者。

资本增值驱动引发的空间失衡

创造性破坏

古雷快速城镇化进程存在着空间的大规模生产，大量作为传统文化载体的乡村被夷为平地，社会文化和自然环境也被裹挟到资本逻辑主导下的“创造性破坏”之中。譬如资本以开发人文或者自然景观的名义进行融资建设，打造出各种异化的“公园”或“文化品牌”。工业生产过程对当地的生态环境造成不同程度的侵害，尤其是石化这种具备污染性的工业项目，从古雷 PX 项目的两次爆炸、生产初期源源不断排放的废气可见一斑。

短期与长期效应

资本由于其逐利的特性，关注自身利益的最大化，往往忽视在快速建设背后巨额的环境保护成本。在发展初期，开发区各种优惠政策形成巨大的拉力效应，吸引众多资本进驻，助推空间的外延式扩张。后续发展过程中，众多工商资本可能会面临利润空间减少、生产力下降等危机，进而转移到其他区域，但是已造成的生态危机以及异化的建成环境却需要由当地社会长期承担，势必得经历长时间的适应性调整。

现代文化冲击引发的精神异化

巨大冲击

外来资本加剧了现代文化对乡村的冲击，传统的乡村秩序正濒临瓦解，新型的社会秩序又还未建立起来。居民面临生活方式的巨变和未来就业生计的艰难考验，内心充满矛盾。加上利益再分配的不均，少数人获取的短期利益建立在大多数原住民长期利益被改变的基础上，加剧了社会空间的分异以及社会的不稳定。

寄生还是新生

拆迁安置初期乡镇居民大多处于待业的境况，空暇时间充足。一个更广阔的世界在每个人面前展开，本地与外界的沟通大大加强，似乎孕育着无穷的机会，但茫然四顾后能积极开拓、创业创新的原住民并不多见。群众虽然手握高额的补偿款，但是缺乏良性的投资和消费渠道加以引导，“大发横财”“不劳而获”的心理普遍存在，导致资金非良性使用以及外流。由于缺乏相关社会文化设施以及精神文化活动，灰色娱乐以及越轨行为频频出现。诸如私人坐庄放贷、赌博、会所奢侈消费等灰色经济泛滥，成为当地居民重要的生活方式。

本章小结

古雷是个异常鲜活的案例，展示了在一个历史时期内资本进入及施展影响的完整过程。资本对古雷的重塑是比较彻底的，古雷不复为乡村地区。虽然在空间形态上和其他社会属性上，依然有过渡性的特征，但总体上，古雷已经朝着城镇化方向不可逆地前行了。在既有的明确选择下，依然有很多经验可以汲取，依然有很多方面值得思考。

参考文献

[1] 赫尔南多·德·索托. 资本的秘密[M]. 于海生,译. 北京:华夏出版社,2017.

[2] 大卫·哈维. 资本的限度[M]. 张寅,译. 北京:中信出版集团,2017.

[3] 杨宇振. 资本空间化:资本积累、城镇化与空间生产[M]. 南京:东南大学出版社,2016.

[4] 尼尔·博任纳. 新国家空间:城市治理与国家形态的尺度重构[M]. 王晓阳,译. 南京:江苏凤凰教育出版社,2020.

[5] Lefebvre H. The Production of Space[M]. Oxford: Blackwell,1991.

[6] 列斐伏尔. 空间与政治[M]. 2版. 李春,译. 上海:上海人民出版社,2015.

[7] 夏铸九. 窥见魔鬼的容颜[M]. 台北:唐山出版社,2015.

[8] 熊彼特. 经济发展理论[M]. 何畏,易家详,张军扩,等译. 北京:商务印书馆,1990.

[9] 大卫·哈维. 新帝国主义[M]. 初立忠,沈晓雷,译. 北京:社会科学文献出版社,2009.

[10] 潘佼佼. 都市中产阶级对乡村空间的想象与改造[J]. 文化纵横,2016(6):98-103.

[11] 霍华德. 明日的田园城市[M]. 金经元,译. 北京:商务印书馆,2010.

[12] 赵晨. 超越线性转型的乡村复兴:高淳武家嘴村和大山村的比较研究[D]. 南京:南京大学,2014.

[13] Holmes J. Impulses towards a multifunctional transition in rural Australia: Gaps in the research agenda[J]. Journal of Rural Studies,2006,22(2):142-160.

[14]《中国农业功能区划研究》项目组. 中国农业功能区划研究[M]. 北京:中国农业出版社,2011.

[15] 王瑞璠,王鹏飞. 后生产主义下消费农村的理论和实践[J]. 首都师范大学学报(自然科学版),2017,38(1):91-97.

[16] 卡尔·波兰尼,大转型:我们时代的政治与经济起源[M]. 冯钢,刘阳,译. 杭州:浙江人民出版社,2007

[17] 杨振之. 论"原乡规划"及其乡村规划思想[J]. 城市发展研究,2011,18(10):14-18.

[18] 大卫·哈维. 新自由主义简史[M]. 王钦,译. 上海:上海译文出版社,2016.

[19] 大卫·哈维. 资本的空间:批判地理学刍论[M]. 王志弘,王玥民,译. 台北:群学出版有限公司,2010.

[20] 亨利·列斐伏尔. 都市革命[M]. 刘怀玉,张笑夷,郑劲超,译. 北京:首都师范大学出版社,2018.

[21] 包亚明. 现代性与空间的生产[M]. 上海:上海教育出版社,2003.
[22] Harvey D. Social justice and the city [M]. Baltimore: Johns Hopkins University Press, 1973.
[23] 亨利・乔治. 进步与贫困[M]. 吴良健,王翼龙,译. 北京:商务印书馆,2010.
[24] 何晓星,王守军. 论中国土地资本化中的利益分配问题[J]. 上海交通大学学报(哲学社会科学版),2004(4):11-16.
[25] 张海鹏,逄锦聚. 中国土地资本化的政治经济学分析[J]. 政治经济学评论,2016,7(6):3-24.
[26] 陈柏峰,孙明扬. 资本下乡规模经营中的农民土地权益保障[J]. 湖北民族学院学报(哲学社会科学版),2019(3):42-50.
[27] 王东,王勇,李广斌. 功能与形式视角下的乡村公共空间演变及其特征研究[J]. 国际城市规划,2013,28(2):57-63.
[28] 尹立杰,尹苗苗. 基于游客感知的南京江宁乡村旅游服务质量提升研究[J]. 安徽农业科学,2020,48(24):127-129.
[29] 尹立杰,倪月犁. 基于旅游动机的乡村旅游发展对策研究:以南京市江宁区乡村旅游区为例[J]. 现代农业科技,2020,(4):232-234.
[30] 李荣丽,花玲. 基于新媒体视角的乡村旅游营销策略分析:以南京市江宁区"五朵金花"为例[J]. 市场周刊,2020,33(12):71-73.
[31] 周思悦,申明锐,罗震东. 路径依赖与多重锁定下的乡村建设解析[J]. 经济地理,2019,39(6):183-190.
[32] 约翰・弗里德曼,戈岳. 生活空间与经济空间:区域发展的矛盾[J]. 国外城市规划,2005,(5):5-10.
[33] 张诚. 城市化进程中乡村公共空间的流变与重构[J]. 城市发展研究,2021,28(10):58-64.
[34] 特兰西克. 寻找失落空间:城市设计的理论[M]. 朱子瑜,等译. 北京:中国建筑工业出版社,2008.
[35] Newman G, Gu D, Kim J H, et al. Elasticity and urban vacancy: A longitudinal comparison of U. S. cities[J]. Cities, 2016(58):143-151.
[36] Jones H. Exploring the creative possibilities of awkward space in the city[J]. Landscape and Urban Planning,2007,83(1):70-76.
[37] 李宁,陈利根,龙开胜. 农村宅基地产权制度研究:不完全产权与主体行为关系的分析视角[J]. 公共管理学报,2014,11(1):39-54.
[38] 付兆刚,许抄军,杨少文. 新制度经济学视阈下农地改革与乡村振兴战略互动研究[J]. 农业经济与管理,2020(5):16-28.
[39] 刘湖北,刘玉洋. 集体经营性建设用地制度:改革逻辑与未来走向:基于不完全产权-租值耗散的理论分析[J]. 南昌大学学报(人文社会科学版),2020,51(6):50-60.
[40] 赫勒. 困局经济学[M]. 闾佳,译. 北京:机械工业出版社,2009.

[41] 栾晓帆,陶然. 超越“反公地困局”:城市更新中的机制设计与规划应对[J]. 城市规划,2019,43(10):37-42.

[42] 大卫·哈维. 资本的城市化:资本主义城市化的历史与理论研究[M]. 董慧,译. 苏州:苏州大学出版社,2017.

[43] 大卫·哈维. 资本社会的17个矛盾[M]. 许瑞宋,译. 北京:中信出版社,2016:157-178.

[44] 张天泽. 基于多层级政府行为逻辑的乡村治理机制研究:以南京江宁区杨柳村、黄龙岘村为例[D]. 南京:南京大学,2019.

[45] 高舒琦. 如何应对物业空置、废弃与止赎:美国土地银行的经验解析[J]. 城市规划,2017,41(7):101-110.

[46] 谭永忠,姜舒寒,吴次芳. 闲置土地的处置难点与治理路径[J]. 中国土地,2016(02):5-8.

[47] 孙学亮,王熙芳. 法学视角下闲置土地的政府干预和市场化策略[J]. 北京工业大学学报(社会科学版),2008(3):57-61.

[48] 高舒琦. 收缩城市研究综述[J]. 城市规划学刊,2015(3):44-49.

[49] 陈铭,亢德芝,伍超,等. 村庄闲置空间规划中的“庭院经济”策略[J]. 规划师,2014,30(6):106-110.

[50] 夏铸九,徐进钰. 台湾的石化工业与地域性比较研究[J],台湾社会研究季刊,1997(26):129-166.

[51] 温锋华,刘宇香. 国家宏观战略驱动下的新区发展路径探讨:以漳州古雷半岛新区为例[J]. 规划师,2012,28(3):50-54.

附录Ⅰ：
已发表的相关论文

（1）王海卉：乡村土地资本化的理论借鉴与实践效应研究，规划师，2021。

（2）林筠茹，王海卉：资本关联的乡村空间闲置现象、机制及应对——以南京乡村地区为例，城市 环境 设计（学术），2023。

（3）王璇，王海卉：资本驱动大都市边缘乡村转型的多元模式及影响——基于南京周边三个典型乡村的比较，中国城市规划年会，2018。

（4）张江萍，王璇：资本驱动下南京周边乡村空间变化探析，中国城市规划年会，2019。

（5）苏奕宇，王海卉：资本驱动下的古雷乡村地区快速“造城”研究，中国城市规划年会，2020/2021。

（6）林筠茹，王海卉，李文艳：资本逻辑下的乡村空间闲置现象辨析——基于大卫哈维空间理论视角，中国城市规划年会，2020/2021。

（7）李文艳，王海卉，林筠茹：新土地蛋糕如何切分？——农村集体经营性建设用地入市增值收益辨析，中国城市规划年会，2020/2021。

（8）李文艳，王海卉：我国乡村公共交往空间的演变特征及其驱动机制辨析，中国城市规划年会，2020/2021。

（9）林筠茹，王海卉，李文艳：资本介入下乡村闲置空间产生的逻辑解析——基于南京朱门农家的观察，中国城市规划年会，2022/2023。

（10）李文艳，王海卉，林筠茹：交往行为视角下乡村公共空间的要素分析与评价——基于南京的三个村庄案例，中国城市规划年会，2022/2023。

（11）李创创，王海卉：乡村振兴背景下农户资产处置行为差异研究，中国城市规划年会，2022/2023。

附录Ⅱ：
南京乡村案例编号及图示

编号	案例名称	涉及板块	案例基本情况（主要特征/主导功能+具体投资主体）
JN	**江宁区**		
JN1	苏家龙山文创小镇		以旅游为主题，以文化创意产业为核心的特色乡村旅游发展区
		乡伴苏家	2016年由“乡伴东方”企业团队投资3亿建设。将其打造为以民宿集群为主体，集田园活动、乡村文创、自然教育为核心的现代乡村生活示范片区
		观音殿	入选江苏首批省级特色田园乡村，以秣陵街道为投资主体，建设非物质文化遗产性乡村市集和特色食文化乡村
		龙乡双范	由江宁交建集团投资，江宁美丽乡村集团（交建集团子公司）在2017年新打造的一个集生态休闲旅游、特色文化体验、中医健康养生等为一体的金陵高品位民宿集群、乡村艺术街区和文艺慢活聚落
		三合老茶场	由南京江宁经济技术开发区投资打造，拟投资5亿元人民币
		漕塘村	由华新（南京）置业开发有限公司投资打造，拟投资5亿元人民币，建设野奢酒店、精品酒店、匠人艺术文化村等
		世界生态谷	拟由台企中鑫国际集团投资1亿美元开发，在园区建设生态农业示范区、绿野仙境动物园、高端老人养生会馆三大功能片区
JN2	徐家院		由谷里街道投资打造，以“渔耕樵读”为主题，以乡土观光、乡野休闲、乡俗体验、乡居度假为一体的特色农业型田园乡村，入选江苏首批省级特色田园乡村
JN3	黄龙岘		南京市特色茶文化休闲旅游“第一村”，以茶、禅文化为内涵，以“茶产业”为主导，融品茶休憩、茶道、茶艺、茶俗为一体的乡村特色旅游地。江宁交建集团和政府合作投资建设，其中以交建集团投资为主

续表

编号	案例名称	涉及板块	案例基本情况（主要特征/主导功能+具体投资主体）
JN4	大塘金	大塘金村	建设以街道投资为主，区内有不少合作主体，如南京大塘金农业旅游开发有限公司、上海交大植物研究所等，拟引入创客群体、特色酒店、艺术家、设计团队、创意机构等。
		婚庆小镇	建设以社会企业投资为主，是南京市特色婚庆创意文化与生活服务小镇。依托薰衣草种植，植入婚庆文化，建设集婚庆摄影、婚庆旅游、婚庆休闲度假于一体的特色婚庆文化产业集聚区
JN5	溪田		南京唯一国家级田园综合体试点项目，位于江宁美丽乡村生态环线南延线，由溪田农业板块和七仙大福村板块两大板块构成，田园综合体内分布朱高村、陶高村、下泗陇村等7个自然乡村和吴峰新社区
		溪田农业	由江宁交通建设集团、江宁旅游产业集团联合江宁区横溪街道共同出资打造，集生态农业、农村建设、休闲旅游、地域文化为一体的发展区域
		七仙大福村	由民营企业江苏金东城集团投资建设，总投资达5亿元，以传统手工业为主要特色，逐步引入休闲养生功能
JN6	石塘	石塘竹海	南京都市圈近郊集观光、度假、旅游接待、休闲农业、民俗文化（豆文化）与交流于一体的乡村旅游地，由江宁区政府与南京科赛投资建设，对石塘竹海投资近亿元用于道路、景区建设及景点开发上
		石塘人家	原后石塘村，政府出资打造的旅游乡村，以村民经营的农家乐集群为主导产业，江宁“五朵金花”旅游乡村之一
		前石塘村	为江苏省第一批传统村落之一，位于石塘人家之南，是石塘竹海景区以农家乐个体经营为主的村子
JN7	云水涧		由江宁交建集团投资建设，集不同主题民宿业态、餐饮、会议、休闲、文化展示于一体的休闲农业旅游度假景区
JN8	朱门农家		江宁“五朵金花”旅游乡村之一，以农家乐集群为主，主要提供农家餐饮、住宿、茶艺服务，由政府出资打造
JN9	公塘头		公塘头民宿位于江宁区谷里街道公塘社区，是江宁商务商贸集团打造的集餐饮、住宿、会议和娱乐于一体的精品特色主题民宿，也是南京首个乡村趣味休闲运动体验村
JN10	钱家渡		江宁美丽乡村中部示范区核心启动区，以湖熟为重点，涉及和平、新农、尚桥等5个社区，建设成为展现“悠然水乡、农渔天堂”的江南水乡田园型乡村。由江宁交建集团、旅游产业集团投资，田园水韵公司打造

续表

编号	案例名称	涉及板块	案例基本情况（主要特征/主导功能+具体投资主体）
JN11	杨柳村		国家级历史文化名村，杨柳村古建筑群，是南京地区民用建筑中历史最久、面积最大、保存最完整的住宅建筑群。2007 年，江宁区依托民居古建筑群开发杨柳湖文化风景区，对杨柳村的古建筑群进行了整体保护与修缮
PK	**浦口区**		
PK1	水墨大埝		以“水墨骑行，乐动大埝”为主题，借助2014 年南京青奥会自行车比赛场地的优势，着力打造集自行车文化体验、户外休闲运动、乡村旅游度假于一体的美丽乡村生态旅游区。由浦口城建集团投资建设、集团下设子公司运营管理
PK2	西埂莲乡		以莲藕种植为支撑，以“荷文化”为平台，集休闲观光、农事体验、农家餐饮、农产品深加工于一体的农业乡村游基地。由浦口交建集团投资建设、集团下设子公司运营管理
PK3	楚韵花香		由南京汤泉温泉旅游开发有限公司投资，打造以自然景观和乡村休闲为特色、楚韵文化与自然村落互相交融的原生态美丽乡村。引进了民宿品牌杭州隐居集团进行经营，小隐汤泉花海酒店将打造成为承载景区三大特色文化主题的集大成的生活空间，成为融合中高端温泉休闲度假、四季花海景观度假、楚韵古色静心文旅度假等的综合性旅游度假目的地
PK4	不老村		以各式主题民宿客栈为主，集吃、宿、游、购、娱为一体的度假社交空间。由村集体、街道和社区合资成立新的公司进行投资建设，引入第三方企业（一德公司）负责运营，并引入多家个体商户经营
PK5	雨发生态园		由民营企业雨发集团投资建设的集科技创新、科技培训、科普教育、旅游观光等多种功能于一体的现代综合农业产业园
LH	**六合区**		
LH1	六合区现代农业产业园		省级农业高新技术产业示范区，以高效园艺（绿色蔬菜、应时鲜果）为主导，农产品加工为提升，循环农业与休闲农业为特色的现代农业园区，也是农旅结合、农牧结合、农科教融合等多业态复合的农村产业融合样板区
LH2	巴布洛生态谷		集休闲娱乐、旅游观光和绿色生态食品于一体的现代化智慧农业综合体，由江苏永鸿集团投资建设，其拆迁安置区为金磁社区
LH3	枫彩漫城		四季彩色生态观光旅游休闲度假景区综合体，集生态观光旅游、休闲度假、游乐购物、养生养老等多功能于一体的生态景区综合体。由苏州枫彩集团投资、规划、建设、运营
LH4	大泉人家		六合茉莉村之一，邻近枫彩漫城景区，以农家乐服务为主，村民搬迁至镇区安置

续表

编号	案例名称	涉及板块	案例基本情况（主要特征/主导功能+具体投资主体）
LS	**溧水区**		
LS1	白马国家农业科技园区		科技园区创立于2009年，2010年被科技部批准为国家农业科技园区，2019年升级为国家级农业高新技术产业示范区。园区内南林大、南农大、省农科院等七家知名涉农高校和科研院所相继入驻，众多科研平台也纷纷落户。园区以农业高新技术产业为主导，注重第一、二、三产业融合发展，重点发展生物农业、农业智能装备、农业科技服务业、全域旅游业四类产业
LS2	李巷		省级特色田园乡村、红色教育基地、乡村旅游基地，李巷乡村营建由政府财政和溧水商旅集团出资，产业发展借助万科平台的资源，打造蓝莓黑莓品牌，发展互联农业
LS3	石山下		由晶桥镇政府和溧水商旅集团主导，青果文化公司参与，打造以乡村度假、文化产业主导的文创主题休憩村落
GC	**高淳区**		
GC1	高淳国际慢城	大山村	农家乐集聚区，由政府扶持，村民借助慢城开发契机自发开办的民俗村
		石墙围	农家乐集聚区，村民自发开办，社会企业投资建设影视别墅基地（后废弃）
		慢城小镇	由国资平台慢城集团投资建设的文创艺术小镇（后空置）
		归来兮庄园	由江苏归来兮生态农业开发有限公司投资建设，其中有机农场专门从事蔬菜、果树、粮食作物和花卉的有机种植以及各种畜禽水产的有机养殖
		小芮家	原住居民就近搬迁至大山村，慢城集团投资在此建设的精品民宿村
GC2	垄上		江苏省第一批特色田园乡村，着力打造茶慢文艺村。以村集体经济组织控股领办、以土地承包经营权作价入股、以全村农户为合作社成员，开展闲置宅基地、农村空关房的收储租赁。将13幢闲置农房出租给南京漫耕投资管理有限公司经营茶文创产业、乡村民宿等项目
GC3	漆桥		国家级历史文化名村，政府对老街保护和开发有大量投入。拟挖掘美食文化和当地特色文化，并以此为主题内涵，具体布局农耕文化体验园、精品民宿、精品酒店、孔子文化中心、古商业街等项目，计划打造集古村体验、亲子研学、休闲美食于一体的乡村休闲旅游综合体

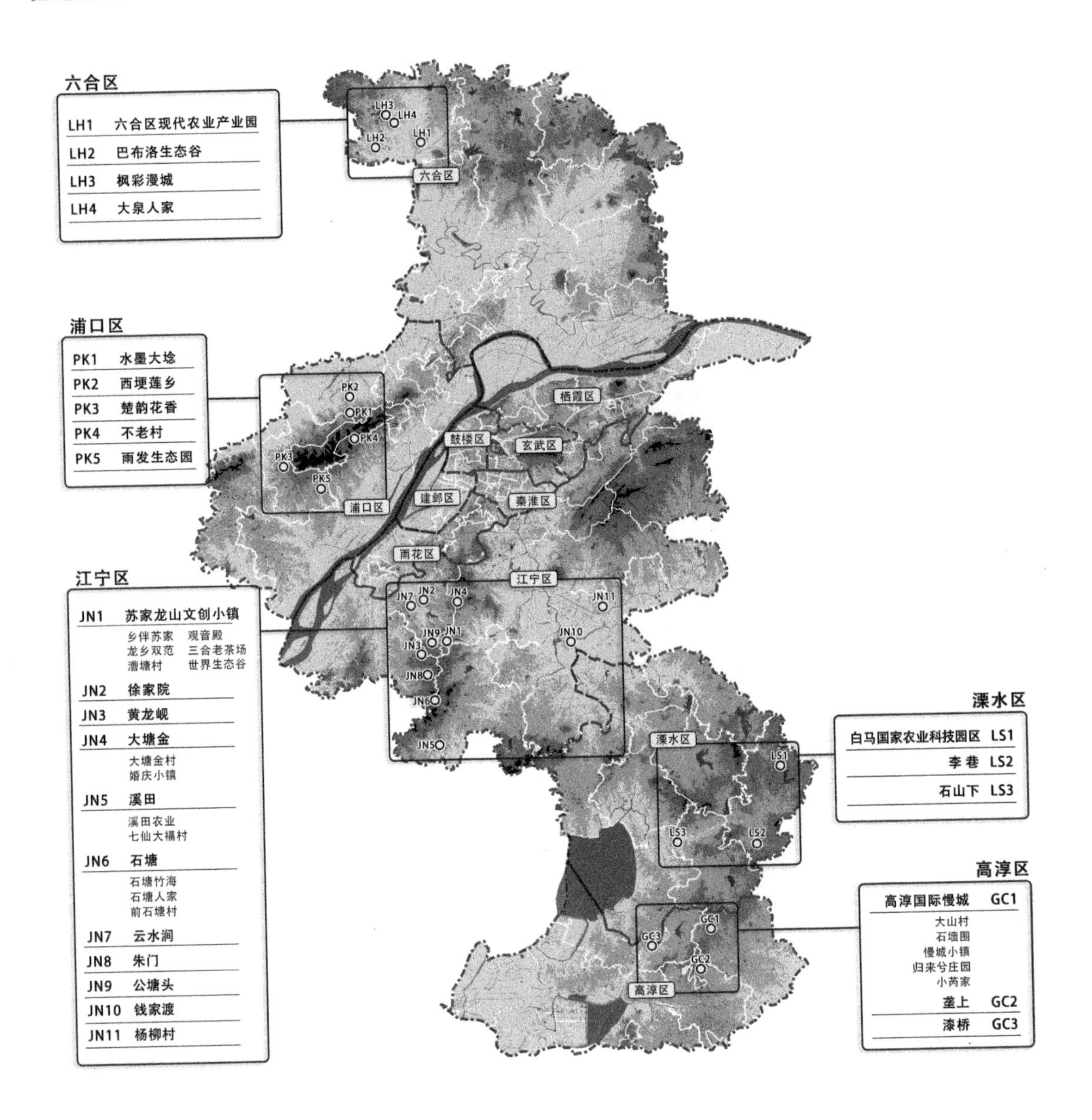
六合区
LH1 六合区现代农业产业园
LH2 巴布洛生态谷
LH3 枫彩漫城
LH4 大泉人家
浦口区
PK1 水墨大埝
PK2 西埂莲乡
PK3 楚韵花香
PK4 不老村
PK5 雨发生态园
江宁区
JN1 苏家龙山文创小镇
乡伴苏家 观音殿
龙乡双范 三合老茶场
漕塘村 世界生态谷
JN2 徐家院
JN3 黄龙岘
JN4 大塘金
大塘金村
婚庆小镇
JN5 溪田
溪田农业
七仙大福村
JN6 石塘
石塘竹海
石塘人家
前石塘村
JN7 云水涧
JN8 朱门
JN9 公塘头
JN10 钱家渡
JN11 杨柳村
溧水区
白马国家农业科技园区 LS1
李巷 LS2
石山下 LS3
高淳区
高淳国际慢城 GC1
大山村
石墙围
慢城小镇
归来兮庄园
小芮家
垄上 GC2
漆桥 GC3
六合区
浦口区
栖霞区
鼓楼区
玄武区
建邺区
秦淮区
雨花区
江宁区
溧水区
高淳区

附录Ⅲ：
南京乡村公共空间调查问卷

【基本信息】

1. 性别　□男　□女
2. 身份　□原住村民　□新村民（外来商户、外来工作人员）
3. 年龄　□18岁以下　□18~40岁　□41~65岁　□65岁以上
4. 教育水平　□小学及以下　□初中　□高中　□专科　□本科　□硕士及以上
5. 居住时长　□不到半年　□半年到2年　□2年到5年　□5年到10年　□10年以上
6. 主要收入来源（多选，最多三项）

□小农生产经营收入　□农业大户经营性收入　□在乡从事农业雇工工资性收入　□在村从事非农经营收入（民宿、农家乐、零售等）

□外出务工收入　□集体经济分红收入

□租赁、流转、变卖财产收入（宅基地、房屋、田地等）

□其他____________

※农业大户指种养面积50亩以上或年销售收入10万元以上的农业户

表Ⅲ-1　村民满意度调查

发展乡村旅游以来，您对村庄发展各方面的满意度如何？（5分表示非常满意、4分表示比较满意、3分表示一般满意、2分表示不太满意、1分表示非常不满意，打√即可）

评价项		分值				
		5	4	3	2	1
治理	村务处理（效率）					
	制度（公正）					
	自主权（权力）					

续表

评价项		分值				
		5	4	3	2	1
经济	收入					
	就业（机会）					
文化	凝聚力					
	归属感					
生活	便捷性（生活、交通）					
	安全性（居住、交通）					
	舒适性（轻松、享受）					
	邻里关系（融洽、互助）					
	公共服务（教育、医疗）					
生态	景观环境（绿化、水系）					
	绿色健康（空气、水源）					

【交往与相处】

1. 您对于目前村庄旅游建设的看法是__________；对于大量外来人员涌入，您的看法是__________。

2. 发展乡村旅游以来，您与本村邻舍的相处和关系有哪些变化？□更疏远 □更亲近 □其他__________。

3. 您在日常更愿意与 □ 本地人 □ 外来人相处，为什么？__________。

4. 您与外来人员相处中一般谁比较主动？________，为什么？__________，交流障碍是什么？__________。

5. 您与相处过的游客一般保持什么联系？________________。

6. 您知道的或参与过的与村民、游客、企业、村委等其他人群交往的公共平台有哪些？

□游客服务中心 □村民大会 □合作社 □协会 □其他________

7. 您乐意以何种方式参与乡村空间的建设？

A. 乐意出资、出力 B. 有偿修建、管理、维护 C. 监督 D. 不愿参与

表Ⅲ-2　公共空间与公共活动调查

您去过的公共空间（多选）	使用频率 a. 每天 b. 每周 c. 偶尔 d. 几乎不去	活动内容（多选）
传统公共空间		
公用空间 □村委会 □党群中心 □村民活动中心	a　b　c　d	□村民大会 □闲坐 □聊天 □下棋/打牌 □______
宗祠空间 □宗祠、寺庙等精神信仰空间	a　b　c　d	□祭拜 □休闲散步 □______
滨水空间 □水塘边	a　b　c　d	□闲坐/乘凉/晒太阳 □散步健身 □观光赏景 □路过 □聊天 □洗衣洗菜 □民俗节庆活动 □______
街巷空间 □路边	a　b　c　d	□闲坐/乘凉/晒太阳 □散步健身 □观光赏景 □路过 □跳广场舞 □聊天 □下棋/打牌 □红白喜事 □民俗节庆活动 □集会/庙会 □售卖农产品 □自己消费购物 □______
广场空间 □广场 □空旷场地	a　b　c　d	□闲坐/乘凉/晒太阳 □散步健身 □观光赏景 □路过 □跳广场舞 □聊天 □下棋/打牌 □红白喜事 □民俗节庆活动 □集会/庙会 □看戏/看电影/看演出 □售卖农产品 □自己消费购物 □______
其他传统公共空间 □大树下 □邻间宅旁 □水井 □亭子……	a　b　c　d	□闲坐/乘凉/晒太阳 □散步健身 □聊天 □下棋/打牌 □红白喜事 □晒谷 □______
新型公共空间		
□游客服务中心	a　b　c　d	□闲坐 □阅读 □______
□艺术家工作室	a　b　c　d	□参观 □聊天 □消费 □______
□博物馆、展示馆	a　b　c　d	□参观 □路过 □______
□教学基地	a　b　c　d	□参观 □参加活动 □路过 □______
□花海农田景观	a　b　c　d	□观光赏景 □散步健身 □路过 □______

续表

您去过的公共空间 （多选）	使用频率 a. 每天 b. 每周 c. 偶尔 d. 几乎不去	活动内容 （多选）
□ 消费性公共空间（咖啡馆、茶馆等）	a b c d	□参观 □聊天 □消费 □________
□公厕	a b c d	□使用 □路过 □________
□停车场	a b c d	□路过 □停车 □________
其他新增公共空间		
1	a b c d	
2	a b c d	
3	a b c d	

您对本村公共空间的建设与治理的提升有哪些建议？________________

您希望村内增添什么公共空间或公共设施？□儿童游乐场地 □老年活动中心 □健身场地 □________________________________

附录Ⅳ：
乡村公共空间认知底图

【意象地图】

请快速画出所在村落整体的草图。图示为线状（主要道路、商业街等）、片区（农田、居民区、商业区、民宿区等）、节点/标志（入口、广场、游客中心）、边界（道路、水系、山体）。

请画出一条您平时的活动路线图，标注停留的公共场所、逗留时间及活动内容。（标注主要活动空间，了解村民日常生产生活与公共空间的互动关系。）

【情感地图】

在本村还没有发生大转变之前，在您的记忆中曾在本村哪些公共场所发生了哪些令您印象深刻的事件？（为了解转变之前的集体记忆空间，并与转变后的公共活动空间做对比，预设在公共空间位置、公共活动类型、村民参与方式等方面发现一些变化的规律。）

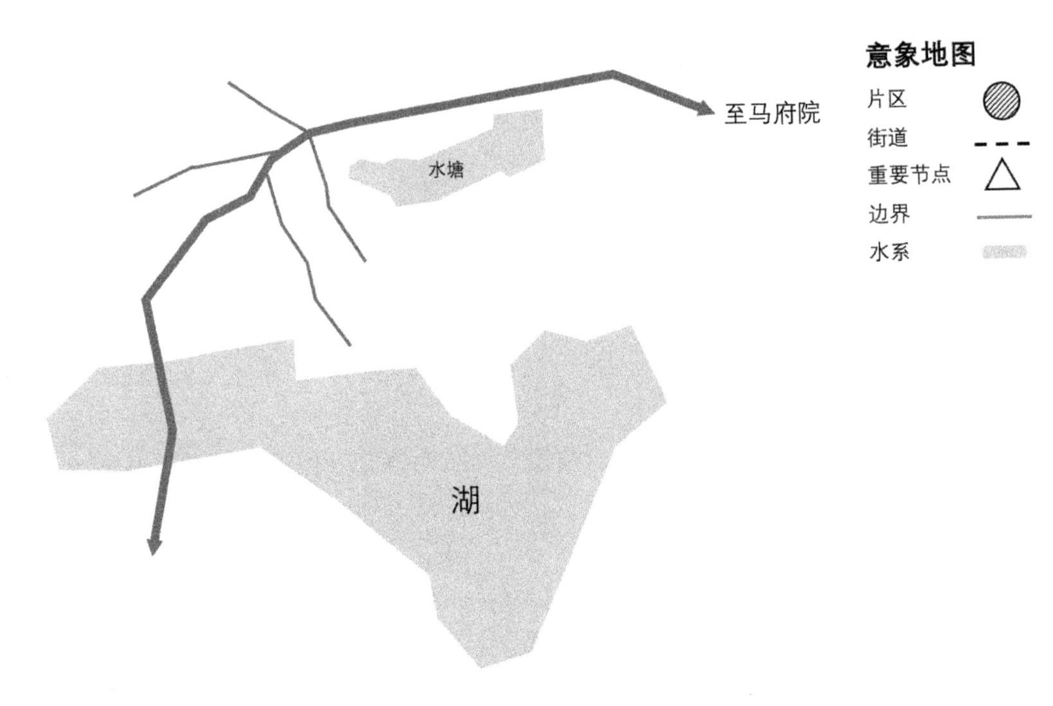

图Ⅳ-1　徐家院意象地图底图

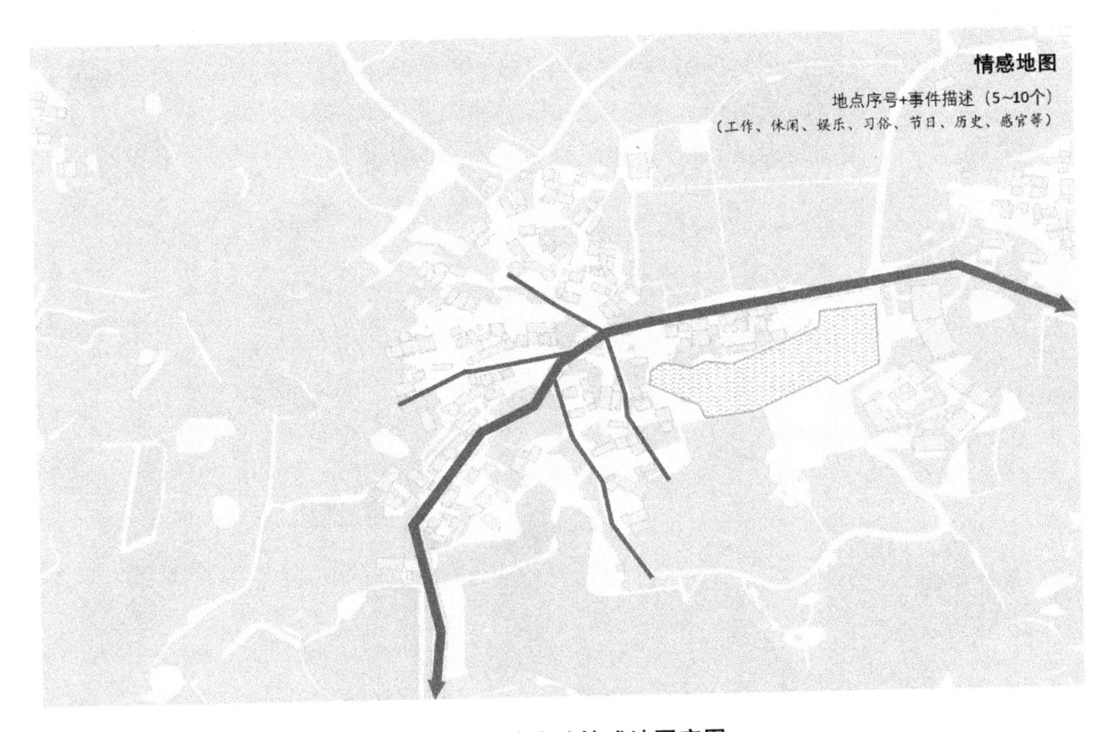

图Ⅳ-2　徐家院情感地图底图